看圖學 Python：
從程式設計入門到精通資料科學

陳會安　著

 全華圖書股份有限公司　印行

國家圖書館出版品預行編目資料

看圖學 Python：從程式設計入門到精通資料
科學/陳會安著. -- 初版. -- 新北市：全華圖
書股份有限公司, 2024.07
　　面；　　公分
ISBN 978-626-401-024-5(平裝)

1.CST: Python(電腦程式語言)
312.32P97　　　　　　　　　113008736

看圖學 Python：從程式設計入門到精通資料科學

作者／陳會安

發行人／陳本源

執行編輯／王詩蕙

封面設計／戴巧耘

出版者／全華圖書股份有限公司

郵政帳號／0100836-1 號

圖書編號／06532

初版一刷／2024 年 07 月

定價／新台幣 550 元

ISBN／978-626-401-024-5 (平裝)

ISBN／978-626-401-020-7 (PDF)

全華圖書／www.chwa.com.tw

全華網路書店 Open Tech／www.opentech.com.tw

若您對本書有任何問題，歡迎來信指導 book@chwa.com.tw

臺北總公司(北區營業處)
地址：23671 新北市土城區忠義路 21 號
電話：(02) 2262-5666
傳真：(02) 6637-3695、6637-3696

南區營業處
地址：80769 高雄市三民區應安街 12 號
電話：(07) 381-1377
傳真：(07) 862-5562

中區營業處
地址：40256 臺中市南區樹義一巷 26 號
電話：(04) 2261-8485
傳真：(04) 3600-9806(高中職)
　　　(04) 3601-8600(大專)

序

Python語言是Guido Van Rossum開發的一種通用用途（General Purpose）的程式語言，這是擁有優雅語法和高可讀性程式碼的程式語言，可以讓我們開發GUI視窗程式、Web應用程式、系統管理工作、財務分析、大數據資料分析和人工智慧等各種不同的應用程式。

最近AI界的大事就是OpenAI推出的ChatGPT，其橫空出世的強大聊天功能，迅速攻佔所有的網路聲量，探討其可能應用成為目前最熱門的討論主題，在本書就是運用ChatGPT來幫助你學習Python程式設計和解釋觀念。

人工智慧（Artificial Intelligence，AI）是讓機器變得更聰明的一種科技，可以讓機器具備和人類一樣的思考邏輯與行為模式。事實上，機器學習就是一種人工智慧，可以讓電腦使用現有資料來進行訓練和學習，以便建立預測模型，然後使用模型來預測未來的行為、結果和趨勢，或進行資料分類與分群。

本書是一本學習Python程式設計與人工智慧的入門教材，更是一本精通Python資料科學套件的基礎教材，可以讓初學者輕鬆從Python資料科學套件來入門機器學習和深度學習。在規劃上，本書可以作為大學、科技大學和技術學院的程式語言、程式設計、Python程式設計、Python資料科學或Python人工智慧的教課書，適用3學分一個學期或2學分二個學期課程的上課教材，也可以作為iPAS巨量資料分析專業工程師考試的先修課程。

在學習Python人工智慧之前，我們需要先精通Python資料科學的相關套件，這是一些處理、分析和視覺化取得資料的Python重要套件，主要是指NumPy、Pandas、Matplotlib、Seaborn、Plotly和SciPy等套件。

在內容上，本書是從基礎Python語言開始，第一部分的第1~9章完整說明你需要具備的Python程式設計能力，然後在第10章介紹ChatGPT生成式AI，首先說明ChatGPT提供的各種程式設計協助，和使用完整實例來說明如何幫助我們學習Python視窗程式設計，和資料收集的Python爬蟲程式。

第二部分詳細說明Python資料科學套件，在第11章是向量與矩陣運算的NumPy套件，第12章是資料視覺化的Matplotlib套件，可以幫助我們繪製各種圖表來視覺化你的資料，並且說明如何建立子圖表的多圖表繪製，第13章是資料處理與分析的Pandas套件，即Python程式版的Excel試算表，除了詳細說明Pandas資料分析功能外，在最後更進一步說明Pandas資料視覺化的圖表繪製。

序

在第14章是Seaborn進階圖表的繪製，我們只需使用少少的Python程式碼，就可以快速繪製視覺化所需大量圖表，或是使用Plotly Express建立網頁介面的互動圖表，最後使用2個實際範例來說明如何執行Python資料視覺化，第15章說明Python演算法與科學運算的SciPy套件後，就進入探索性資料分析，首先使用完整實作案例，來說明資料預處理的資料轉換與清理，最後使用一個完整實例來實作資料視覺化的探索性資料分析。

在第16章是使用Google Colab雲端服務，以實際範例和圖例來入門Python機器學習和深度學習。

為了方便初學者學習基礎結構化程式設計，本書使用大量圖例和流程圖來詳細說明程式設計的觀念和語法，在流程圖部分是使用fChart流程圖直譯器，此工具不只可以繪製流程圖，更可以使用動畫執行流程圖來驗證程式邏輯的正確性，讓讀者學習使用電腦的思考模式來撰寫Python程式碼，完整訓練和提昇你的邏輯思考、抽象推理與問題解決能力。

編著本書雖力求完美，但學識與經驗不足，謬誤難免，尚祈讀者不吝指正。

陳會安於台北

hueyan@ms2.hinet.net

2024.4.1

範例檔說明

為了方便讀者學習Python程式設計與Python資料科學套件，筆者已經將本書的Python範例程式和相關檔案都收錄在書附範例檔，如下表所示：

檔案與資料夾	說明
ch01~ch16 資料夾	本書各章 Python 範例程式、Colab 筆記本、CSV、JSON、文字檔案、HTML、Word 和 PowerPoint 等相關檔案
本書各章 pip 安裝的套件清單 .txt	本書各章 pip 安裝套件的 Python 版本和命令列指令
fChartThonny6_3.10DS.exe	已經安裝 Thonny 和本書 Python 套件的客製化 WinPython 開發環境
課本圖片	提供 ch12 ～ ch16 視覺化圖片的原始彩圖

因為Anaconda整合散發套件和Python套件的改版十分頻繁，為了方便讀者練習和學校上課教學所需（避免版本不相容問題），本書提供整合fChart的客製化WinPython的可攜式Python開發環境，只需執行和解壓縮fChartThonny6_3.10DS.exe後，就可以建立執行本書Python程式和Thonny整合開發環境。

在客製化WinPython開發環境已經安裝好Thonny、IDLE和執行本書Python程式所需的套件，為了方便啟動相關工具，更提供工作列的「fChart主選單」可以快速啟動相關工具，其進一步說明請參閱本書第1章和fChart流程圖教學工具的官方網站，其URL網址如下所示：

● https://fchart.github.io/

版權聲明

本書範例檔案提供的共享軟體或公共軟體，其著作權皆屬原開發廠商或著作人，請於安裝後詳細閱讀各工具的授權和使用說明。在本書範例檔內含的軟體和媒體檔都為隨書贈送，僅提供本書讀者練習之用，與各軟體和媒體檔的著作權和其它利益無涉，如果使用過程中因軟體所造成的任何損失，與本書作者和出版商無關。

目錄

04 條件判斷

05 重複執行程式碼

06 函數

12 / Matplotlib資料視覺化

13 / 使用Pandas掌握你的資料

14 / Seaborn進階圖表與Plotly互動視覺化

15 / SciPy科學運算與探索式資料分析

CHAPTER **1**

Python語言與運算思維基礎

🎯 本章內容

程式與程式邏輯

電腦（Computer）是一種硬體（Hardware），在硬體執行的程式（Programs）是軟體（Software），我們需要透過程式的軟體來指示電腦做什麼事，例如：打卡、按讚和回應 LINE 等。

1-1-1　認識程式與程式設計

從太陽升起的一天開始，手機鬧鐘響起叫你起床，順手查看 LINE 或在 Facebook 按讚，上課前交作業寄送電子郵件、打一篇文章，或休閒時玩玩遊戲，想想看，你有哪一天沒有做這些事。

這些事就是在執行程式（Programs）或稱為電腦程式（Computer Programs），不要懷疑，程式早已融入你的生活，而且在日常生活中，大部分人早就無法離開程式。

基本上，電腦程式可以描述電腦如何完成指定工作，其內容是完成指定工作的步驟，撰寫程式就是寫下這些步驟，如同作曲寫下的曲譜、設計房屋的藍圖或烹調食物的食譜。例如：描述烘焙蛋糕過程的食譜（Recipe），可以告訴我們如何製作蛋糕，如下圖所示：

事實上，我們可以將程式視為一個資料轉換器，當使用者從電腦鍵盤或滑鼠輸入資料後，執行程式就是在進行資料處理，可以將輸入資料轉換成輸出結果的資訊，如下圖所示：

上述輸出結果可能是顯示在螢幕或從印表機印出，電腦只是依照程式的指令將輸入資料進行轉換，以產生所需的輸出結果。對比烘焙蛋糕，我們依序執行食譜描述的烘焙步驟，就可以一步一步混合、攪拌和揉合水、蛋和麵粉等成份後，放入烤箱來製作出蛋糕。

　　而程式就是電腦的食譜，可以下達指令告訴電腦如何打卡、按讚、回應 LINE、收發電子郵件、打一篇文章或玩遊戲。程式設計（Programming）的主要工作，就是在建立電腦可以執行的程式，在本書是建立電腦上執行的 Python 程式，如下圖所示：

　　請注意！為了讓電腦能夠看懂程式，程式需要依據程式語言的規則、結構和語法，以指定文字或符號來撰寫程式，例如：使用 Python 語言撰寫的程式稱為「Python 程式碼」（Python Code）或稱為「原始碼」（Source Code）。

1-1-2　程式邏輯的基礎

　　我們使用程式語言的目的是撰寫程式碼來建立程式，所以需要使用電腦的程式邏輯（Program Logic）來撰寫程式碼，如此電腦才能執行程式碼來解決我們的問題，因為電腦才是真正的「目標執行者」（Target Executer），負責執行你寫的程式，並不是你的大腦在執行程式。

　　讀者可能會問撰寫程式碼執行程式設計（Programming）很困難嗎？事實上，如果你能夠一步一步詳細列出活動流程、引導問路人到達目的地、走迷宮、使用自動購票機買票或從地圖上找出最短路徑，就表示你一定可以撰寫程式碼。

　　請注意！電腦一點都不聰明，不要被名稱誤導，因為電腦真正的名稱應該是「計算機」（Computer），一台計算能力非常好的計算機，並沒有思考能力，更不會舉一反三，所以，我們需要告訴電腦非常詳細的步驟和操作，絕對不能有模稜兩可的內容，而這就是電腦的程式邏輯。

　　例如：開車從高速公路北上到台北市大安森林公園，然後分別使用人類的邏輯和電腦的程式邏輯來寫出其步驟。

人類的邏輯：目標執行者是人類

因為目標執行者是人類，對於人類來說，只需檢視地圖，即可輕鬆寫下開車從高速公路北上到台北市大安森林公園的步驟，如下所示：

Step 1 中山高速公路向北開。

Step 2 下圓山交流道（建國高架橋）。

Step 3 下建國高架橋（仁愛路）。

Step 4 直行建國南路，在紅綠燈右轉仁愛路。

Step 5 左轉新生南路。

上述步驟告訴人類的話（使用人類的邏輯），這些資訊已經足以讓我們開車到達目的地。

電腦的程式邏輯：目標執行者是電腦

對於目標執行者電腦來說，如果將上述人類邏輯的步驟告訴電腦，電腦一定完全沒有頭緒，不知道如何開車到達目的地，因為電腦一點都不聰明，這些步驟的描述太不明確，我們需要提供更多資訊給電腦（請改用程式邏輯來思考），才能讓電腦開車到達目的地，如下所示：

▷ 從哪裡開始開車（起點）？中山高速公路需向北開幾公里到達圓山交流道？

▷ 如何分辨已經到了圓山交流道？如何從交流道下來？

▷ 在建國高架橋上開幾公里可以到達仁愛路出口？如何下去？

▷ 直行建國南路幾公里可以看到紅綠燈？左轉或右轉？

▷ 開多少公里可以看到新生南路？如何左轉？接著需要如何開？如何停車？

所以，撰寫程式碼時需要告訴電腦非常詳細的動作和步驟順序，如同教導一位小孩做一件他從來沒有做過的事，例如：綁鞋帶、去超商買東西或使用自動販賣機。因為程式設計是在解決問題，你需要將解決問題的詳細步驟一一寫下來，包含動作和順序（即設計演算法），然後轉換成程式碼，以本書為例就是撰寫 Python 程式碼。

1-2 認識 Python、運算思維和 Thonny

我們學習程式設計的目的是訓練你的運算思維，在本書是使用 Thonny 整合開發環境來學習 Python 程式設計。

1-2-1　談談運算思維與演算法

如同建設公司興建大樓有建築師繪製的藍圖，廚師烹調有食譜，設計師進行服裝設計有設計圖，程式設計也一樣有藍圖，那就是演算法。運算思維最重要的部分就是演算法。

● 運算思維

對於身處資訊世代的我們來說，運算思維（Computational Thinking）被認為是這一世代必備的核心技能，不論你是否為資訊相關科系的學生或從事此行業，運算思維都可以讓你以更實務的思維來看這個世界。基本上，運算思維可以分成五大領域，如下所示：

▷ 抽象化（Abstraction）：思考不同層次的問題解決步驟。

▷ 演算法（Algorithms）：將解決問題的工作思考成一序列可行且有限的步驟。

▷ 分割問題（Decomposition）：了解在處理大型問題時，我們需要將大型問題分割成小問題的集合，然後各個擊破來一一解決。

▷ 樣式識別（Pattern Recognition）：察覺新問題是否和之前已解決問題之間擁有關係，可以讓我們直接使用已知或現成的解決方法來解決問題。

▷ 歸納（Generalization）：了解已解決的問題可能是用來解決其他或更大範圍問題的關鍵。

● 演算法

演算法（Algorithms）簡單的說就是一張食譜（Recipe），提供一組一步接著一步（Step-by-step）的詳細過程，包含動作和順序，可以將食材烹調成美味的食物，例如：在第 1-1-1 節說明的蛋糕製作，製作蛋糕的食譜就是一個演算法，如下圖所示：

$$\boxed{\text{演算法}} \;=\; \boxed{\text{一張食譜}} \;=\; \boxed{\text{一組指令步驟}}$$

電腦科學的演算法是用來描述解決問題的過程，也就是完成一個任務所需的具體步驟和方法，這個步驟是有限的，可行的，而且沒有模稜兩可的情況。

使用流程圖描述演算法

　　演算法可以使用文字描述或圖形化方式來描述，圖形化方式就是流程圖（Flow Chart），流程圖是使用標準圖示符號來描述執行過程，以各種不同形狀的圖示表示不同的操作，箭頭線標示流程執行的方向，當畫出流程圖的執行過程後，就可以轉換撰寫成特定語言的程式碼，例如：Python 語言，如下圖所示：

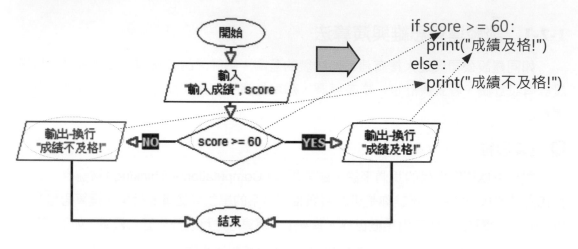

1-2-2　認識 Python 語言

　　Python 語言是 Guido Van Rossum 開發的一種通用用途（General Purpose）的程式語言，這是擁有優雅語法和高可讀性程式碼的程式語言，可以讓我們開發 GUI 視窗程式、Web 應用程式、系統管理工作、財務分析、大數據資料分析和人工智慧等各種不同的應用程式。

　　Python 語言兩個版本：Python 2 和 Python 3，在本書說明的是 Python 3 語言，其特點如下所示：

▷ Python 是一種直譯語言（Interpreted Language）：Python 程式是使用直譯器（Interpreters）來執行，直譯器並不會輸出可執行檔案，而是一個指令一個動作，一行一行原始程式碼轉換成機器語言後，馬上執行程式碼，如下圖所示：

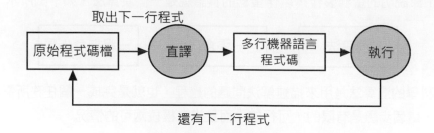

▷ Python 是動態型態（Dynamically Typed）語言：Python 變數並不需要預先宣告資料型態，Python 直譯器會依據變數值來自動判斷資料型態。當 Python 程式碼將變數 a 指定成整數 1，變數的資料型態是整數；變數 b 指定成字串，資料型態就是字串，如下所示：

```
a = 1
b = "Hello World!"
```

▷ Python 是強型態（Strongly Typed）語言：Python 並不會自動轉換變數的資料型態，當 Python 程式碼是字串加上整數，因為 Python 不會自動型態轉換，我們需要白行使用 str() 函數轉換成同一型態的宁串，否則就會產生錯誤，如下所示：

```
"計算結果 = " + 100          # 錯誤寫法
"計算結果 = " + str(100)     # 正確寫法
```

1-2-3　Thonny 整合開發環境

雖然使用純文字編輯器，例如：記事本，就可以輸入 Python 程式碼，但是對於初學者來說，建議使用「IDE」（Integrated Development Environment）整合開發環境來學習 Python 程式設計，「開發環境」（Development Environment）是一種工具程式，可以用來建立、編譯 / 直譯和除錯指定程式語言所建立的程式碼。

目前高階程式語言大都有提供整合開發環境，可以在同一工具來編輯、編譯 / 直譯和執行特定語言的程式。Thonny 是愛沙尼亞 Tartu 大學開發，一套完全針對「初學者」開發的免費 Python 整合開發環境，其主要特點如下所示：

▷ Thonny 支援 Python 和 MicroPython 語言。

▷ Thonny 支援自動程式碼完成和括號提示，可以幫助初學者輸入正確的 Python 程式碼。

▷ Thonny 使用即時高亮度提示程式碼錯誤，並且提供協助説明和程式碼除錯，可以讓我們一步一步執行程式碼來進行程式除錯。

1-3 下載與安裝 Thonny

Thonny 跨平台支援 Windows、MacOS 和 Linux 作業系統，可以在 Thonny 官方網站免費下載最新版本（Thonny 本身就是使用 Python 開發）。

📍 方法一：在官網自行下載和安裝 Thonny

Thonny 可以在官方網站免費下載，其 URL 網址如下所示：

▷ https://thonny.org/

請點選【Windows】超連結下載最新版 Thonny 安裝程式，就可以在 Windows 電腦執行下載的安裝程式來安裝 Thonny。請注意！讀者需參閱第 9 章的說明自行安裝本書各章節所需的 Python 套件。

📍 方法二：下載安裝本書客製化 WinPython 可攜式套件

為了方便老師教學和讀者自學 Python 程式設計，本書提供一套客製化 WinPython 套件的 Python 開發環境，已經安裝好 Thonny 和本書各章節使用的套件，只需解壓縮，就可以馬上建立可執行本書 Python 範例程式的開發環境。

請參閱書附範例檔的說明來取得客製化 WinPython 套件的 Python 開發環境，此套件是一個 7-Zip 格式的自解壓縮檔，下載檔名是：fChartThonny6_3.10DS.exe。

當成功取得套件後，請執行 7-Zip 自解壓縮檔，在【Extract to:】欄位輸入解壓縮的硬碟，例如：「C:\」或「D:\」等，按【Extract】鈕，就可以解壓縮安裝 WinPython 套件的 Python 開發環境，如下圖所示：

當成功解壓縮後，預設建立名為「\fChartThonny6_3.10DS」目錄。請開啟「\fChartThonny6_3.10DS」目錄捲動至最後，雙擊【startfChartMenu.exe】執行 fChart 主選單，如下圖所示：

可以看到訊息視窗顯示已經成功在工作列啟動主選單，請按【確定】鈕。

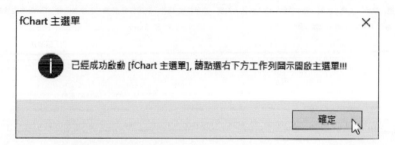

然後，在右下方 Windows 工作列可以看到 fChart 圖示，點選圖示，可以看到一個主選單來啟動 fChart 和 Python 相關工具，請執行【Thonny Python IDE】命令來啟動 Thonny 開發工具，如下圖所示：

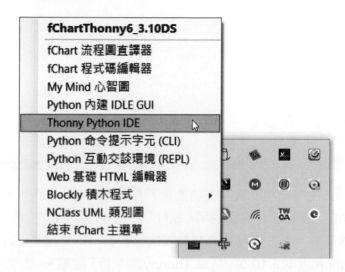

1-4 使用 Thonny 建立第一個 Python 程式

在完成 Thonny 安裝後，我們就可以啟動 Thonny 來撰寫第 1 個 Python 程式，或在互動環境來輸入和執行 Python 程式碼。

1-4-1 建立第一個 Python 程式

現在，我們準備從啟動 Thonny 開始，一步一步建立你的第 1 個 Python 程式，其步驟如下所示：

Step 1 請在 fChart 主選單執行【Thonny Python IDE】命令（自行安裝請執行「開始 ➡ Thonny ➡ Thonny」命令或桌面【Thonny】捷徑），即可啟動 Thonny 開發環境看到簡潔的開發介面。

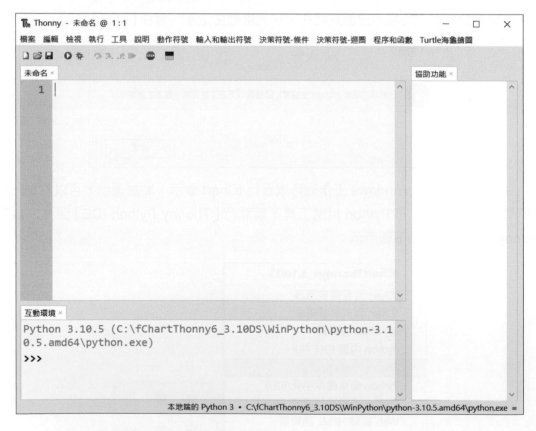

上述開發介面的上方是功能表，在功能表下方是工具列，工具列下方分成三部分，在右邊是「協助功能」視窗顯示協助說明（執行「檢視 ➡ 協助功能」命令切換顯示），在左邊分成上 / 下兩部分，上方是程式碼編輯器的標籤頁；下方是「互動環境 (Shell)」視窗，可以看到 Python 版本 3.10.5，結束 Thonny 請執行「檔案 ➡ 結束」命令。

Step 2 在編輯器的【未命名】標籤輸入第一個 Python 程式，如果沒有看到此標籤，請執行「檔案 ➡ 開新檔案」命令新增 Python 程式檔案，我們準備建立的 Python 程式只有 1 行程式碼，如下所示：

```
print("第1個Python程式")
```

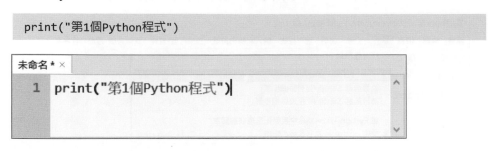

──• 說明 •──

　　請注意！如果 Python 程式碼有輸入中文字串內容，當輸入完中文字後，如果無法成功輸入「"」符號時，請記得從中文切換成英數模式後，即可成功輸入「"」符號。

Step 3 執行「檔案 ➡ 儲存檔案」命令或按工具列的【儲存檔案】鈕，可以看到「另存新檔」對話方塊，請切換至「\Python\ch01」目錄，輸入【ch1-4】，按【存檔】鈕儲存成 ch1-4.py 程式。

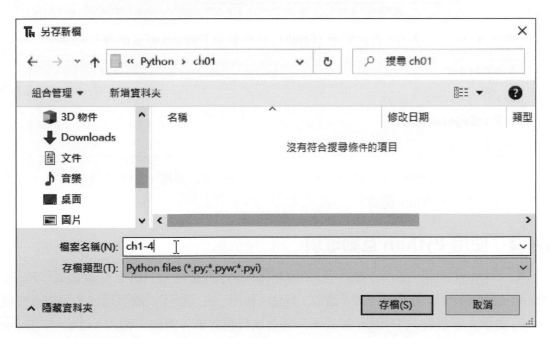

Step 4 可以看到標籤名稱已經改成檔案名稱，然後執行「執行 ➡ 執行目前腳本」命令，或按工具列綠色箭頭圖示的【執行目前腳本】鈕（也可按 F5 鍵）來執行 Python 程式。

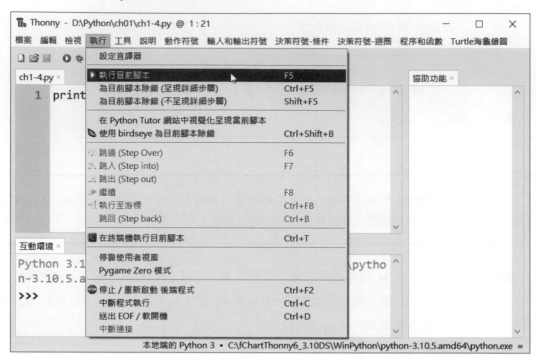

Step 5 可以在下方「互動環境 (Shell)」視窗看到 Python 程式的執行結果。

```
互動環境 (Shell) ×

>>> %Run ch1-4.py
    第1個Python程式
>>>
```

對於本書的 Python 程式範例，請執行「檔案 ➡ 開啟舊檔」命令開啟檔案後，就可以馬上測試執行 Python 程式。

1-4-2　使用 Python 互動環境

在 Thonny 開發介面下方的「互動環境 (Shell)」視窗就是 REPL 交談模式，REPL（Read-Eval-Print Loop）是循環「讀取 - 評估 - 輸出」的互動程式開發環境，可以直接在「>>>」提示文字後輸入 Python 程式碼來馬上執行程式碼，例如：輸入 5+10，按 Enter 鍵，立刻可以看到執行結果 15，如下圖所示：

```
互動環境 (Shell) ×
>>> %Run ch1-4.py
   第1個Python程式
>>> 5+10
15
>>>
```

同樣的，我們可以定義變數 num = 10 後，輸入 print() 函數來顯示變數 num 的值，如下圖所示：

```
互動環境 (Shell) ×
>>> %Run ch1-4.py
   第1個Python程式
>>> 5+10
15
>>> num = 10
>>> print(num)
  10
>>>
```

如果是輸入程式區塊，例如：if 條件敘述，請在輸入 if num >= 10: 後（最後輸入「:」冒號），按 Enter 鍵，就會換行且自動縮排 4 個空白字元，我們需要按二次 Enter 鍵來執行程式碼，可以看到執行結果，如下圖所示：

```
互動環境 (Shell) ×
>>> 5+10
15
>>> num = 10
>>> print(num)
  10
>>> if num >= 10:
        print("數字是10")

  數字是10
>>>
```

1-5 Thonny 基本使用與程式除錯

這一節將說明如何更改 Thonny 主題，編輯器字型和尺寸，如何看懂語法錯誤、使用協助說明，和除錯功能等基本使用。

1-5-1 更改 Thonny 選項

當啟動 Thonny 後，請執行「工具 ➡ 選項」命令，可以看到「Thonny 選項」對話方塊，請切換標籤來設定所需的選項。

切換 Thonny 介面的語言

在【一般】標籤可以切換 Thonny 介面的語言，預設是【繁體中文 -TW】，如下圖所示：

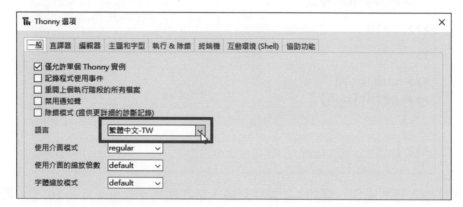

更改 Thonny 佈景主題和字型尺寸

選【主題和字型】標籤，可以更改 Thonny 外觀的主題和編輯器的字型與尺寸，如右圖所示：

　　在上述標籤頁的上方可以設定介面 / 語法主題和字型尺寸，在右方的下拉式選單調整編輯器和輸出的字型與尺寸，在下方顯示 Thonny 介面外觀的預覽結果。

1-5-2　使用 Thonny 進行程式除錯

　　Thonny 提供強大的程式除錯功能，不只可以提供即時語法錯誤標示與協助說明，更可以使用除錯器來一步一步進行程式碼除錯。

📍 語法錯誤與協助說明

　　語法錯誤（Syntax Error）是指輸入的程式碼不符合 Python 語法規則，例如：請執行「檔案 ➡ 開啟舊檔」命令開啟 Python 程式：ch1-5-2error.py，此程式的 2 行程式碼有語法錯誤，在第 1 行程式碼忘了最後的雙引號，Thonny 使用即時高亮度綠色來標示此語法錯誤；第 2 行少了右括號，Thonny 是使用灰色來標示，如下圖所示：

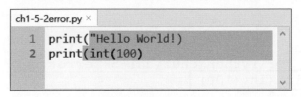

　　當按 F5 鍵執行上述語法錯誤的程式碼後，在右邊「協助功能」視窗顯示語法錯誤的協助說明：SyntaxError: unterminated string literal (detected at line 1).（即在第 1 行的字串少了最後的雙引號），如果沒有看到此視窗，請執行「檢視 ➡ 協助功能」命令來切換顯示此視窗，如下圖所示：

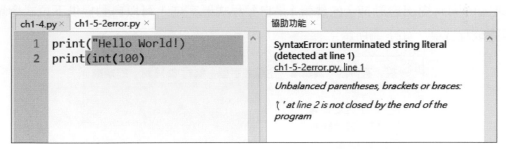

　　在下方「互動環境 (Shell)」視窗是使用紅色字來標示 Python 程式碼的語法錯誤，如下圖所示：

```
>>> %Run ch1-5-2error.py
 Traceback (most recent call last):
   File "D:\Python\ch01\ch1-5-2error.py", line 1
     print("Hello World!)
                        ^
 SyntaxError: unterminated string literal (detected at line 1)
```

　　上述錯誤訊息的第 2 行指出錯誤是在第 1 行（line 1），使用「^」符號標示此行程式碼錯誤的所在，在最下方是錯誤說明，以此例是語法錯誤（Syntax Error）。

　　請在第 1 行字串最後加上雙引號後，再按 F5 鍵執行 Python 程式，可以看到「協助功能」視窗顯示第 2 行少了右括號，如下圖所示：

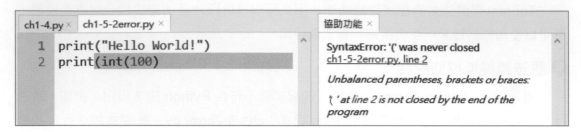

　　在下方「互動環境 (Shell)」視窗是使用紅色字顯示 Python 程式碼的語法錯誤是位在第 2 行的最後，如下圖所示：

```
>>> %Run ch1-5-2error.py
  Traceback (most recent call last):
    File "D:\Python\ch01\ch1-5-2error.py", line 2
    print(int(100)
         ^
  SyntaxError: '(' was never closed
```

⊙ 自動程式碼完成和函式參數列提示說明

　　選【編輯器】標籤，勾選【在鍵入 '(' 後自動顯示參數資訊】是函式參數列提示說明；【在鍵入的同時提出自動補全的建議】是自動程式碼完成，可以自動提供下拉式選單來選擇完成程式碼，如下圖所示：

```
┌─────────────────────────────────────────────────────────┐
│ 一般  直譯器  編輯器  主題和字型  執行 & 除錯  終端機      │
├─────────────────────────────────────────────────────────┤
│  ☑ 標示匹配名稱                                           │
│  ☐ 標示區域變數                                           │
│  ☑ 標示括號                                               │
│  ☑ 標示語法元素                                           │
│  ☑ 標示定位 (tab) 字元                                    │
│  ☐ 標示當前行 (需重啟編輯器)                              │
│ ┌───────────────────────────────────────────┐           │
│ │ ☑ 在鍵入 '(' 後自動顯示參數資訊            │           │
│ │ ☑ 在鍵入同時提出自動補全的建議             │           │
│ └───────────────────────────────────────────┘           │
│  ☑ 提出自動補全的建議時一併顯示說明文件                   │
│  ☐ 在編輯器中使用 Tab 鍵要求自動補全                      │
└─────────────────────────────────────────────────────────┘
```

◯ **Thonny 除錯器**

Thonny 內建除錯器（Debugger），可以讓我們一行一行逐步執行程式碼來找出程式錯誤。例如：Python 程式 ch1-5-2.py 可以顯示「#」號的三角形，程式需要顯示 5 行三角形，但執行結果只顯示 4 行三角形，如下所示：

```
>>> %Run ch1-5-2.py
 #
 ##
 ###
 ####
```

現在，我們準備使用 Python 除錯器來找出上述錯誤。在 Thonny 上方工具列提供除錯所需的相關按鈕，小蟲圖示鈕是開始除錯，如下圖所示：

按下小蟲圖示鈕（或按 Ctrl-F5 鍵），Thonny 就進入一行一行執行的除錯模式，在之後是除錯的相關按鈕，如下圖所示：

上述按鈕從左全右的說明，如下所示：

▷ 跳過（Step Over）：跳至下一行或下個程式區塊（或按 F6 鍵）。

▷ 跳入（Step Into）：跳至程式碼的每一行運算式（或按 F7 鍵）。

▷ 跳出（Step Out）：離開除錯器。

▷ 繼續：從除錯模式回到執行模式（或按 F8 鍵）。

▷ 停止：停止程式執行（或按 Ctrl+F2 鍵）。

請啟動 Thonny 開啟 ch1-5-2.py 後，按上方工具列的小蟲圖示鈕（或按 Ctrl-F5 鍵）進入除錯模式，同時請執行「檢視 ➡ 變數」命令開啟「變數」視窗，可以看到目前停在第 1 行。

按 F6 鍵跳至下一行的程式區塊，如下圖所示：

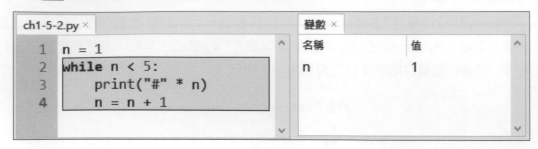

請先按 F7 鍵跳進 while 程式區塊（如果按 F6 鍵會馬上跳至下一行而結束程式執行）後，再按 F6 鍵跳至下一行，如下圖所示：

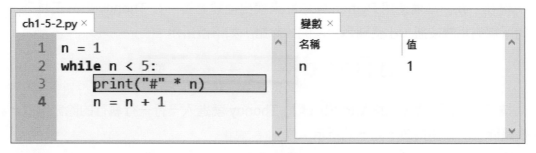

請持續按 F6 鍵跳至下一行，可以看到變數 n 值增加，等到值是 5 時，就跳出 while 迴圈，沒有再執行 print() 函數，所以只顯示 4 行三角形，而不是 5 行三角形，如下圖所示：

我們只需將條件改成 n <= 5，就可以顯示 5 行三角形。

🅠 視覺化顯示函式呼叫的執行過程

Python 程式：ch1-5-2a.py 的 factorial() 函數是遞迴階層函數（N!），當在 Thonny 使用除錯模式執行 ch1-5-2a.py 時，請持續按 F7 鍵，可以看到視覺化顯示整個 factorial() 函數的呼叫過程，首先呼叫 factorial(5) 函數，如下圖所示：

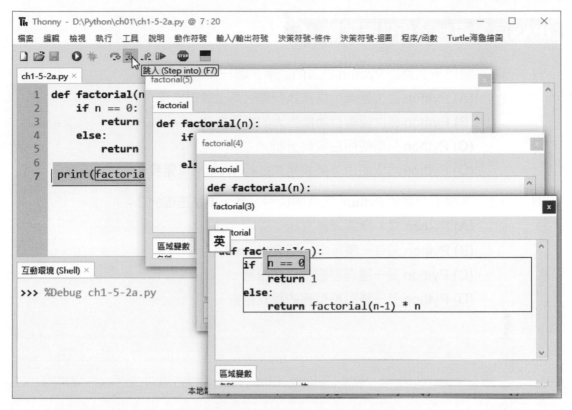

請持續按 F7 鍵，可以看到依序呼叫 factorial(4)、factorial(3)、…、factorial(1) 函數，接著從函數一一回傳值，最後計算出 5! 的值是 120。

學習評量 ✏️

1. 請問什麼是程式設計、程式邏輯與運算思維？

2. 請簡單說明什麼 Python 語言和整合開發環境？

3. 請問 Thonny 是什麼？Thonny 主要特點為何？

4. 在 Thonny 開發介面提供「互動環境 (Shell)」視窗的用途為何？Thonny 可以如何進行程式除錯？

5. 請參閱第 1-3 節的說明下載安裝 Thonny。

6. 請修改第 1-4-1 節的第一個 Python 程式，改成輸出你的姓名。

iPAS巨量資料分析模擬試題

( ) 1. 請問下列關於 Python 語言的説明，哪一項是錯誤的？

(A) Python 語法簡單，只需執行即可馬上輸出結果

(B) Python 提供豐富且功能強大的模組套件

(C) Python 只能使用在資料分析

(D) Python 可以使用外部模組來進行 Web 網頁開發。

( ) 2. 請問下列關於 Python 語言的説明，哪一項是正確的？

(A) Python 是一種編譯語言

(B) Python 只有一種版本，即 Python 3

(C) Python 是一種弱型態的程式語言

(D) Python 是一種動態型態的程式語言。

CHAPTER **2**

寫出和認識Python程式

🎯 本章內容

2-1 開發 Python 程式的基本步驟

在第 1 章成功建立和執行第 1 個 Python 程式後，我們可以了解使用 Thonny 整合開發環境開發 Python 程式的基本步驟，如下圖所示：

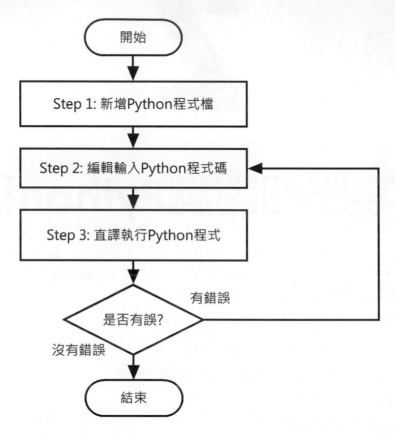

Step 1 新增 Python 程式檔案：使用 Thonny 建立 Python 程式的第一步是新增 Python 程式檔案。

Step 2 編輯輸入 Python 程式碼：在新增 Python 程式檔案後，就可以開始編輯和輸入 Python 程式碼。

Step 3 直譯執行 Python 程式：在完成 Python 程式碼的編輯後，就可以直接在 Thonny 執行 Python 程式，如果程式有錯誤或執行結果不符合預期，都需要回到 Step 2 來更正程式碼錯誤後，再次執行 Python 程式，直到執行結果符合程式需求。

2-2 編輯現存的 **Python** 程式

在第 1 章使用 Thonny 建立的第 1 個 Python 程式只是輸出一行文字內容，這一節筆者準備使用 Thonny 整合開發環境來編輯現存 Python 程式檔，並且擴充 Python 程式來顯示更多行的文字內容。

2-2-1　編輯現存的 **Python** 程式檔

Thonny 整合開發環境可以直接開啟現存 Python 程式檔來編輯，例如：將第 1 章的 ch1-4.py 另存成 ch2-2-1.py 後，新增 Python 程式碼來輸出第 2 行文字內容。

⬤ 另存新檔和再輸入一行新的程式碼

在這一節我們準備擴充 ch1-4.py 輸出 2 行文字內容，這些新輸入的程式碼是位在第 1 行 print() 函數的程式碼之後，其步驟如下所示：

Step 1　請啟動 Thonny 執行「檔案 ➡ 開啟舊檔」命令，在「開啟」對話方塊切換至「\Python\ch01」目錄後，選【ch1-4.py】，按【開啟】鈕。

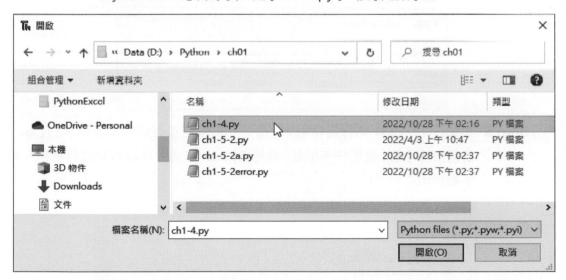

Step 2　可以看到標籤頁顯示載入的 Python 程式碼檔（點選檔名標籤後的【X】圖示可關閉檔案），如下圖所示：

Step 3 請執行「檔案 ➡ 另存新檔」命令和切換至「ch02」目錄後，輸入檔案名稱
【 ch2-2-1.py 】，按【 存檔 】鈕另存程式檔至其他目錄。

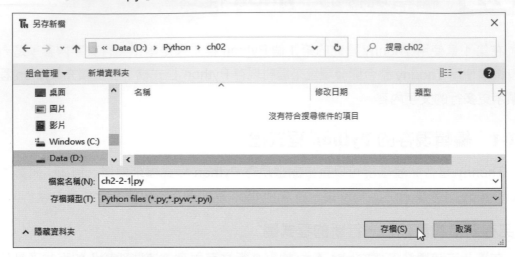

Step 4 可以看到標籤名稱改為新檔名，接著在 print() 這一行最後，點選作為插
入點後按 Enter 鍵，輸入第 2 行程式碼，如下所示：

```
print("學Python程式設計")
```

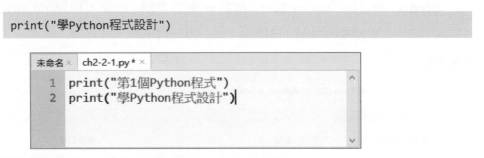

Step 5 請執行「執行 ➡ 執行目前腳本」命令，或按工具列綠色箭頭圖示的【執行
目前腳本】鈕（也可按 F5 鍵）執行 Python 程式，可以看到執行結果，如
下圖所示：

上述執行結果和第 1 章的第 1 個程式相同都是輸出文字內容，ch1-4.py 輸出一行
文字內容，本節 ch2-2-1.py 輸出 2 行文字內容，因為我們在 Python 程式多加了一行
print() 程式碼。

從上述 2 個 Python 程式範例可以看出 Thonny 開發環境的程式執行結果是輸出至
螢幕顯示，Thonny 是在下方「互動環境 (Shell)」視窗看到 Python 程式的執行結果，程
式是使用 print() 輸出文字內容至螢幕顯示，而 print() 就是 Python 的函數（Functions）。

◉ 循序執行

循序執行（Sequential Run）是電腦程式預設的執行方式，也就是一個程式敘述跟著一個程式敘述來依序的執行，在 Python 程式主要是使用換行來分隔程式成為一個一個程式敘述，即每一行是一個程式敘述，以 ch2-2-1.py 為例，共有 2 行 2 個程式敘述，如下圖所示：

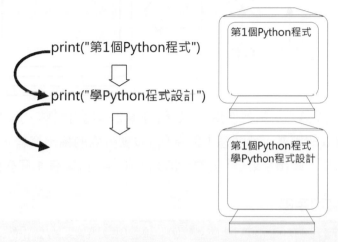

上述程式碼有 2 行，即 2 行程式敘述，首先執行第 1 行程式敘述輸出「第 1 個 Python 程式」，然後執行第 2 行程式敘述輸出「學 Python 程式設計」，程式是從第 1 行執行至第 2 行依序的執行，直到沒有程式碼為止，所以稱為循序執行。

―● 說明 ●―

Python 程式如果需要在同一行撰寫多個程式敘述，請使用「;」分號來分隔（Python 程式：ch2-2-1a.py），如下所示：

```
print("第1個Python程式");print("學Python程式設計")
```

2-2-2　在 Python 程式輸出數值和字串

Python 程式是使用 print() 函數在電腦螢幕輸出執行結果的文字內容或數值，print() 函數的基本語法，如下圖所示：

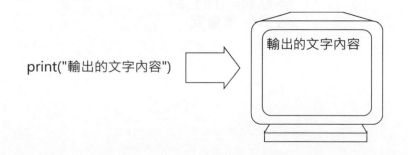

上述「"」括起的文字內容，就是輸出至電腦螢幕上顯示的文字內容，其顯示結果不包含前後的「"」符號。如果需要輸出數值或第 3 章的變數值，請使用「,」號分隔多個輸出資料，其語法如下圖所示：

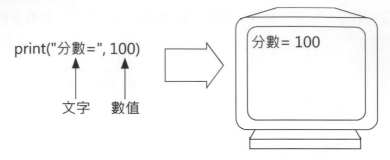

在上述 print() 函數的括號使用「,」逗號分隔 2 個輸出資料，第 1 個是文字（即字串），第 2 個是 100 的整數，請注意！因為「,」逗號分隔的輸出資料，預設在之間插入 1 個空白字元，所以，輸出結果是「分數 = 100」，在「=」號後有 1 個空白字元。

範例：輸出數值和字串

Python程式：ch2-2-2.py

```
01  print("整數=", 100)
02  print('浮點數=', 123.5)
03  print("姓名=", "陳會安")
```

解析

上述 print() 函數輸出文字（可用「'」單引號或「"」雙引號括起），和數值的整數和浮點數（即有小數點的數值）。

結果

Python 程式的執行結果輸出的字串並不包含前後的「'」單引號和「"」雙引號，如下所示：

```
>>> %Run ch2-2-2.py

整數= 100
浮點數= 123.5
姓名= 陳會安
```

2-3 建立第二個 Python 程式的加法運算

在第 1-4-1 節和第 2-2-1 節的 Python 程式都只是單純輸出文字內容，因為大部分程式需要資料處理，都需要執行運算，在第二個 Python 程式是一個簡單的加法運算。

2-3-1　建立第二個 Python 程式

我們準備建立第二個 Python 程式，這是加法運算的程式，可以將 2 個變數值相加後，輸出運算結果，其步驟如下所示：

Step 1　請啟動 Thonny，執行「檔案 ➡ 開新檔案」命令新增名為【未命名】標籤的全新 Python 程式檔 (如果已有【未命名】標籤，請直接在此標籤輸入 Python 程式碼)。

Step 2　在標籤頁輸入 Python 程式碼，var1~var3 是變數，在使用「=」指定 var1 和 var2 變數值後，執行加法運算，最後輸出執行結果，如下圖所示：

```
var1 - 10
var2 = 5
var3 = var1 + var2
print("相加結果 = ", var3)
```

```
未命名 * ×
1  var1 = 10
2  var2 = 5
3  var3 = var1 + var2
4  print("相加結果 = ", var3)
```

說明

程式語言的變數可以想像是一個暫時存放資料的小盒子，以此例 var1 變數盒子中是存入 10；var2 是存入 5，當從 2 個變數盒子取出 var1 和 var2 的值後，執行 2 個變數值的加法，最後將加法運算結果放入 var3 的盒子，print() 函數的第 2 個輸出值是變數，請注意！實際輸出的是 var3 盒子中的值 15，如下所示：

```
print("相加結果 = ", var3)
```

Step 3 執行「檔案 ➡ 儲存檔案」命令，可以看到「另存新檔」對話方塊，請切換至「\Python\ch02」目錄，輸入【ch2-3-1】，按【存檔】鈕儲存成 ch2-3-1. py 程式。

Step 4 請執行「執行 ➡ 執行目前腳本」命令，或按工具列綠色箭頭圖示的【執行目前腳本】鈕（也可按 F5 鍵）執行 Python 程式，可以看到執行結果是加法運算結果 15，如下圖所示：

```
>>> %Run ch2-3-1.py
相加結果 =  15
```

請注意！上述執行結果在「=」等號後和值 15 之前有 2 個空白字元，因為 print() 函數的第 1 個輸出字串最後有 1 個空白字元，再加上「,」分隔預設會有 1 個，共有 2 個空白字元。

2-3-2　認識主控台輸出

在電腦執行的程式通常都需要與使用者進行互動，程式在取得使用者以電腦周邊裝置輸入的資料後，執行程式碼，就可以將執行結果的資訊輸出至電腦的輸出裝置。

◉ 主控台輸入與輸出

Python 語言建立的主控台應用程式（Console Application），就是在 Windows 作業系統的「命令提示字元」視窗執行的程式，最常使用的標準輸入裝置是鍵盤；標準輸出裝置是電腦螢幕，即主控台輸入與輸出（Console Input and Output，Console I/O），如下圖所示：

鍵盤輸入　　　　　　　　　程式(program)　　　　　　　　　螢幕輸出

上述程式的標準輸出是循序一行一行組成的文字內容，每一行使用新行字元（即「\n」字元）結束。程式取得使用者鍵盤輸入的資料（輸入），Python 程式在執行後（處理），在螢幕顯示執行結果（輸出）。

◉ 在終端機執行 Python 程式

Thonny 開發環境也可以在終端機執行 Python 程式，也就是在 Windows 作業系統的「命令提示字元」視窗執行 Python 程式，事實上，真正的主控台應用程式是在終端機執行的程式，Linux 作業系統稱為終端機；在 Windows 作業系統就是「命令提示字元」視窗。

　　請啟動 Thonny 開啟 ch2-3-1.py 程式後，執行「執行 ➡ 在終端機執行目前腳本」命令，可以開啟 Windows 作業系統的「命令提示字元」視窗，看到 Python 程式的執行結果，如下圖所示：

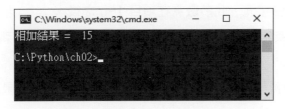

在輸出結果顯示換行：使用「\n」新行字元

　　在 print() 函數輸出的文字內容因為是輸出至終端機，「\n」新行字元就是換行，換句話說，我們只需在輸出字串中加上新行字元「\n」，就可以在輸出至螢幕時顯示換行，如下所示：

```
print("學Python程式\n分數=", 100)
```

範例：使用 \n 新行字元

Python程式　ch2 3 2.py

```
01   print("學Python程式\n分數=", 100)
```

結果

　　Python 程式的執行結果可以看到螢幕顯示二行，但字串只有一行，因為我們是使用新行字元「\n」來顯示 2 行的輸出結果，如下所示：

```
>>> %Run ch2-3-2.py
  學Python程式
  分數= 100
```

2-3-3　Python 主控台輸出：print() 函數

　　Python 輸出函數 print() 可以將「,」逗號分隔的資料輸出顯示在螢幕上，這些分隔資料稱為函數引數（Arguments）或參數（Parameters），為了方便說明，在本書都使用參數，其基本語法如下所示：

```
print(項目1 [,項目2… ], sep=" ", end="\n")
```

　　上述 print 是函數名稱，在括號中是準備顯示的內容項目，稱為參數（詳見第 6 章說明），sep 和 end 是命名參數，可以直接使用名稱來指定參數值，在「=」號後就是參數值，其說明如下所示：

▷ 項目 1 和項目 2 等參數：這些是使用「,」號分隔的輸出內容，可以一次輸出多個項目。

▷ sep 參數：分隔字元預設 1 個空白字元，如果輸出多個項目，即在每一個項目之間加上 1 個空白字元，此參數需在項目 1~n 之後。

▷ end 參數：結束字元是輸出最後加上的字元，預設是 "\n" 新行字元，此參數需在項目 1~n 之後。

因為 end 參數的預設值是 "\n" 新行字元，所以會換行，如果改成空白字元，就不會顯示換行，如下所示：

```
print("整數值 =", 100, end="")
```

上述函數輸出的文字內容並不會換行，可以將 2 個 print() 函數顯示在同一行。另一種方法是使用 sep 參數的分隔字元，因為 print() 函數可以有多個「,」逗號分隔的資料，每一個都是輸出內容，如下所示：

```
print("整數值 =" , 100, "浮點數值 =", 123.5)
```

上述函數共有 4 個參數，當依序輸出各參數時，在之間就會自動加上 sep 參數的 1 個空白字元來分隔。

💡 範例：使用 print() 函數輸出字串、整數和浮點數值

Python程式：**ch2-3-3.py**

```
01  print("字串 =", "陳會安")
02  print("整數值 =", 100, end="")
03  print("整數值 =", 100)
04  print("浮點數值 =", 112.5)
05  print("整數值 =" , 100, "浮點數值 =", 112.5)
```

解析

上述第 2 行的輸出沒有換行，第 5 行同時輸出 4 個資料。

結果

```
>>> %Run ch2-3-3.py

字串 = 陳會安
整數值 = 100整數值 = 100
浮點數值 = 112.5
整數值 = 100 浮點數值 = 112.5
```

上述執行結果的第 2 行是 2 個 print() 函數的輸出，第 1 個沒有換行，所以連在一起，最後同時輸出 2 個字串、1 個整數和 1 個浮點數。

2-4　看看 Python 程式的內容

Python 程式的副檔名是「.py」，其基本結構是匯入模組、全域變數、函數和程式敘述所組成，如下所示：

```
import 模組
全域變數
def 函數名稱1(參數列) :
    程式敘述1~N
...
def 函數名稱N(參數列) :
    程式敘述1~N
程式敘述1~N
```

現在，我們就來詳細檢視 ch2-3-1.py 程式碼的內容，此程式沒有匯入模組、全域變數和函數，程式結構只有上述最後沒有縮排的【程式敘述 1~N】，如下所示：

```
var1 = 10
var2 = 5
var3 = var1 + var2
print("相加結果 = ", var3)
```

◉ import 模組

因為 Python 本身只提供簡單語法和少數內建函數，大部分功能都是透過 Python 標準函式庫的模組或第三方套件所提供，即其他程式語言的函式庫。例如：當 Python 程式需要使用三角函數，我們可以匯入 math 模組（詳見第 9 章說明），如下所示：

```
import math
```

當 Python 程式匯入 math 模組，在 Python 程式碼就可以呼叫此模組的 sin()、cos() 和 tan() 三角函數，如下所示：

```
math.sin(x)
math.cos(x)
math.tan(x)
```

關於 import 和模組的說明，請參閱第 9-1 節。

⚲ 全域變數與函數

Python 函數是使用 def 關鍵字來建立，函數（Functions）是一個獨立程式片段，可以完成指定工作，這是由函數名稱、參數列和縮排的程式區塊所組成。

在函數外定義的變數稱為全域變數，Python 程式檔案的所有程式碼都可以存取此變數值，對比函數中使用的區域變數。關於全域變數、區域變數和函數的說明請參閱第 6 章。

⚲ 程式敘述 1~N

在 Python 程式檔案中沒有縮排的程式敘述，這些程式敘述就是其他程式語言的主程式，當直譯執行 Python 程式時，就是從第 1 行沒有縮排的程式敘述開始，執行到最後 1 行沒有縮排的程式敘述為止。

例如：Python 程式 ch2-3-1.py 沒有匯入模組、全域變數和函數，當直譯器執行 Python 程式時，就是從第 1 行 var1 = 10 的程式碼開始執行，直到執行到最後第 4 行呼叫 print() 函數輸出運算結果為止。

── 說明 ●─────────

Python 語言可以和 C 語言一樣使用 if 條件指定主程式的函數，不過，對於初學者來說，這並非需要，關於 Python 主程式函數，請參閱第 6-2-3 節。

2-5　Python 文字值

Python 文字值（Literals、也稱字面值）或稱常數值（Constants），這是一種文字表面顯示的值，即撰寫程式碼時直接使用鍵盤輸入的值。在 Python 程式：ch2-2-2.py 輸出的整數 100、浮點數 123.5 和字串 " 陳會安 " 等，都是文字值，如下圖所示：

```
ch2-2-2.py
1  print("整數=", 100)          ◀── 輸出字串和整數文字值
2  print('浮點數=', 123.5)      ◀── 輸出字串和浮點數文字值
3  print("姓名=", "陳會安")
4                              ◀── 輸出2個字串文字值
```

我們可以再來看一看更多 Python 文字值範例，例如：整數、浮點數或字串值，如下所示：

```
100
15.3
"第一個程式"
```

上述 3 個文字值的前 2 個是數值，最後一個是使用「"」括起的字串文字值（也可以使用「'」括起）。基本上，Python 文字值主要分為：字串文字值、數值文字值和布林文字值。

事實上，Python 文字值的類型就是 Python 資料型態，Python 變數就是使用文字值來決定變數的資料型態，詳見第 3 章的說明。

2-5-1　字串文字值

Python 字串文字值（String Literals）就是字串，字串是 0 或多個使用「'」單引號或「"」雙引號括起的一序列 Unicode 字元，如下所示：

```
"學習Python語言程式設計"
'Hello World!'
```

目前我們使用的字串文字值大都是在 `print()` 函數的參數，而且在最後輸出至螢幕顯示時，並不會看到前後的「'」單引號或「"」雙引號，如下圖所示：

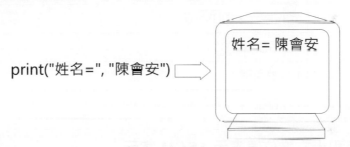

如果需要建立跨過多行的字串時（如同第 2-6-3 節的多行註解），請使用 3 個「'」單引號或「"」雙引號括起一序列 Unicode 字元，如下所示：

```
"""學會Python語言"""
'''Welocme to the world
 of Python'''
```

在實務上，Python 字串的單引號和雙引號可以互換，例如：在字串中需要使用到單引號「It's」，就可以使用雙引號括起，如下所示：

```
"It's my life."
```

請注意！Python 並沒有字元文字值，當引號括起的字串只有 1 個時，我們可以視為是字元，如下所示：

```
"A"
'b'
```

◎ Escape 逸出字元（Escape Characters）

Python 字串文字值大多是可以使用電腦鍵盤輸入的字元，對於那些無法使用鍵盤輸入的特殊字元 / 符號，或擁有特殊功能的字元 / 符號，例如：新行字元，我們需要使用 Escape 逸出字元 "\n"。

Python 提供 Escape 逸出字元來輸入特殊字元，這是一些使用「\」符號開頭的字元，如表 2-1 所示。

》 **表 2-1　Escape 逸出字元**

Escape 逸出字元	說明
\b	Backspace，即 Backspace 鍵
\f	FF，Form feed 換頁字元
\n	LF（Line Feed）換行或 NL（New Line）新行字元
\r	Carriage Return，即 Enter 鍵
\t	定位字元，即 Tab 鍵
\'	「'」單引號
\"	「"」雙引號
\\	「\」符號

◎ 使用八進位和十六進位值表示 ASCII 字元

對於電腦來說，當在鍵盤按下大寫 A 字母鍵時，傳給電腦的是 1 個位元組的數字（英文字母和數字使用其中 7 位元），目前個人電腦是使用「ASCII」（American Standard Code for Information Interchange），例如：大寫 A 是 65，所以，電腦實際顯示和儲存的資料是數值 65，稱為字元碼（Character Code）。

ASCII 字元也可以使用 Escape 逸出字元來表示，即「\x」字串開頭的 2 個十六進位數字或「\」字串開頭 3 個八進位數字來表示 ASCII 字元碼，如下所示：

```
'\x61'
'\101'
```

上述表示法，如表 2-2 所示。

» 表 2-2　ASCII 字元碼

ASCII 字元碼	說明
\N	N 是八進位值的字元常數，例如：\040 空白字元
\xN	N 是十六進位值的字元常數，例如：\x20 空白字元

範例：使用 Escape 逸出字元

Python程式：ch2-5-1.py

```
01  print("顯示反斜線:", '\\')
02  print("顯示單引號:", '\'')
03  print("顯示雙引號:", '\"')
04
05  print("十六進位值的ASCII字元:", '\x61')
06  print("八進位值的ASCII字元:", '\101')
```

解析

為了明顯區分是輸出 Escape 逸出字元和 ASCII 字元碼，我們在第 4 行增加一行空白行。在實務上，撰寫程式碼時，可以適當加上一些空白行，以便讓程式結構看起來更清楚明白。

結果

```
>>> %Run ch2-5-1.py
顯示反斜線： \
顯示單引號： '
顯示雙引號： "
十六進位值的ASCII字元： a
八進位值的ASCII字元： A
```

上述前 3 行是 Escape 逸出字元「\\」、「\'」和「\"」執行結果，分別是「\」、「'」和「"」，後 2 行是十六進位和八進位 ASCII 字元碼。

2-5-2　數值文字值

Python 數值文字值主要分為兩種：整數文字值（Integer Literals）和浮點數文字值（Float-point Literals）。

整數文字值

整數文字值是指資料是整數值，沒有小數點，其資料長度可以是任何長度，視記憶體空間而定。例如：一些整數文字值的範例，如下所示：

```
1
100
122
56789
```

上述整數值是 10 進位值，也是我們習慣使用的數字系統，Python 語言支援二進位、八進位和十六進位的數字系統，此時的數值需要加上數字系統的字首（十進位並不需要），如表 2-3 所示：

》表 2-3　二進位、八進位和十六進位的數字系統

數字系統	字首	範例（十進位值）
二進位	0b 或 0B	0b1101011（107）
八進位	0o 或 0O	0o15（13）
十六進位	0x 或 0X	0xFB（253）

上表的字首是以數字「0」開始，英文字母 b 或 B 是二進位；o 或 O 是八進位；x 或 X 是十六進位。

範例：各種進位數值的數字表示法

Python程式：ch2-5-2.py

```
01  print("十進位值123的整數文字值:", 123)
02  print("二進位值0b1101011的整數值:", 0b1101011)
03  print("八進位值0o15的整數值:", 0o15)
04  print("十六進位值0xFB的整數值:", 0xFB)
```

結果

```
>>> %Run ch2-5-2.py
十進位值123的整數文字值: 123
二進位值0b1101011的整數值: 107
八進位值0o15的整數值: 13
十六進位值0xFB的整數值: 251
```

上述整數值的第 1 個是十進位，第 2 個之後依序是二進位、八進位和十六進位轉換成的十進位值。

浮點數文字值

　　浮點數文字值是指數值資料是整數加上小數，其精確度可以到小數點下 15 位，基本上，整數和浮點數的差異就是小數點，5 是整數；5.0 是浮點數，例如：一些浮點數文字值的範例（Python 程式：ch2-5-2a.py），如下所示：

```
1.0
55.22
```

2-5-3　布林文字值

　　Python 語言的布林（Boolean）文字值是使用 True 和 False 關鍵字來表示（Python 程式：ch2-5-3.py），如下所示：

```
True
False
```

Python 寫作風格

2-6

　　Python 語言的寫作風格是撰寫 Python 程式碼的規則。基本上，Python 語言的程式碼是程式敘述所組成，數個程式敘述組合成程式區塊，每一個程式區塊擁有數行程式敘述或註解文字，一行程式敘述是一個運算式、變數和指令的程式碼。

2-6-1　程式敘述

　　Python 程式是使用程式敘述（Statements）所組成，一行程式敘述如同英文的一個句子，內含多個運算式、運算子或關鍵字，這就是 Python 直譯器可以執行的程式碼。

程式敘述的範例

　　一些 Python 程式敘述的範例，如下所示：

```
b = 10
c = 2
a = b * c
print("第一個Python程式")
```

　　上述第 1 行和第 2 行程式碼是指定變數初值，第 3 行是指定敘述的運算式，第 4 行是呼叫 print() 函數。

⭕「;」分號

大部分程式語言：C/C++、Java 和 C# 等語言的「;」分號代表程式敘述的結束，告訴直譯器／編譯器已經到達程式敘述的最後，請注意！Python 語言並不需要在程式敘述最後加上「;」分號，如果習慣在程式敘述最後加上「;」分號，也不會有錯誤，如下所示：

```
d = 5;
```

在 Python 語言使用「;」分號的主要目的是在同一行程式碼撰寫多個程式敘述，如下所示：

```
b = 10; c = 4; a = b * c
```

上述程式碼可以在同一行 Python 程式碼行擁有 3 個程式敘述。

2-6-2　程式區塊

程式區塊（Blocks）是由多個程式敘述所組成，大部分程式語言是使用 "{" 和 "}" 大括號（Braces）包圍來建立程式區塊。Python 語言的程式區塊是使用縮排，當多行程式敘述擁有相同數量的空白字元縮排時，就屬於同一個程式區塊，通常是使用「4」個空白字元或 1 個 Tab 鍵。

Python 程式區塊是從第 1 個縮排的程式敘述開始，到第 1 個沒有縮排的程式敘述的前一行為止，如下所示：

```
for i in range(1, 11):
    print(i)
    if i == 5 :
        break
print("迴圈結束")
```

上述 for 迴圈的程式區塊（請注意！for 迴圈之後有「:」冒號）是從第 1 個 print() 函數開始，到第 2 個 print() 函數之前結束，都是縮排 4 個空白字元，在程式區塊中的 if 條件是另一個程式區塊，此程式區塊只有 1 個程式敘述，所以此行敘述再縮排 4 個空白字元。

如果程式區塊只有 1 行程式敘述，或使用「;」分號建立同一行的多個程式敘述，我們可以不用縮排，但 Python 並不建議如此撰寫程式碼，如下所示：

```
if True: print("Python")
if True: print("Python"); a = 10
```

上述第 1 行程式碼因為只有 1 行程式敘述，所以直接寫在「:」冒號之後，第 2 行是使用「;」分號在同一行建立多個程式敘述。

2-6-3　程式註解

程式註解（Comments）是程式中十分重要的部分，可以提供程式內容的進一步說明，良好的註解文字不但能夠了解程式目的，並且在程式維護上，也可以提供更多的資訊。

基本上，程式註解是給程式設計者閱讀的內容，Python 直譯器在直譯原始程式碼時會忽略註解文字和多餘的空白字元。

♀ Python 語言的單行註解

Python 語言的單行註解是在程式中以「#」符號開始的行，或程式行位在「#」符號後的文字內容都是註解文字，如下所示：

```
# 顯示訊息
print("第一個Python程式")    # 顯示訊息
```

♀ Python 語言的多行註解

Python 語言的程式註解可以跨過很多行，這是使用「"""」和「"""」符號（3 個「"」符號）或「'''」和「'''」符號（3 個「'」符號）括起的文字內容，例如：我們可以在 Python 程式開頭加上程式檔名稱的註解文字，如下所示：

```
''' Python程式:
   檔名: ch2-6.py '''
```

上述註解文字是位在「'''」和「'''」符號中的文字內容。使用「"""」符號的多行註解，如下所示：

```
""" ----------------------------
   程式範例: ch2-6.py
---------------------------- """
```

2-6-4　太長的程式碼

Python 語言的程式碼行如果太長，基於程式編排的需求，太長的程式碼並不容易閱讀，我們可以分割成多行來編排。請在程式碼該行的最後加上「\」符號（Line Splicing），將程式碼分成數行來編排，如下所示：

```
sum = 1 + 2 + \
      3 + 4 + \
      5
```

上述程式碼使用「\」符號將 3 行合併成一行。當 Python 語言使用「( )」、「[ ]」和「{ }」括起程式碼時，隱含就會加上「\」符號，所以可以直接分割成多行來編排，如下所示：

```
a = (1 + 2 + 3 + 4
     + 5 + 6)
colors = ['red',
          'blue',
          'yellow']
print("green" == "glow", "green" != "glow",
      "green" > "glow", "green" >= "glow",
      "green" < "glow" , "green" <= "glow")
```

上述程式碼不需要在每一行最後加上「\」符號，就可以分割成多行來編排。

1. 請問開發 Python 程式的基本步驟為何？在 print() 函數輸出的文字內容如果需要換行，除了使用 2 次 print() 函數外，還可以如何顯示換行？

2. 請簡單說明 Python 文字值有哪幾種？Python 程式的基本結構為何？

3. 請建立 Python 程式使用多個 print() 函數，可以用星號字元顯示 5*5 的三角形圖形，如下圖所示：

```
*
**
***
****
*****
```

4. 請建立 Python 程式計算小明數學和英文考試的總分，數學是 75 分；英文是 68 分，最後使用 print() 函數顯示總分是多少。

5. 請建立 Python 程式可以在螢幕輸出顯示下行執行結果，如下所示：

```
大家好!
250
\200
```

6. 請建立 Python 程式將下列八和十六進位值轉換成十進位值來顯示，如下所示：

0277、0xcc、0xab、0333、0555、0xff

iPAS巨量資料分析模擬試題

( ) 1. 請問下列哪一個關於 Python 程式基本結構的說明並不正確？
(A) Python 程式的副檔名是「.py」
(B) Python 程式可以匯入套件模組
(C) Python 函數是使用 def 關鍵字來建立
(D) Python 擁有名為 main 函數的主程式。

( ) 2. 請問下列哪一個關於撰寫 Python 程式碼的規則並不正確？
(A) 在程式敘述的最後需加上「;」分號
(B) 程式區塊是使用縮排
(C) 註解是「#」符號開始的行
(D) 在程式碼最後加上「\」符號，可以將程式碼分成數行。

CHAPTER

3

變數、運算式與運算子

◎ 本章內容

3-1　程式語言的變數

因為電腦程式需要處理資料，所以在執行時需記住一些資料，我們需要一個地方用來記得執行時的資料，這就是「變數」（Variables）。

3-1-1　認識變數

一般來說，我們去商店買東西時，為了比較價格，就會記下商品價格，同樣的，程式是使用變數儲存這些執行時需記住的資料，也就是將這些值儲存至變數，當變數擁有儲存的值後，就可以在需要的地方取出變數值，例如：執行數學運算和資料比較等。

📍 變數是儲存在哪裡

問題是，這些需記住的資料是儲存在哪裡，答案就是電腦的記憶體（Memory），變數是一個名稱，用來代表電腦記憶體空間的一個位址，如下圖所示：

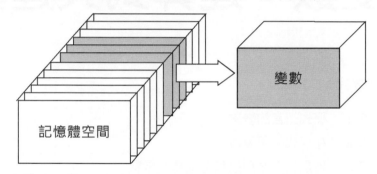

上述位址如同儲物櫃的儲存格，可以佔用數個儲存格來儲存值，當已經儲存值後，值就不會改變直到下一次存入一個新值為止。我們可以讀取變數目前的值來執行數學運算，或進行大小的比較。

📍 變數的基本操作

對比真實世界，當我們想將零錢存起來時，可以準備一個盒子來存放這些錢，並且隨時看看已經存了多少錢，這個盒子如同一個變數，我們可以將目前的金額存入變數，或取得變數值來看看已經存了多少錢，如下圖所示：

　　請注意！真實世界的盒子和變數仍然有一些不同，我們可以輕鬆將錢幣丟入盒子，或從盒子取出錢幣，但變數只有兩種操作，如下所示：

1. 在變數存入新值：指定變數成為一個全新值，我們並不能如同盒子一般，只取出部分金額。因為變數只能指定成一個新值，如果需要減掉一個值，其操作是先讀取變數值，在減掉後，再將變數指定成最後運算結果的新值。

2. 讀取變數值：取得目前變數的值，而且在讀取變數值，並不會更改變數目前儲存的值。

3-1-2　使用變數前的準備工作

　　程式語言的變數如同是一個擁有名稱的盒子，能夠暫時儲存程式執行時所需的資料，也就是記住這些資料，如下圖所示：

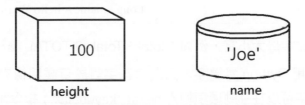

　　上述圖例是方形和圓柱形的兩個盒子，盒子名稱是變數名稱 height 和 name，在盒子儲存的資料 100 和 'Joc' 是整數和字串的文字值。現在回到盒子本身，盒子形狀和尺寸決定儲存的資料種類，對比程式語言，形狀和尺寸就是變數的資料型態（Data Types），資料型態可以決定變數是儲存數值或字串等資料。Python 變數的資料型態是變數值決定，當指定變數的文字值後，就決定了變數的資料型態。

　　如果程式語言是靜態語言，例如：C/C++ 和 Java，當變數指定資料型態後，就表示只能儲存這種型態的資料，如同圓形盒子放不進相同直徑的方形物品，我們只能放進方形盒子。Python 是動態語言，變數的資料型態是可以更改的，當變數指定成其他資料型態的文字值時，變數的資料型態也會一併更改成文字值的資料型態。

　　所以，程式語言在使用變數前，需要 2 項準備工作，如下所示：

▷ 替變數命名：即上述 name 和 height 等變數名稱。

▷ 決定變數的資料型態：即變數儲存什麼樣的值，即整數或字串等。

3-1-3　Python 語言的命名規則

　　程式設計者在程式碼自行命名的元素，稱為識別字（Identifier），例如：變數名稱，關鍵字（Keywords）是一些對直譯器 / 編譯器來說擁有特殊意義的名稱，在命名時，我們需要避開這些名稱。

識別字名稱（Identifier Names）是指 Python 語言的變數、函數、類別或其他識別字的名稱，程式設計者在撰寫程式時，需要替這些識別字命名。Python 語言的命名規則，如下所示：

▷ 名稱是一個合法識別字，識別字是使用英文字母或「 _ 」底線開頭（不可以使用數字開頭），不限長度，包含字母、數字和底線「 _ 」字元組成的名稱。一些名稱範例，如表 3-1 所示。

》**表 3-1　合法與不合法識別字**

合法名稱	不合法名稱
T、c、a、b、c	1、2、12、250
Size、test123、count、_hight	1count、hi!world、a@
Long_name、helloWord	Long…name、hello World

▷ 名稱區分英文字母大小寫，例如：total、Total 和 TOTAL 屬於不同的識別字。

▷ 名稱不能使用 Python 關鍵字，因為這些字對於直譯器擁有特殊意義。Python 語言的關鍵字可以在互動環境輸入 help("keywords") 指令來查詢，如下所示：

```
>>> help("keywords")

Here is a list of the Python keywords.  Enter any keyword to get more help.

False               break               for                 not
None                class               from                or
True                continue            global              pass
__peg_parser__      def                 if                  raise
and                 del                 import              return
as                  elif                in                  try
assert              else                is                  while
async               except              lambda              with
await               finally             nonlocal            yield
```

━◆ 說明 ◆━

Python 除了關鍵字，還有一些內建函數，例如：input()、print()、file() 和 str() 等，雖然將識別字命名為 input、print、file 和 str 都是合法名稱，但同一 Python 程式檔如果同時宣告變數且呼叫這些內建函數，就會讓直譯器混淆，產生變數無法呼叫的錯誤，在實務上，不建議使用這些內建函數名稱作為識別字名稱。

▷ 有效範圍（Scope）是指在有效範圍的程式碼中名稱必須是唯一，例如：在程式中可以使用相同的變數名稱，不過變數名稱需要位在不同的範圍，詳細的範圍說明請參閱第 6-6-1 節。

3-2　在程式使用變數

Python 變數不用預先宣告,當需要變數時,直接指定變數值即可,如果習慣宣告變數,可以在程式開頭將變數指定成 None,None 關鍵字表示變數並沒有值,如下所示:

```
score = None
```

3-2-1　指定和輸出變數值

Python 在使用指定敘述指定變數值,變數名稱如同是一個盒子,指定的變數值就是將值放入盒子,和決定盒子的資料型態,如下圖所示:

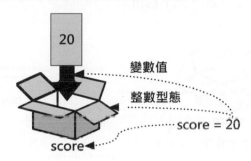

上述圖例的盒子名稱是 score,其值是 20,當使用「=」等號指定變數 score 的值 20,就是將文字值 20 放入盒子,同時決定變數的資料型態是整數,如下所示:

```
score = 20
```

上述程式碼指定變數 score 值是 20,變數 score 因為指定文字值 20,所以記得文字值 20 且決定是整數型態,其基本語法如下所示:

```
變數 = 資料
```

上述「=」等號就是指定敘述,可以:

「將右邊資料的文字值指定給左邊的變數,在左邊變數儲存的值就是右邊資料的文字值。」

在左邊是變數名稱(一定是變數),右邊資料除了文字值外,還可以是第 3-2-3 節的變數或第 3-5 節的運算式(Expression)。

● 說明 ●

指定敘述的「=」等號是指定或指派變數值,也就是將資料放入變數的盒子,並不是相等,不要弄錯成數學的等於 A=B,因為不是等於。

💡 範例：指定和輸出變數值

```
01  score = 20      # 將文字值20指定給變數score
02  # 輸出變數score存入的值20
03  print("變數score值是:", score)
```

結果

Python 程式的執行結果是在第 3 行輸出變數 score 指定的文字值，如下所示：

>>> %Run ch3-2-1.py
變數score值是: 20

變數 score 代表的值就是 20，如下圖所示：

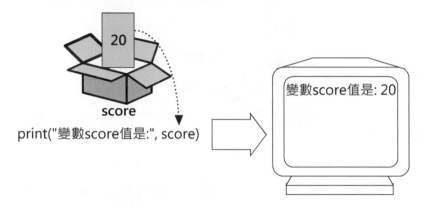

上述 print() 函數輸出變數 score 儲存的值，而不是字串 "score"，所以在前後不可加上引號，如此才能輸出變數值 20。

3-2-2 指定成其他文字值

變數是執行程式時暫存儲存資料的地方，當建立 Python 變數後，例如：變數 score 和指定值 20 後，我們隨時可以再次使用指定敘述「=」等號來更改變數值，如下所示：

```
score = 30
```

上述程式碼將變數 score 改成 30，也就是將變數指定成其他文字值，現在，score 變數值是新值 30，不是原來的值 20，資料型態仍然是整數，如下圖所示：

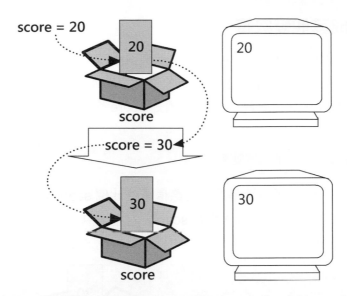

Python 變數也可以隨時更改成其他資料型態的文字值，例如：浮點數 98.5，此時不只更改 score 變數的值，同時更改資料型態成為浮點數，如下所示：

```
score = 98.5
```

◎ 範例：指定成其他文字值

```
                                                    Python程式：ch3-2-2.py
01   score = 20      # 將文字值20指定給變數score
02   # 輸出變數score存入的值20
03   print("變數score值是:", score)
04   score = 30      # 更改變數score的值
05   # 輸出變數score存入的更新值30
06   print("變數score更新值是:", score)
07   score = 98.5  # 更改變數score的值和型態
08   # 輸出變數score存入的更新值98.5
09   print("變數score更新值是:", score)
```

結果

Python 程式的執行結果首先輸出變數 score 的值 20，在第 4 行更改變數 score 值成為新值 30 後，第 5 行輸出的是更改後的新值 30，在第 7 行再次更改 score 變數值成浮數數 98.5，如下所示：

```
>>> %Run ch3-2-2.py

變數score值是: 20
變數score更新值是: 30
變數score更新值是: 98.5
```

3-2-3　指定成其他變數值

變數除了可以使用指定敘述「=」等號更新成其他文字值，我們還可以將變數指定成其他變數值，就是更改成其他變數儲存的文字值，例如：在建立整數變數 score 的值 20 後，使用指定敘述來指定變數 score2 的值是 score 變數儲存的值，如下所示：

```
score = 20
score2 = score       # 指定敘述
```

上述程式碼在「=」等號右邊是取出變數值，依此例 score 變數值是 20，指定敘述可以將變數 score 的「值」20，存入變數 score2 的盒子中，也就是將變數 score2 的值更改為 20，如下圖所示：

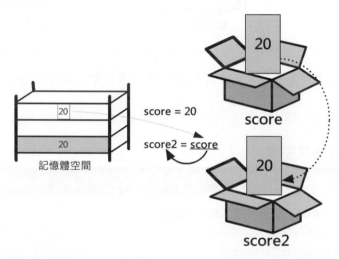

💡 **範例：指定成其他變數值**

Python程式：ch3-2-3.py

```
01  score = 20       # 將文字值20指定給變數score
02  # 輸出變數score存入的值20
03  print("變數score值是:", score)
04  score2 = score   # 更改變數score2的值是變數score
05  # 輸出變數score2的值20
06  print("變數score2值是:", score2)
```

結果

Python 執行結果可以看到變數 score 和 score2 的值都是 20，因為第 4 行是將 score 變數值 20 指定給變數 score2，所以變數 score2 的值也成為 20，如下所示：

```
>>> %Run ch3-2-3.py

變數score值是: 20
變數score2值是: 20
```

3-3　變數的資料型態和型態轉換函數

　　Python 變數儲存的值決定變數目前的資料型態，當指定變數的文字值時，就決定變數的資料型態，例如：在第 2-5 節的字串、數值和布林文字值，就是對應字串（String）、數值（Number）和布林（Boolean）資料型態。

　　除此之外，Python 還提供多種容器型態（Contains Type），例如：串列（List）、元組（Tuple）和字典（Dictionary）等，進一步字串和容器型態的說明請參閱第 7 章。

3-3-1　取得變數的資料型態

　　Python 可以使用 type() 函數取得目前變數的資料型態，如下所示：

```
score = 20
print("變數score值是:", score, type(score))
```

　　上述變數 score 是整數，可以呼叫 type(a) 取得變數 a 資料型態的物件 <class 'int'>，請注意！Python 所有東西都是 class 類別的物件。

💡 **範例：使用 type() 函數取得變數的資料型態**

Python程式：ch3-3-1.py

```
01  score = 20      # 將文字值20指定給變數score
02  # 輸出變數score存入的值20
03  print("變數score值是:", score , type(score))
04  score = 30      # 更改變數score的值
05  # 輸出變數score存入的更新值30
06  print("變數score更新值是:", score , type(score))
07  score = 98.5   # 更改變數score的值和型態
08  # 輸出變數score存入的更新值98.5
09  print("變數score更新值是:", score , type(score))
```

結果

　　Python 程式的執行結果可以看到變數的資料型態從 int 整數改成 float 浮點數，如下所示：

```
>>> %Run ch3-3-1.py

變數score值是: 20 <class 'int'>
變數score更新值是: 30 <class 'int'>
變數score更新值是: 98.5 <class 'float'>
```

3-3-2　資料型態轉換函數

Python 不會自動轉換變數 / 文字值的資料型態，我們需要自行使用內建型態轉換函數來轉換變數 / 文字值成所需的資料型態，如表 3-2 所示。

» 表 3-2　型態轉換函數

型態轉換函數	說明
str()	將任何資料型態的參數轉換成字串型態
int()	將參數轉換成整數資料型態，參數如果是字串，字串內容只能是數字，如果是浮點數，轉換成整數會損失精確度
float()	將參數轉換成浮點數資料型態，如果是字串，字串內容只可以是數字和小數點

範例：使用資料型態轉換函數

Python程式：ch3-3-2.py

```
01  score = "60"    # 將字串文字值指定給變數score
02  score2 = int(score)
03  print("變數score2值是: " + str(score2))
04  score3 = float(score+".5")
05  print("變數score3值是: " + str(score3))
```

結果

Python 程式的執行結果可以看到變數 score 的值是字串文字值，在第 2 行轉換成整數，第 3 行輸出時使用「+」加號運算子，如下所示：

```
print("變數score2值是: " + str(score2))
```

上述參數是加法運算，第 1 個運算元是字串文字值，第 2 個呼叫 str() 函數轉換成字串，因為 2 個運算元都是字串，「+」加法就是字串連接運算子可以連接 2 個字串，第 4 行 float() 函數的參數在連接 ".5" 字串成為 "60.5" 後，再轉換成浮點數，如下所示：

```
>>> %Run ch3-3-2.py
變數score2值是: 60
變數score3值是: 60.5
```

3-4　讓使用者輸入變數值

Python 可以讓使用者以鍵盤輸入變數值，這就是第 2-3-2 節的主控台輸入，我們是使用 input() 函數讓使用者輸入字串文字值。

從鍵盤輸入字串資料

當變數值可以讓使用者自行使用鍵盤來輸入時，我們建立的 Python 程式就擁有更多的彈性，因為變數存入的值是在執行 Python 程式時，才讓使用者自行從鍵盤輸入，而不是撰寫 Python 程式碼來指定其值。

Python 程式是呼叫 input() 函數來輸入字串資料型態的資料，如下所示：

```
score = input("請輸入整數值==> ")  # 輸入字串文字值
```

上述函數的參數是提示文字，雖然提示文字是輸入整數，但 score 變數的資料型態是整數值內容的字串，並不是整數，如下圖所示：

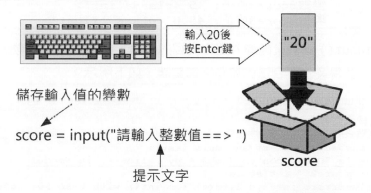

上述圖例當執行到 input() 函數時，執行畫面就會暫停等待，等待使用者輸入資料，直到按下 Enter 鍵，輸入的資料是字串文字值，可以將取得的輸入值存入變數 score。

從鍵盤輸入數值資料

請注意！input() 函數只能輸入字串文字值，我們需要使用第 3-3-2 節的 int() 和 float() 資料型態轉換函數來轉換成整數變數 score2 和浮點數變數 score3，如下所示：

```
score2 = int(score)
score3 = float(score)
```

💡 **範例：從鍵盤輸入字串和數值**

Python程式：ch3-4.py

```
01  score = input("請輸入整數值==> ")  # 輸入字串文字值
02  # 輸出變數score的值
03  print("變數score值是:", score, type(score))
04  score2 = int(score)
05  print("變數score2值是:", score2, type(score2))
06  score3 = float(score)
07  print("變數score3值是:", score3, type(score3))
```

結果

　　Python 程式的執行結果是在第 1 行輸入整數內容的字串，然後在 4 行轉換成整數；第 6 行轉換成浮點數，如下所示：

```
>>> %Run ch3-4.py

    請輸入整數值==> 45
    變數score值是: 45 <class 'str'>
    變數score2值是: 45 <class 'int'>
    變數score3值是: 45.0 <class 'float'>
```

　　請注意！input() 函數只能輸入整數內容的字串，如果輸入浮點數，在第 4 行轉換成整數時，就會發生不合法的整數字串錯誤，如下所示：

```
>>> %Run ch3-4.py
    請輸入整數值==> 55.6
    變數score值是: 55.6 <class 'str'>
    Traceback (most recent call last):
      File "C:\Python\ch03\ch3-4.py", line 4, in <module>
        score2 = int(score)
    ValueError: invalid literal for int() with base 10: '55.6'
```

 3-5　認識運算式和運算子

　　程式語言的運算式（Expressions）是一個執行運算的程式敘述，可以產生資料處理所需的運算結果，整個運算式可以簡單到只有單一文字值或變數，或複雜到由多個運算子和運算元所組成。

3-5-1　關於運算式

　　運算式（Expressions）是由一序列運算子（Operators）和運算元（Operands）所組成，可以在程式中執行所需的運算任務（即執行資料處理），如下圖所示：

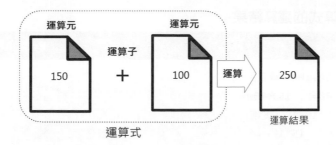

上述圖例的運算式是「150+100」,「+」加號是運算子;150 和 100 是運算元,在執行運算後,得到運算結果 250,其說明如下所示:

▷ 運算子:執行運算處理的加、減、乘和除等符號。

▷ 運算元:執行運算的對象,可以是常數值、變數或其他運算式。

Python 運算子依運算元的個數分成二種,如下所示:

▷ 單元運算子(Unary Operator):只有一個運算元,例如:正號或負號,如下所示:

```
-15
+10
```

▷ 二元運算子(Binary Operator):擁有位在左右的兩個運算元,Python 運算子大部分是二元運算子,如下所示:

```
5 + 10
10 - 2
```

3-5-2　輸出運算式的運算結果

Python 的 print() 函數可以在電腦螢幕輸出執行結果,同樣的,我們可以輸出運算式的運算結果,如下圖所示:

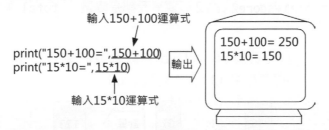

上述程式碼計算「150+100」和「15*10」運算式的結果後,將結果輸出顯示在電腦螢幕上。

—◆ 說明 ◆—

程式語言的乘法是使用「*」符號,不是手寫「x」符號,因為「x」符號很容易與變數名稱混淆,因為當運算式有 x 時,會視為變數;而不是乘法運算子。

💡 **範例：輸出運算式的運算結果**

Python程式：ch3-5-2.py

```
01  # 計算和輸出150+100運算式的值
02  print("150+100=", 150+100)
03  # 計算和輸出15*10運算式的值
04  print("15*10=", 15*10)
```

結果

　　Python 程式的執行結果，可以顯示 2 個運算式的運算結果，如下所示：

```
>>> %Run ch3-5-2.py
    150+100= 250
    15*10= 150
```

3-5-3　執行不同種類運算元的運算

　　在第 3-5-1 節說明過運算式的運算元可以是文字值或變數，在第 3-5-2 節運算式的 2 個運算元都是文字值，除此之外，還有 2 種其他組合，即 2 個運算元都是變數，和 1 個運算元是變數；1 個是文字值。

📍 2 個運算元都是變數

　　Python 加法運算式的 2 個運算元可以是 2 個變數，例如：計算分數的總和，如下所示：

```
score1 = 56
score2 = 67
total = score1 + score2    # 加法運算式
```

　　上述運算式「score1+score2」的 2 個運算元都是變數，「total = score1+score2」運算式的意義是：

　　「取出變數 score1 儲存的值 56，和取出變數 score2 儲存的值 67 後，將 2 個常數值相加 56+67 後，再將運算結果 123 存入變數 total。」

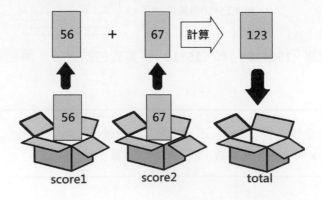

1 個運算元是變數；1 個運算元是文字值

Python 加法運算式的 2 個運算元可以其中一個是變數；另一個是文字值，例如：調整變數 score1 的分數，將它加 10 分，如下所示：

```
score1 = 56
score1 = score1 + 10    # 加法運算式
```

上述運算式「score1+10」的第 1 個運算元是變數；第 2 個是文字值，「score1 = score1+10」運算式的意義是：

「取出變數 score1 儲存的值 56，加上文字值 10 後，再將運算結果 56+10=66 存入變數 score1。」

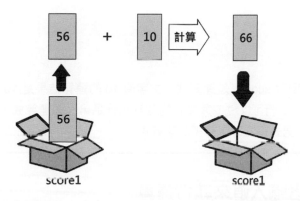

━━● 說明 ●━━

請注意！從「score1 = score1 + 10」運算式可以明顯看出「=」等號不是相等，而是指定或指派左邊變數的值，不要弄錯成數學的等於，因為從運算式可以看出，score1 不可能等於 score1+10。

範例：執行不同種類運算元的運算

Python程式：ch3-5-3.py

```
01  score1 = 56      # 第1個運算元
02  score2 = 67      # 第2個運算元
03  total = score1 + score2  # 計算2個變數相加
04  # 顯示score1+score2運算式的運算結果
05  print("變數score1=", score1)
06  print("變數score2=", score2)
07  print("score1+score2=", total)
08
09  score1 = score1 + 10     # 計算變數加常數值
10  # 顯示score1+10運算式的運算結果
11  print("變數score1加10分=", score1)
```

結果

Python 程式的執行結果顯示 2 種不同運算元的加法運算式的運算結果，如下所示：

```
>>> %Run ch3-5-3.py
    變數score1= 56
    變數score2= 67
    score1+score2= 123
    變數score1加10分= 66
```

● 說明 ●

事實上，本節運算式的文字值 10 和變數 score1 是運算元，也是一種最簡單的運算式，如下所示：

```
10
score1
```

上述文字值 10；變數 score1 是運算式，文字值 10 的運算結果是 10；變數 score1 的運算結果是儲存的文字值。我們可以說，運算式的運算元就是另一個運算式，可以簡單到只是文字值，或變數，也可以是另一個擁有運算子的運算式。

3-5-4 讓使用者輸入值來執行運算

當運算式的運算元是變數，我們只需更改變數值，就可以產生不同的運算結果，如下所示：

```
total = score1 + score2    # 加法運算式
```

上述運算元變數 score1 和 score2 的值如果不同，total 變數的運算結果就會不同，如表 3-3 所示：

》 表 3-3　不同變數值的加法運算

score1	score2	total = score1 + score2
56	67	123
80	60	140

Python 程式可以使用 input() 函數，讓使用者自行輸入變數值來執行運算，只需輸入不同值，就可以得到不同的加法運算結果。

💡 **範例：讓使用者輸入分數來執行成績總分計算**

Python程式：ch3-5-4.py

```
01   score1 = int(input("請輸入第1個分數==> "))   # 輸入整數值
02   score2 = int(input("請輸入第2個分數==> "))   # 輸入整數值
03
04   total = score1 + score2   # 計算2個變數相加
05   # 顯示score1+score2運算式的運算結果
06   print("score1+score2分數總和= ", total)
```

結果

Python 程式的執行結果在輸入 2 個整數分數後，可以計算 2 個分數的總和，如下所示：

```
>>> %Run ch3-5-4.py

    請輸入第1個分數==> 80
    請輸入第2個分數==> 60
    score1+score2分數總和=   140
```

3-6　在程式使用運算子

Python 提供完整算術（Arithmetic）、指定（Assignment）、位元（Bitwlse）、關係（Relational）和邏輯（Logical）運算子。

3-6-1　運算子的優先順序

Python 運算子的優先順序決定運算式中運算子的執行順序，可以讓擁有多運算子的運算式得到相同的運算結果。

📍 優先順序（Precedence）

當同一 Python 運算式使用多個運算子時，為了讓運算式能夠得到相同的運算結果，運算式是以運算子預設的優先順序來進行運算，也就是熟知的「先乘除後加減」口訣，如下所示：

```
a + b * 2
```

上述運算式因為運算子的優先順序「*」大於「+」，所以先計算 b*2 後才和 a 相加。如果需要，在運算式可以使用括號推翻預設的運算子優先順序，例如：改變上述運算式的運算順序，先執行加法運算後，才是乘法，如下所示：

```
(a + b) * 2
```

上述加法運算式因為使用括號括起，表示運算順序是先計算 a+b 後，再乘以 2。

📍 Python 運算子的優先順序

Python 運算子預設的優先順序（愈上面愈優先），如表 3-4 所示。

》 表 3-4　運算子說明與優先順序

運算子	說明
()	括號運算子
**	指數運算子
~	位元運算子 NOT
+、-	正號、負號
*、/、//、%	算術運算子的乘法、除法、整數除法和餘數
+、-	算術運算子加法和減法
<<、>>	位元運算子左移和右移
&	位元運算子 AND
^	位元運算子 XOR
|	位元運算子 OR
in、not in、is、is not、<、<=、>、>=、<>、!=、==	成員、識別和關係運算子小於、小於等於、大於、大於等於、不等於和等於
not	邏輯運算子 NOT
and	邏輯運算子 AND
or	邏輯運算子 OR

當 Python 運算式的多個運算子擁有相同優先順序時，如下所示：

```
3 + 4 - 2
```

上述運算式的「＋」和「-」運算子擁有相同的優先順序，此時的運算順序是從左至右依序運算，即先運算 3+4=7 後，再運算 7-2=5。

在這一節主要說明 Python 算術和指定運算子，關係和邏輯運算子通常是使用在條件判斷，所以在第 4 章和條件敘述一併說明。

3-6-2　算術運算子

Python 算 術 運 算 子（Arithmetic Operators）可 以 建 立 數 學 的 算 術 運 算 式（Arithmetic Expressions），其說明如表 3-5 所示。

》表 3-5　算術運算式範例

運算子	說明	運算式範例
-	負號	-7
+	正號	+7
*	乘法	7 * 2 = 14
/	除法	7 / 2 = 3.5
//	整數除法	7 // 2 = 3
%	餘數	7 % 2 = 1
+	加法	7 + 2 = 9
-	減法	7 − 2 = 5
**	指數	2 ** 3 = 8

上表算術運算式範例是使用文字值，在本節 Python 範例程式是使用變數。算術運算了加、減、乘、除、指數和餘數運算子都是二元運算子（Binary Operators），需要 2 個運算元。

📍 單元運算子：ch3-6-2.py

算術運算子的「+」正號和「-」負號是單元運算子（Unary Operator），只需 1 個位在運算子之後的運算元，如下所示：

```
+5      # 數值正整數
-x      # 負變數x的值
```

上述程式碼使用「+」正、「-」負號表示數值是正數或負數。

📍 加法運算子「+」：ch3-6-2a.py

加法運算子「+」是將運算子左右 2 個運算元相加（如果是字串型態，就是字串連接運算子，可以連接 2 個字串），如下所示：

```
a = 6 + 7          # 計算6+7的和後，指定給變數a
b = c + 5          # 將變數c的值加5後，指定給變數b
total = x + y + z  # 將變數x, y, z的值相加後，指定給變數total
```

📍 減法運算子「-」：ch3-6-2b.py

減法運算子「-」是將運算子左右 2 個運算元相減，即將位在左邊的運算元減去右邊的運算元，如下所示：

```
a = 8 - 2          # 計算8-2的值後，指定給變數a
b = c - 3          # 將變數c的值減3後，指定給變數b
offset = x - y     # 將變數x值減變數y值後，指定給變數offset
```

📍 乘法運算子「*」：ch3-6-2c.py

乘法運算子「*」是將運算子左右 2 個運算元相乘，如下所示：

```
a = 5 * 2          # 計算5*2的值後，指定給變數a
b = c * 5          # 將變數c的值乘5後，指定給變數b
result = d * e     # 將變數d, e的值相乘後，指定給變數result
```

📍 除法運算子「/」：ch3-6-2d.py

除法運算子「/」是將運算子左右 2 個運算元相除，也就是將左邊的運算元除以右邊的運算元，如下所示：

```
a = 10 / 3         # 計算10/3的值後，指定給變數a
b = c / 3          # 將變數c的值除以3後，指定給變數b
result = x / y     # 將變數x, y的值相除後，指定給變數result
```

📍 整數除法運算子「//」：ch3-6-2e.py

整數除法運算子「//」和「/」除法運算子相同，可以將運算子左右 2 個運算元相除，也就是將左邊的運算元除以右邊的運算元，只差不保留小數，如下所示：

```
a = 10 // 3        # 計算10//3的值後，指定給變數a
b = c // 3         # 將變數c的值除以3後，指定給變數b
result = x // y    # 將變數x, y的值相除後，指定給變數result
```

📍 餘數運算子「%」：ch3-6-2f.py

餘數運算子「%」可以將左邊的運算元除以右邊的運算元來得到餘數，如下所示：

```
a = 9 % 2          # 計算9%2的餘數值後，指定給變數a
b = c % 7          # 計算變數c除以7的餘數值後，指定給變數b
result = y % z     # 將變數y, z值相除取得的餘數後，指定給變數result
```

📍 指數運算子「**」: **ch3-6-2g.py**

指數運算子是「**」,第 1 個運算元是底數,第 2 個運算元是指數,如下所示:

```
a = 2 ** 3          # 計算2³的指數後,指定給變數a
b = 3 ** 2          # 計算3²的指數後,指定給變數b
```

📍 算術運算式的型態轉換: **ch3-6-2h.py**

當加、減、乘和除法運算式的 2 個運算元都是整數時,運算結果是整數;如果任一運算元是浮點數時,運算結果就會自動轉換成浮點數,在下列運算結果的變數 a、b 和 c 值都是浮點數,如下所示:

```
a = 6 + 7.0         # 加法的第2個運算元是浮點數
b = 8.0 - 2         # 減法的第1個運算元是浮點數
c = 5 * 2.0         # 乘法的第2個運算元是浮點數
```

3-6-3　指定運算子

指定運算式(Assignment Expressions)就是指定敘述,這是使用「=」等號指定運算子來建立運算式,請注意!這是指定或稱為指派;並沒有相等或等於的意思,其目的如下所示:

「將右邊運算元或運算式運算結果的文字值,存入位在左邊的變數。」

在指定運算子「=」等號左邊是用來指定值的變數;右邊可以是變數、文字值或運算式,在本章之前已經說明很多現成的範例。

在這一節準備說明 Python 指定運算式的簡化寫法,其條件如下所示:

▷ 在指定運算子「=」等號的右邊是二元運算式,擁有 2 個運算元。

▷ 在指定運算子「=」等號的左邊的變數和第 1 個運算元相同。

例如:滿足上述條件的指定運算式,如下所示:

```
x = x + y;
```

上述「=」等號右邊是加法運算式,擁有 2 個運算元,而且第 1 個運算元 x 和「=」等號左邊的變數相同,所以,可以改用「+=」運算子來改寫此運算式,如下所示:

```
x += y;
```

上述運算式就是指定運算式的簡化寫法,其語法如下所示:

```
變數名稱  op= 變數或常數值;
```

上述 op 代表「+」、「-」、「*」或「/」等運算子，在 op 和「=」之間不能有空白字元，其展開成的指定運算式，如下所示：

```
變數名稱 = 變數名稱 op 變數或常數值
```

上述「=」等號左邊和右邊是同一變數名稱。各種簡化或為縮寫表示法的指定運算式和運算子說明，如表 3-6 所示。

≫ 表 3-6　指定運算子簡化寫法的範例與說明

指定運算子	範例	相當的運算式	說明
=	x = y	N/A	指定敘述
+=	x+ = y	x = x + y	加法
-=	x -= y	x = x - y	減法
*=	x *= y	x = x * y	乘法
/=	x /= y	x = x / y	除法
//=	x //= y	x = x // y	整數除法
%=	x %= y	x = x % y	餘數
**=	x **= y	x = x ** y	指數

Python 程式：ch3-6-3.py 使用簡化寫法的指定運算子，可以使用「+=」運算子來依序加總 3 次使用者輸入的整數分數，第 1 次是輸入分數 85，第 2 次是輸入 69，其加法運算式如下所示：

```
total += score;
```

上述運算式的圖例（變數 total 的值是第 1 次輸入值 85），如下圖所示：

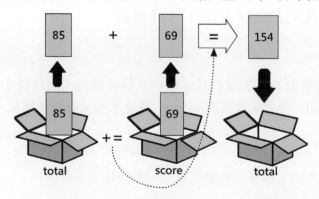

3-6-4　更多的指定敘述

Python 除了標準指定敘述外，還支援多重和同時指定敘述。

📍 多重指定敘述：**ch3-6-4.py**

多重指定敘述（Multiple Assignments）可以在一行指定敘述同時指定多個變數值，如下所示：

```
score1 = score2 = score3 = 25
print(score1, score2, score3)
```

上述指定敘述同時將 3 個變數值指定為 25，請注意！多重指定敘述　定只能指定成相同值，而且其優先順序是從右至左，先執行 score3 = 25，然後才是 score2 = score3 和 score1 = score2。

📍 同時指定敘述：**ch3-6-4a.py**

同時指定敘述（Simultaneous Assignments）的「=」等號左右邊是使用「,」逗號分隔的多個變數和值，如下所示：

```
x, y = 1, 2
print("X =", x, "Y =", y)
```

上述程式碼分別指定變數 x 和 y 的值，相當於是 2 個指定敘述，如下所示：

```
x = 1
y = 2
```

在實務上，同時指定敘述可以簡化變數值交換的程式碼，如下所示：

```
x, y = y, x
print("X =", x, "Y =", y)
```

上述程式碼可以交換變數 x 和 y 的值，以此例本來 x 是 1；y 是 2，執行後 x 是 2；y 是 1。

學習評量

1. 請簡單説明什麼是變數？何謂運算式與運算子？

2. 請指出下列哪一個並不是合法 Python 識別字（請圈起來）？

   Joe、H12_22、_A24、1234、test、1abc

3. 請分別一一寫出 Python 程式敘述來完成下列工作，如下所示：

   ✖ 建立整數型態的變數 num 和 var，字串型態的變數 a，同時指定 a 的初值 'Tom'；var 的初值 123。

   ✖ 讓使用者自行輸入變數 num 的值。

   ✖ 在螢幕顯示變數 a、var 和 num 的值。

4. 請寫出下列 Python 運算式的值，如下所示：

   (1) 1 * 2 + 4

   (2) 7 / 5

   (3) 10 % 3 * 2 * (2 + 5)

   (4) 1 + 2 ** 3

   (5) (1 + 2) * 3

   (6) 16 + 7 * 6 + 9

   (7) (13 - 6) / 7 + 8

   (8) 12 - 4 % 6 / 4

5. 請寫出下列 Python 程式碼片段的執行結果，如下所示：

```
i = 1
i *= 5
i += 2
print("i =", i)
```

6. 請寫出下列 Python 程式碼片段的執行結果，如下所示：

```
x = y = 7
printf("x =", x, "y =", y)
a, b = x, 10
printf("a =", a, "b =", b)
```

7. 圓周長公式是 2*PI*r，PI 是圓周率 3.1415，r 是半徑，請建立 Python 程式定義圓周率變數後，輸入半徑來計算和顯示圓周長。

   ```
   請輸入半徑值==>10 Enter
   圓周長的值是: 62.830000
   ```

8. 計算體脂肪 BMI 值的公式是 W/(H*H)，H 是身高（公尺），W 是體重（公斤），請建立 Python 程式輸入身高和體重後，計算和顯示 BMI 值。

   ```
   請輸入身高值==>175 Enter
   請輸入體重值==>78 Enter
   BMI值是: 25.469387
   ```

iPAS巨量資料分析模擬試題

( ) 1. 關於下列 Python 變數的命名規則說明，請問哪一個是錯誤的？

(A) 變數名稱可命名為 2000Year

(B) 區分英文字母大小寫

(C) 在變數名稱之間不能有空格

(D) 變數名稱不可使用保留字。

( ) 2. 請問下列哪一個並不是 Python 的容器資料型態？

(A) 串列　(B) 元組　(C) 字典　(D) 陣列。

CHAPTER **4**

條件判斷

⊙ 本章內容

4-1　你的程式可以走不同的路

　　程式語言撰寫的程式碼大部分是一行指令接著一行指令循序的執行，但是對於複雜工作，為了達成預期的執行結果，我們需要使用「流程控制結構」（Control Structures）來改變執行順序，讓你的程式可以走不同的路。

4-1-1　循序結構

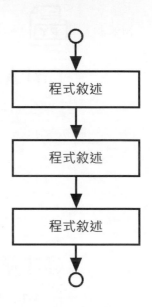

　　循序結構（Sequential）是程式預設的執行方式，也就是一個敘述接著一個敘述依序的執行（在流程圖上方和下方的連接符號是控制結構的單一進入點和離開點，循序結構只有一種積木），如右圖所示：

4-1-2　選擇結構

　　選擇結構（Selection）是一種條件判斷，這是一個選擇題，分為單選、二選一或多選一共三種。程式執行順序是依照關係或比較運算式的條件，決定執行哪一個區塊的程式碼（在流程圖上方和下方的連接符號是控制結構的單一進入點和離開點，從左至右依序為單選、二選一或多選一共三種積木），如下圖所示：

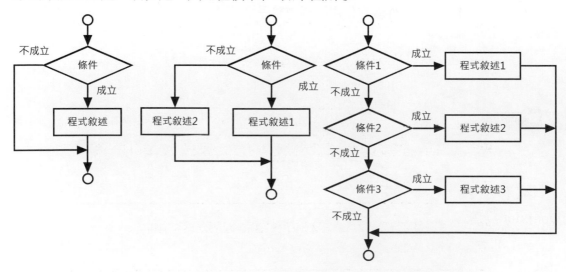

上述選擇結構就是有多種路徑，如同從公司走路回家，因為回家的路不只一條，當走到十字路口時，可以決定向左、向右或直走，雖然最終都可以到家，但經過的路徑並不相同，請注意！每一次執行只會有 1 條回家的路徑。

4-1-3　重複結構

重複結構（Iteration）是迴圈控制，可以重複執行一個程式區塊的程式碼，提供結束條件結束迴圈的執行，依結束條件測試的位置不同分為兩種：前測式重複結構（左圖）和後測式重複結構（右圖），Python 語言並不支援後測式重複結構，如下圖所示：

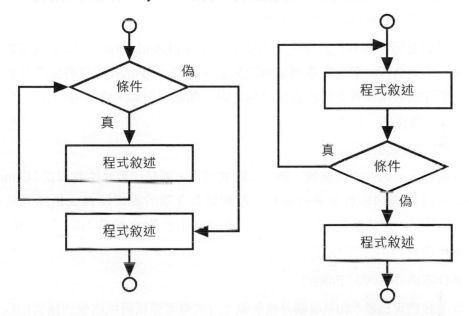

重複結構有如搭乘環狀的捷運系統回家，因為捷運系統一直環繞著軌道行走，上車後可依不同情況來決定蹺幾圈才下車，上車是進入迴圈；下車是離開迴圈回家。

現在，我們可以知道循序結構擁有 1 種積木；選擇結構有 3 種積木；重複結構有 2 種積木，所謂程式設計就是這 6 種積木的排列組合，如同使用六種樂高積木來建構出模型玩具的 Python 程式（Python 不支援後測式重複結構，所以是 5 種積木）。

4-2　關係運算子與條件運算式

條件運算式（Conditional Expressions）是一種使用關係運算子（Relational Operators）建立的運算式，可以作為本章條件判斷的條件。

4-2-1　認識條件運算式

　　大部分回家的路不會只有一條路；回家的方式也不會只有一種方式，在日常生活中，我們常常需要面臨一些抉擇，決定做什麼；或是不做什麼，例如：

▷ 如果天氣有些涼的話，出門需要加件衣服。

▷ 如果下雨的話，出門需要拿把傘。

▷ 如果下雨的話，就搭公車上學。

▷ 如果成績及格的話，就和家人去旅行。

▷ 如果成績不及格的話，就在家 K 書。

　　我們人類會因不同狀況的發生，需要使用條件（Conditions）判斷來決定如何解決這些問題，不同情況，就會有不同的解決方式。同理，Python 可以將決策符號轉換成條件，以便程式依據條件是否成立來決定走哪一條路。例如：當使用「如果」開頭說話時，隱含是一個條件，如下所示：

「如果成績及格的話 ...」

　　上述描述是人類的思考邏輯，轉換到程式語言，就是使用條件運算式（Conditional Expressions）來描述條件和執行運算，不同於第 3 章的算術運算式是運算結果的數值，條件運算式的運算結果只有 2 個值，即布林文字值 True 和 False，如下所示：

▷ 條件成立　→ 真（True）

▷ 條件不成立 → 假（False）

　　所以，我們可以將「如果成績及格的話 ...」的思考邏輯轉換成程式語言的條件運算式，如下所示：

成績超過 60 分 → 及格分數 60 分，超過 60 是及格，條件成立為 True

━● 說明 ●━━━━━━━━━━━━━━━━━━━━━━━━━━━━━━━━━

　　請注意！人類的思考邏輯並不能直接轉換成程式的條件運算式，因為條件運算式是一種數學運算，只有那些可以量化成數值的條件，才能轉換成程式語言的條件運算式。

4-2-2　關係運算子的種類

　　Python 是使用關係運算子來建立條件運算式，也就是我們熟知的大於、小於和等於條件的不等式，例如：成績 56 分是否不及格，需要和 60 分進行比較，如下所示：

```
56 < 60
```

上述不等式的值 56 真的小於 60 分，所以條件成立（True），如下圖所示：

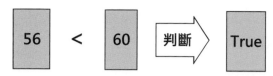

反過來，56 > 60 的不等式就不成立（False），如下圖所示：

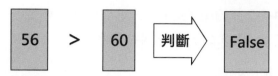

Python 關係運算子

Python 關係運算子是 2 個運算元的二元運算子，其說明如表 4-1 所示。

》表 4-1　關係運算子的說明

運算子	說明
Opd1 == Opd2	右邊運算元 Opd1「等於」左邊運算元 Opd2
Opd1 != Opd2	右邊運算元 Opd1「不等於」左邊運算元 Opd2
Opd1 < Opd2	右邊運算元 Opd1「小於」左邊運算元 Opd2
Opd1 > Opd2	右邊運算元 Opd1「大於」左邊運算元 Opd2
Opd1 <= Opd2	右邊運算元 Opd1「小於等於」左邊運算元 Opd2
Opd1 >= Opd2	右邊運算元 Opd1「大於等於」左邊運算元 Opd2

請注意！Python 條件運算式的等於是使用 2 個連續「=」等號的「==」符號，在之間不可有空白字元；不等於是「!」符號接著「=」符號的「!=」符號，同樣在之間不可有空白字元。

Python 還可以建立數值範圍判斷條件的條件運算式，如下所示：

```
2 <= a <= 5
12 >= b >= 5
```

上述條件運算式可以判斷變數 a 的值是否位在 2~5 之間；b 是否位在 5~12 之間。

Python 布林資料型態

Python 支援布林資料型態，其值是 True 和 False 關鍵字（字首是大寫），條件運算式的運算結果就是布林資料型態的 True 或 False。除了 True 和 False 關鍵字外，當下列變數值使用在條件或迴圈作為判斷條件時，這些變數值也視為 False，如下所示：

▷ 0、0.0：整數值 0 或浮點數值 0.0。

▷ []、()、{}：容器型態的空串列、空元組和空字典。

▷ None：關鍵字 None。

4-2-3　使用關係運算子

我們可以使用第 4-2-2 節的關係運算子來建立條件運算式，一些條件運算式的範例和說明（Python 程式：ch4-2-3.py），如表 4-2 所示。

》 表 4-2　條件運算式的範例和說明

條件運算式	運算結果	說明
3 == 4	False	等於，條件不成立
3 != 4	True	不等於，條件成立
3 < 4	True	小於，條件成立
3 > 4	False	大於，條件不成立
3 <= 4	True	小於等於，條件成立
3 >= 4	False	大於等於，條件不成立

上述條件運算式的運算元是文字值，如果其中有一個是變數，運算結果需視變數儲存的值而定，如下所示：

```
x == 10
```

上述變數 x 的值如果是 10，條件運算式成立是 True；如果變數 x 是其他值，就不成立為 False，如下圖所示：

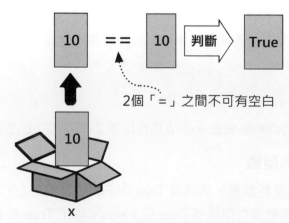

當然，條件運算式的 2 個運算元都可以是變數，此時的判斷結果，需視 2 個變數的儲存值而定。

4-3　if 單選條件敘述

Python 提供多種條件判斷程式敘述，可以依據第 4-2 節的條件運算式的結果，決定執行哪一個程式區塊的程式碼，首先是單選條件敘述。

4-3-1　if 條件只執行單一程式敘述

在日常生活中，單選的情況十分常見，我們常常需要判斷氣溫是否有些涼，需要加件衣服；如果下雨需要拿把傘。

if 條件敘述是一種是否執行的單選題，只是決定是否執行程式敘述，如果條件運算式的結果為 True，就執行程式敘述；否則就跳過程式敘述，這是一條額外的路徑，其語法如下所示：

```
if 條件運算式:
    程式敘述      # 條件成立執行此程式敘述
```

上述語法使用 if 關鍵字建立單選條件，在條件運算式後有「:」號，表示下一行開始是程式區塊，需要縮排程式敘述。例如：在第 4-2-1 節的成績條件：「如果成績及格的話，就和家人去旅行。」，改寫成的 if 條件，如下所示：

```
if 成績及格:
    顯示就和家人去旅行。
```

然後，我們可以量化成績及格分數是 60 分，顯示是使用 print() 函數，轉換成 Python 程式碼，如下所示：

```
if score >= 60:
    print("就和家人去旅行。")
```

上述 if 條件敘述判斷變數 score 值是否大於等於 60 分，條件成立，就執行 print() 函數顯示訊息（額外多走的一條路）；反之，如果成績低於 60 分，就跳過此行程式敘述，直接執行下一行程式敘述（當作沒有發生），其流程圖（ch4-3-1.fpp，在主功能表執行【fChart 流程圖直譯器】，可以開啟和執行此流程圖）如下圖所示：

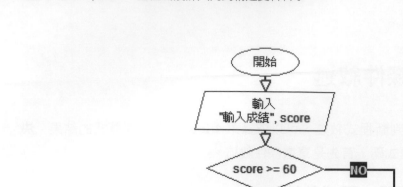

上述流程圖的判斷條件是 score >= 60，成立 Yes 就顯示「就和家人去旅行。」；No 直接輸出輸入值，並不作任何處理。

🔎 範例：使用 **if** 單選條件判斷

```
                                              Python程式：ch4-3-1.py

01  score = int(input("請輸入分數==> "))  # 輸入整數值
02
03  if score >= 60:                        # if條件敘述
04      print("就和家人去旅行。")
05
06  print("結束處理")
```

結果

Python 程式的執行結果當輸入成績大於等於 60，即 65，因為條件成立，所以執行第 4 行後，再執行第 6 行，如下所示：

```
>>> %Run ch4-3-1.py

請輸入分數==> 65
就和家人去旅行。
結束處理
```

請再次執行 Python 程式,因為執行結果輸入成績小於 60,即 55,因為條件不成立,所以跳過第 4 行,直接執行第 6 行,如下所示:

>>> **%Run ch4-3-1.py**

　請輸入分數==> 55
　結束處理

Python 程式 if 單選條件判斷的執行過程,如下圖所示:

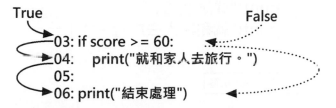

4-3-2　**if 條件執行多行程式敘述:程式區塊**

在第 4-3-1 節的 if 條件敘述,當條件成立時,只會執行一行程式敘述,如果需要執行 2 行或多行程式敘述時,在 Python 程式需要建立相同縮排的多個程式敘述,即程式區塊,其語法如下所示:

```
if 條件運算式:
    程式敘述1      # 條件成立執行的程式碼
    程式敘述2
    ......
```

上述 if 條件的條件運算式如為 True,就執行相同縮排程式敘述的程式區塊;如為 False 就跳過程式區塊的程式碼。例如:當成績及格時,顯示 2 行訊息文字,如下所示:

```
if 成績及格:
    顯示成績及格...
    顯示就和家人去旅行。
```

然後,我們可以轉換成 Python 程式碼,如下所示:

```
if score >= 60:
    print("成績及格...")
    print("就和家人去旅行。")
```

上述 if 條件敘述判斷變數 score 值是否大於等於 60 分，條件成立，就執行程式區塊的 2 個 print() 函數來顯示訊息；反之，如果成績低於 60 分，就跳過整個程式區塊。

Python 程式區塊（Blocks）是從「:」號的下一行開始，整個之後相同縮排的多行程式敘述就是程式區塊，通常是縮排 4 個空白字元或 1 個 Tab 鍵，如下圖所示：

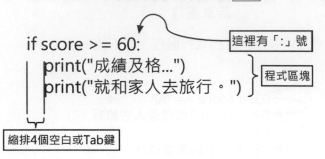

如果是空程式區塊（Empty Block），請使用 pass 關鍵字代替（Python 程式：ch4-3-2a.py），如下所示：

```
if score >= 60:
    pass
```

if 條件執行多行程式敘述的流程圖（ch4-3-2.fpp），如下圖所示：

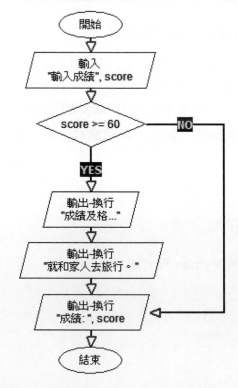

上述流程圖的判斷條件是 score >= 60，成立 Yes 顯示「成績及格 ...」和「就和家人去旅行。」；No 就跳過直接輸出輸入值。

♥ 範例：執行程式區塊的 **if** 單選條件判斷

Python程式：ch4-3-2.py

```
01  score = int(input("請輸入分數==> ")) # 輸入整數值
02
03  if score >= 60:                    # if條件敘述
04      print("成績及格...")            # 程式區塊
05      print("就和家人去旅行。")
06
07  print("結束處理")
```

結果

Python 程式的執行結果因為輸入成績大於等於 60，即 80，條件成立，所以執行第 4~5 行後，再執行第 7 行，如下所示：

```
>>> %Run ch4-3-2.py

請輸入分數==> 80
成績及格...
就和家人去旅行。
結束處理
```

請再次執行 Python 程式，執行結果因為輸入成績小於 60，即 45，條件不成立，所以跳過直接執行第 7 行，如下所示：

```
>>> %Run ch4-3-2.py

請輸入分數==> 45
結束處理
```

Python 程式 if 條件執行多行程式敘述的執行過程，如下圖所示：

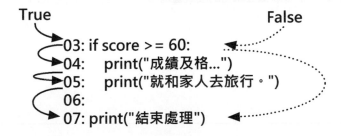

4-4 if/else 二選一條件敘述

　　if/else 二選一條件敘述是 if 單選條件敘述的擴充，可以建立二條不同的路徑，Python 單行 if/else 條件敘述是使用條件來指定變數值。

4-4-1　if / else 二選一條件敘述

　　日常生活的二選一條件敘述是一種二分法，可以將一個集合分成二種互斥的群組；超過 60 分屬於成績及格群組；反之為不及格群組，身高超過 120 公分是購買全票的群組；反之是購買半票的群組。

　　在第 4-3 節的 if 條件敘述是選擇執行或不執行的單選，進一步，如果是排他情況的兩個程式敘述，只能二選一，我們可以加上 else 敘述建立二條不同的路徑，其語法如下所示：

```
if 條件運算式:
    程式敘述1    # 條件成立執行的程式碼
else:
    程式敘述2    # 條件不成立執行的程式碼
```

　　上述語法的條件運算式如果成立 True，就執行程式敘述 1；不成立 False，就執行程式敘述 2。同樣的，如果條件成立或不成立時，執行多行程式敘述，我們一樣是使用相同縮排的程式區塊，其語法如下所示：

```
if 條件運算式:
    程式敘述1    # 條件成立執行的程式區塊
    程式敘述2
    ......
else:
    程式敘述1    # 條件不成立執行的程式區塊
    程式敘述2
    ......
```

　　如果 if 條件運算式為 True，就執行 if 至 else 之間程式區塊的程式敘述；False 就執行 else 之後程式區塊的程式敘述（請注意！在 else 後也有「:」號）。例如：學生成績以 60 分區分為是否及格的 if/else 條件敘述，如下所示：

```
if 成績及格:
    顯示成績及格!
```

```
else:
    顯示成績不及格!
```

然後，我們可以轉換成 Python 程式碼，如下所示：

```
if score >= 60:
    print("成績及格:", score)
else:
    print("成績不及格:", score)
```

上述程式碼因為成績有排他性，60 分以上是及格分數，60 分以下是不及格，所以只會執行其中一個程式區塊，走二條路徑中的其中一條，其流程圖（ch4-4-1.fpp）如下圖所示：

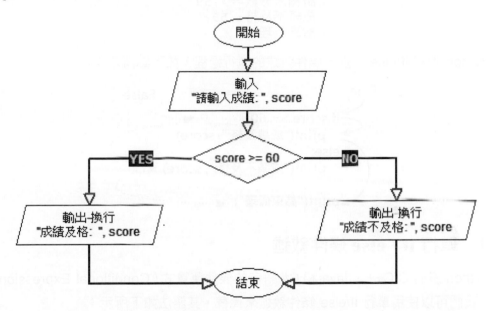

🔮 範例：使用 **if/else** 二選一條件敘述

Python程式：ch4-4-1.py

```
01  score = int(input("請輸入分數==> ")) # 輸入整數值
02
03  if score >= 60:                        # if/else條件敘述
04      print("成績及格:", score)
05  else:
06      print("成績不及格:", score)
07
08  print("結束處理")
```

結果

Python 程式的執行結果因為輸入成績大於等於 60，即 75，條件成立，所以執行第 4 行後，再執行第 8 行，如下所示：

```
>>> %Run ch4-4-1.py
    請輸入分數==> 75
    成績及格： 75
    結束處理
```

請再次執行 Python 程式，執行結果因為輸入成績小於 60，即 59，條件不成立，所以執行第 6 行後，再執行第 8 行，如下所示：

```
>>> %Run ch4-4-1.py
    請輸入分數==> 59
    成績不及格： 59
    結束處理
```

Python 程式 if/else 二選一條件敘述的執行過程，如下圖所示：

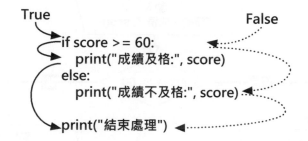

4-4-2　單行 if / else 條件敘述

Python 沒有 C/C++、Java 和 C# 語言的條件運算式（Conditional Expressions），不過，我們可以使用單行 if/else 條件敘述來代替，其語法如下所示：

```
變數 = 變數1 if 條件運算式 else 變數2
```

上述指定敘述的「=」號右邊是單行 if/else 條件敘述，如果條件成立，就將【變數】指定成【變數 1】的值；否則就指定成【變數 2】的值。例如：12/24 制的時間轉換運算式，如下所示：

```
hour = hour-12 if hour >= 12 else hour
```

上述程式碼開始是條件成立指定的變數值或運算式，接著是 if 加上條件運算式，最後 else 之後是不成立，所以，當條件為 True，hour 變數值為 hour-12；False 是 hour。其對應的 if/else 條件敘述，如下所示：

```
if hour >= 12:
    hour = hour - 12
else:
    hour = hour
```

上述條件運算式的流程圖與上一節 if/else 相似，其流程圖（ch4-4-2.fpp）如下圖所示：

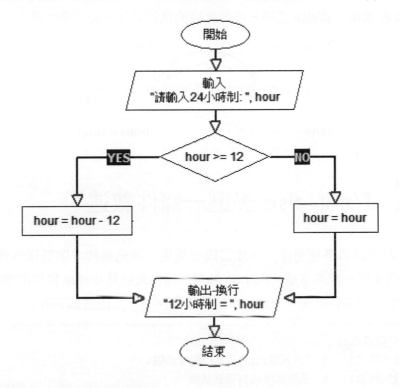

◉ 範例：使用單行 if/else 條件敘述

Python程式：ch4-4-2.py

```
01  hour = int(input("請輸入24小時制==> "))   # 輸入整數值
02
03  hour = hour-12 if hour >= 12 else hour   # 單行if/else條件敘述
04
05  print("12小時制 =", hour)
```

結果

Python 程式的執行結果因為輸入的小時大於等於 12，即 18，條件成立，所以指定成「hour-12」，如下所示：

```
>>> %Run ch4-4-2.py
請輸入24小時制==> 18
12小時制 = 6
```

請再次執行 Python 程式，執行結果因為輸入小時小於 12，即 6，條件不成立，所以指定成 hour，如下所示：

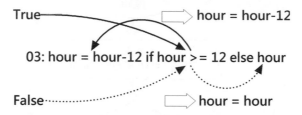

```
>>> %Run ch4-4-2.py
請輸入24小時制==>  6
12小時制 = 6
```

Python 程式單行 if/else 二選一條件敘述的執行過程，如下圖所示：

True —————————————→ hour = hour-12

03: hour = hour-12 if hour >= 12 else hour

False ············→ hour = hour

4-5　if/elif/else 多選一條件敘述

如果回家的路有多種選擇，不是二選一兩種，而是多種，因為條件是多種情況，我們需要使用多選一條件敘述。Python 多選一條件敘述是 if/else 條件的擴充，使用 elif 關鍵字再新增一個條件判斷，來建立多選一條件敘述，其語法如下所示：

```
if 條件運算式1:
    程式敘述1    # 條件運算式1成立執行的程式碼
    程式敘述2    #，否則執行elif程式敘述
    ......
elif 條件運算式2:
    程式敘述3    # 條件運算式1不成立
    程式敘述4    # 且條件運算式2成立執行的程式碼
    ......
elif 條件運算式3:
    程式敘述5    # 條件運算式1和2不成立
    ......       # 且條件運算式3成立執行的程式碼
else:
    程式敘述6    # 所有條件運算式都不成立執行的程式碼
    ......
```

上述 elif 關鍵字並沒有限制可以有幾個，最後的 else 可以省略，如果 if 的【條件運算式 1】為 True，就執行 if 至 elif 之間程式區塊的程式敘述；False 就執行 elif 之後的下一個條件運算式的判斷，直到最後的 else，所有條件都不成立。

例如：功能表選項值是 1~3，我們可以使用 if/elif/else 條件敘述判斷輸入選項值是 1、2 或 3，如下所示：

```
if 選項值是1:
    顯示輸入選項值是1
elif 選項值是2:
    顯示輸入選項值是2
elif 選項值是3:
    顯示輸入選項值是3
else:
    顯示請輸入1~3選項值
```

然後，我們可以轉換成 Python 程式碼，如下所示：

```
if choice == 1:
    print("輸入選項值是1")
elif choice == 2:
    print("輸入選項值是2")
elif choice == 3:
    print("輸入選項值是3")
else:
    print("請輸入1~3選項值")
```

上述 if/elif 條件從上而下如同階梯一般，一次判斷一個 if 條件，如果為 True，就執行程式區塊，和結束整個多選一條件敘述；如果為 False，就重複使用 elif 條件再進行下一次判斷，雖然有多條路徑，一次還是只走其中一條，其流程圖（ch4-5.fpp）如下圖所示：

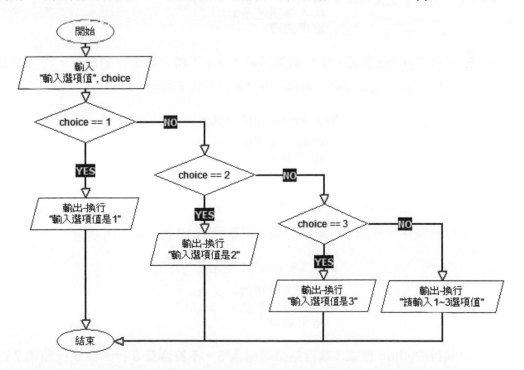

上述流程圖的判斷條件依序是 choice == 1、choice == 2 和 choice == 3。

範例：使用 if/elif/else 多選一條件敘述

Python程式：ch4-5.py

```
01  choice = int(input("請輸入選項值==> ")) # 輸入整數值
02
03  if choice == 1:                        # if/elif/else多選一條件敘述
04      print("輸入選項值是1")
05  elif choice == 2:
06      print("輸入選項值是2")
07  elif choice == 3:
08      print("輸入選項值是3")
09  else:
10      print("請輸入1~3選項值")
11
12  print("結束處理")
```

結果

Python 程式的執行結果因為是輸入 1，第 3 行的條件成立，所以執行第 4 行後，再執行第 12 行，如下所示：

```
>>> %Run ch4-5.py
    請輸入選項值==> 1
    輸入選項值是1
    結束處理
```

請再次執行 Python 程式，執行結果是輸入 2，不符合第 3 行的條件，符合第 5 行的條件，所以執行第 6 行後，再執行第 12 行，如下所示：

```
>>> %Run ch4-5.py
    請輸入選項值==> 2
    輸入選項值是2
    結束處理
```

請再次執行 Python 程式，執行結果是輸入 3，不符合第 3 行和第 5 行的條件，符合第 7 行的條件，所以執行第 8 行後，再執行第 12 行，如下所示：

```
>>> %Run ch4-5.py
    請輸入選項值==> 3
    輸入選項值是3
    結束處理
```

請再次執行 Python 程式，執行結果是輸入 5，不符合第 3 行、第 5 行和第 7 行的條件，因為都不成立，所以執行第 10 行後，再執行第 12 行，如下所示：

```
>>> %Run ch4-5.py
請輸入選項值==>　5
請輸入1~3選項值
結束處理
```

Python 程式 if/elif/else 多選一條件敘述的執行過程，如下圖所示：

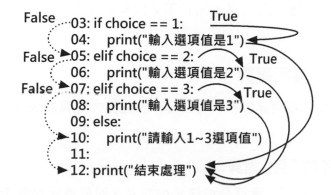

4-6　在條件敘述使用邏輯運算子

　　日常生活中的條件常常不會只有單一條件，而是多種條件的組合，對於複雜條件，我們需要使用邏輯運算了來連接多個條件。

4-6-1　認識邏輯運算子

　　邏輯運算子（Logical Operators）可以連接多個第 4-2 節的條件運算式來建立複雜的條件運算式，如下所示：

> 身高大於50「且」身高小於200 →　「符合身高條件」

　　上述描述的條件比第 4-2 節複雜，共有 2 個條件運算式，如下所示：

> 身高大於50
> 身高小於200

　　上述 2 個條件運算式是使用「且」連接，這就是邏輯運算子，其目的是進一步判斷 2 個條件運算式的條件組合，可以得到最後的 True 或 False。以此例的複雜條件可以寫成 Python 的「and」且邏輯運算式，如下所示：

> 身高大於50　and　身高小於200

上述「and」是邏輯運算子「且」運算，需要左右 2 個運算元的條件運算式都為
True，整個條件才為 True，如下所示：

▷ 如果身高是 40，因為第 1 個運算元為 False，所以整個條件為 False。

▷ 如果身高是 210，因為第 2 個運算元為 False，所以整個條件為 False。

▷ 如果身高是 175，因為第 1 個和第 2 個運算元都是 True，所以整個條件為
True。

4-6-2　Python 邏輯運算子

Python 提供 3 種邏輯運算子，可以連接多個條件運算式來建立出所需的複雜條
件，如下所示：

📍「and」運算子的「且」運算

「and」運算子的「且」運算是指連接的左右 2 個運算元都為 True，運算式才為
True，其圖例和真假值表，如下所示：

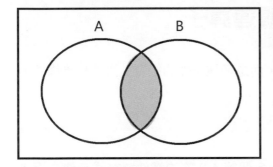

A	B	A and B
False	False	False
False	True	False
True	False	False
True	True	True

現在，我們就來看一個「且」運算式的實例，如下所示：

```
15 > 3 and 5 == 7
```

上述邏輯運算式左邊的條件運算式為 True；右邊為 False，如下所示：

```
True and False  → False
```

依據上述真假值表，可以知道最後結果是 False。

📍「or」運算子的「或」運算

「or」運算子的「或」運算是連接的 2 個運算元，任一個為 True，運算式就為
True，其圖例和真假值表，如下所示：

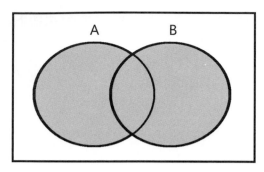

A	B	A or B
False	False	False
False	True	True
True	False	True
True	True	True

因為條件運算式的運算元可以是變數，所以，我們來看一個「或」運算式的實例，如下所示：

```
x == 5 or x >= 10
```

上述邏輯運算式的結果需視變數 x 的值而定。假設：x 的值是 5，運算式的結果如下所示：

```
5 == 5 or 5 >= 10 → True or False → True
```

假設：x 的值是 8，運算式的結果如下所示：

```
8 -- 5 or 8 >= 10 → False or False → False
```

假設：x 的值是 12，運算式的結果如下所示：

```
12 == 5 or 12 >= 10 → False or True → True
```

♀「not」運算子的「非」運算

「not」運算子的「非」運算是傳回運算元相反的值，True 成為 False；False 成為 True，其圖例和真假值表，如下所示：

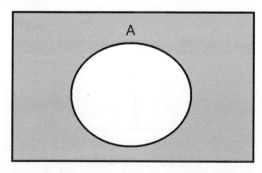

A	not A
False	True
True	False

現在，我們就來看一個「非」運算式的實例，如下所示：

```
not x == 5
```

上述邏輯運算式的結果需視變數 x 的值而定假設：x 的值是 5，運算式的結果如下所示：

```
not 5 == 5 → not True → False
```

假設：x 的值是 8，運算式的結果如下所示：

```
not 8 == 5 → not False → True
```

4-6-3　使用邏輯運算子建立複雜條件

當 if 條件敘述的條件運算式有多個，我們可以使用邏輯運算子連接多個條件來建立複雜條件。例如：身高大於 50（公分）「且」身高小於 200（公分）就符合身高條件；否則不符合，我們可以使用「and」運算子建立邏輯運算式來判斷輸入的身高是否符合，如下所示：

```
if h > 50 and h < 200:
    print("身高符合範圍!")
else:
    print("身高不符合範圍!")
```

上述 if/else 條件敘述的判斷條件是一個邏輯運算式，條件成立，就顯示身高符合範圍，反之，不符合範圍，其流程圖（ch4-6-3.fpp）如下圖所示：

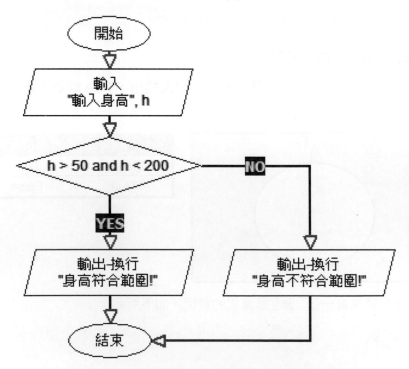

因為條件是一個範圍，Python 程式可以建立範圍條件（Python 程式：ch4-6-3a.py），如下所示：

```
if 50 < h <= 200:
    print("身高符合範圍!")
else:
    print("身高不符合範圍!")
```

💡 範例：在 **if/else** 條件敘述使用邏輯運算式

Python程式：ch4-6-3.py

```
01  print("結束處理")
02
03  if h > 50 and h < 200:              # if/else條件敘述
04      print("身高符合範圍!")
05  else:
06      print("身高不符合範圍!")
07
08  print("結束處理")
```

結果

Python 程式的執行結果因為是輸入身高 175，變數 h 的值是 175，邏輯運算式的判斷結果是 True，如下所示：

```
>>> %Run ch4-6-3.py

請輸入身高==> 175
身高符合範圍!
結束處理
```

```
175 > 50 and 175 < 200 → True and True → True
```

請再次執行 Python 程式，執行結果是輸入身高 210，變數 h 的值是 210，邏輯運算式的判斷結果是 False，如下所示：

```
>>> %Run ch4-6-3.py

請輸入身高==> 210
身高不符合範圍!
結束處理
```

```
210 > 50 and 210 < 200 → True and False → False
```

學習評量 🖉

1. 請說明程式語言提供哪幾種流程控制結構？

2. 請寫出下列 Python 條件運算式的值是 True 或 False，如下所示：

   (1) 2 + 3 == 5　　　　(2) 36 < 6 * 6　　　　(3) 8 + 1 >= 3 * 3

   (4) 2 + 1 == (3 + 9) / 4　(5) 12 <= 2 + 3 * 2　(6) 2 * 2 + 5 != (2 + 1) * 3

   (7) 5 == 5　　　　　(8) 4 != 2　　　　　(9) 10 >= 2 and 5 == 5

3. 如果變數 x = 5、y = 6 和 z = 2，請問下列哪些 if 條件是 True；哪些為 False，如下所示：

   ```
   if x == 4:
   if y >= 5:
   if x != y - z:
   if z == 1:
   if y:
   ```

4. 請將下列巢狀 if 條件敘述改為單一 if 條件敘述，可以使用邏輯運算子來連接多個條件，如下所示：

   ```
   if height > 20:
       if width >= 50:
           print("尺寸不合!")
   ```

5. 目前商店正在周年慶折扣，消費者消費 1000 元，就有 8 折的折扣，請建立 Python 程式輸入消費額為 900、2500 和 3300 時的付款金額？

6. 請撰寫 Python 程式計算網路購物的運費，基本物流處理費 199，1~5 公斤，每公斤 50 元，超過 5 公斤，每一公斤為 30 元，在輸入購物重量為 3.5、10、25 公斤，請計算和顯示購物所需的運費 + 物流處理費？

7. 請建立 Python 程式使用多選一條件敘述來檢查動物園的門票，120 公分下免費，120~150 半價，150 以上為全票？

8. 請建立 Python 程式輸入月份（1~12），可以判斷月份所屬的季節（3-5 月是春季，6-8 月是夏季，9-11 月是秋季，12-2 月是冬季）。

iPAS巨量資料分析模擬試題 ✏

(　　) 1. 請問關於 Python 語言的條件敘述，下列哪一個是不正確的？

(A) if 是單選條件判斷

(B) if/else 是二選一條件判斷

(C) if/elseif/else 是多選一條件判斷

(D) Python 支援單選、二選一和多選一條件判斷。

(　　) 2. 當變數 x 的值是 4 時，請問下列 Python 程式碼的執行結果是哪一個？

```python
if x > 10 or x < 0:
    print(100)
elif x > 5 and x < 10:
    print(200)
elif x % 2 == 0:
    print(300)
else:
    print(400)
```

(A) 100　(B) 200　(C) 300　(D) 400。

(　　) 3. 請問下列 Python 程式碼的執行結果是哪一個？

```python
x = 10; y = 5; z = 0
if x > y:
    z += 1
elif x == y:
    z += 10
else:
    z -= 1
print(z)
```

(A) 1　(B) 5　(C) 10　(D) -1。

(　　) 4. 請問下列 Python 程式碼的執行結果是哪一個？

```python
num = 15
x = 0
if num > 10:
    x = x + 10
if num % 2 == 0:
    x = x + 10
else:
    x = x + 20
```

(A) 0　(B) 10　(C) 20　(D) 30。

CHAPTER **5**

重複執行程式碼

🎯 本章內容

5-1 認識迴圈敘述

　　在第 4 章的條件判斷是讓程式走不同的路，但是，我們回家的路還有另一種情況是繞圈圈，例如：為了今天的運動量，在圓環繞了 3 圈才回家；為了看帥哥、正妹或偶像，不知不覺繞了幾圈來多看幾次。在日常生活中，我們常常需要重複執行相同工作，如下所示：

　　在畢業前 → 不停地寫作業

　　在學期結束前 → 不停地寫 **Python** 程式

　　重複説 **5** 次 " 大家好 !"

　　從 **1** 加到 **100** 的總和

　　上述重複執行工作的 4 個描述中，前 2 個描述的執行次數未定，因為畢業或學期結束前，到底會有幾個作業，或需寫幾個 Python 程式，可能真的要到畢業後，或學期結束才會知道，我們並沒有辦法明確知道迴圈會執行多少次。

　　因為，這種情況的重複工作是由條件來決定迴圈是否繼續執行，稱為條件迴圈，重複執行寫作業或寫 Python 程式工作，需視是否畢業，或學期結束的條件而定，在 Python 是使用 while 條件迴圈來處理這種情況的重複執行程式碼。

　　後 2 個描述很明確可以知道需執行 5 次來説 " 大家好 !"，從 1 加到 100，就是重複執行 100 次加法運算，這些已經明確知道執行次數的工作，我們是直接使用 Python 的 for 計數迴圈來處理重複執行程式碼。

　　問題是，如果沒有使用 for 計數迴圈，我們就需寫出冗長的加法運算式，如下所示：

```
1 + 2 + 3 + ... + 98 + 99 + 100
```

　　上述加法運算式可是一個非常長的運算式，等到本節後學會了 for 迴圈，只需幾行程式碼就可以輕鬆計算出 1 加到 100 的總和。所以：

　　「迴圈的主要目的是簡化程式碼，可以將重複的複雜工作簡化成迴圈敘述，讓我們不用再寫出冗長的重複程式碼或運算式，就可以完成所需的工作。」

5-2　for 計數迴圈

Python 提供 for 和 while 迴圈來重複執行程式碼，在這一節說明和使用 for 計數迴圈。

5-2-1　使用 for 計數迴圈

Python 的 for 計數迴圈是一種執行固定次數的迴圈，其語法是使用 range() 函數來產生計數，如下所示：

```
for 計數器變數 in range(起始值, 終止值+1):
    程式敘述1
    程式敘述2
    ...
```

上述 for 迴圈的計數器變數是 for 關鍵字之後的變數，迴圈的執行次數是從 range() 括號的起始值開始，執行到終止值為止，因為不包含終止值，所以第 2 個參數值是【終止值 +1】。請注意！在 range() 函數的右括號後需加上「:」冒號，因為下一行是縮排程式敘述的程式區塊。

基本上，在 for 迴圈擁有一個變數來控制迴圈執行的次數，稱為計數器變數，或稱為控制變數（Control Variable），計數器變數每次增加或減少一個固定值，可以從起始值開始，執行到終止值為止。例如：我們準備將第 5-1 節的「重複說 5 次 " 大家好！"」使用 for 迴圈來實作，如下所示：

```
for i in range(1, 6):
    print("大家好!")
```

上述 for 迴圈的執行次數是從 1 執行到 6-1 = 5，共 5 次，可以顯示 5 次 " 大家好！"，其流程圖（ch5-2-1.fpp）如右圖所示：

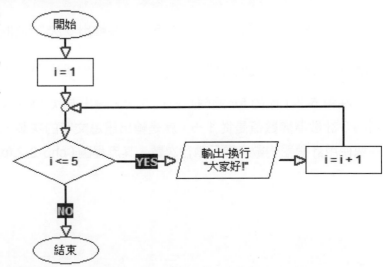

上述流程圖條件是「i <= 5」，條件成立執行迴圈；不成立結束迴圈執行，其結束條件是「i > 5」。流程圖並沒有區分計數或條件迴圈，在實務上，我們會將流程圖繪成水平方向的迴圈來表示計數迴圈；垂直方向是第 5-3 節的條件迴圈。

💡 **範例：使用 for 迴圈顯示 5 次大家好**

Python程式：ch5-2-1.py

```
01  for i in range(1, 6):      # for計數迴圈
02      print("大家好!")
03
04  print("結束迴圈處理")
```

結果

Python 程式的執行結果顯示 5 次 " 大家好 !" 訊息文字，在第 1~2 行的 for 迴圈共執行 5 次，如下所示：

```
>>> %Run ch5-2-1.py
大家好!
大家好!
大家好!
大家好!
大家好!
結束迴圈處理
```

📍 **更多 for 迴圈範例：ch5-2-1a.py**

同樣技巧，我們可以使用 for 迴圈來重複輸出其他內容的訊息文字，如下所示：

```
for i in range(1, 6):
    print("參加社團活動!")
```

上述 for 迴圈執行從 1 至 5 共 5 次，共輸出 5 次 " 參加社區活動 !" 訊息文字。

5-2-2　在 for 迴圈的程式區塊使用計數器變數

在第 5-2-1 節的 for 迴圈共執行 5 次，輸出 5 次 " 大家好 !" 訊息文字，讀者有注意到嗎？計數器變數值是從 1~5，就是輸出訊息文字的次數，我們可以在 for 迴圈的程式區塊使用計數器變數來顯示執行次數，其流程圖（ch5-2-2.fpp）如下圖所示：

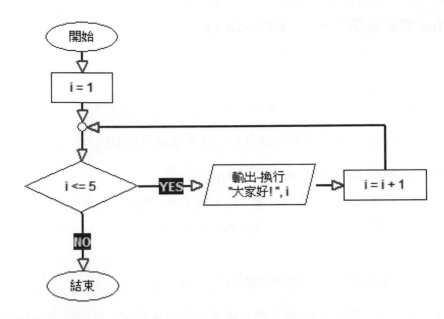

　　上述迴圈在每次輸出訊息文字的最後，就會顯示計數器變數 i 的值，其值就是迴圈
執行到目前為止的次數。

⑨ 範例：在 for 迴圈顯示執行次數

Python程式：ch5-2-2.py

```
01  for i in range(1, 6):    # for計數迴圈
02      print("第", i, "次大家好!")
03
04  print("結束迴圈處理")
```

結果

　　Python 程式的執行結果因為將計數器變數 i 值也輸出顯示，所以可以清楚看出 for
迴圈的執行次數，如下所示：

```
>>> %Run ch5-2-2.py
第 1 次大家好!
第 2 次大家好!
第 3 次大家好!
第 4 次大家好!
第 5 次大家好!
結束迴圈處理
```

📍 更多 for 迴圈範例（一）：ch5-2-2a.py

我們再來看一個 for 迴圈顯示執行次數的例子，如下所示：

```
for i in range(1, 6):
    print("參加第", i, "個社團活動!")
```

上述 for 迴圈顯示參加 1~5 個社團活動，共 5 個訊息文字加上次數。

📍 更多 for 迴圈範例（二）：ch5-2-2b.py

如果想多參加 3 個社團共 8 個社團，因為使用 for 迴圈，並不用大幅修改程式碼，只需更改 range() 函數的第 2 個參數成為 8+1 = 9，如下所示：

```
for i in range(1, 9):
    print("參加第", i, "個社團活動!")
```

上述 for 迴圈可以顯示 1~8 共 8 個社團活動的訊息文字。換句話說，for 迴圈可以大幅簡化重複執行的程式碼，只需更改條件的範圍，就可以適用在不同次數的重複工作。

5-2-3　for 迴圈的應用：計算總和

在 for 迴圈的程式區塊可以使用變數進行所需的數學運算，例如：第 5-2-2 節的 for 迴圈可以顯示執行次數，從執行次數值可以清楚看出，如果將每一次顯示的計數器變數值相加，就相當於是在執行 1 加到 5 的總和運算，如下所示：

```
1 + 2 + 3 + 4 + 5
```

上述運算式可以宣告 total 變數，改建立 for 迴圈來計算總和，如下所示：

```
total = 0
for i in range(1, 6):
    total = total + i
```

上述 for 迴圈每執行一次迴圈，就會將計數器變數 i 的值加入變數 total，執行完 5 次迴圈，可以計算出 1 加至 5 的總和。

更進一步，for 迴圈的 range() 函數，可以在第 2 個參數使用變數，如下所示：

```
for i in range(1, max_value+1):
    total = total + i
```

　　上述迴圈的範圍是從 1 至 max_value，可以讓使用者自行輸入 max_value 變數值來計算 1 加至 max_value 的總和，例如：輸入 10，就是 1 加至 10 的總和，其流程圖（ch5-2-3.fpp）如下圖所示：

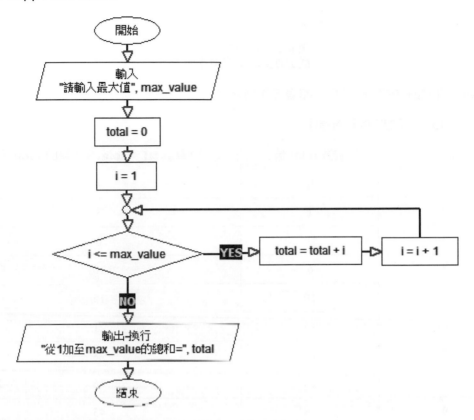

　　上述流程圖條件是「i <= max_value」，條件成立執行迴圈；不成立結束迴圈的執行。

💡 範例：計算 1 加至輸入值的總和

```
                                                    Python程式：ch5-2-3.py
01  total = 0
02  max_value = int(input("請輸入最大值==> ")) # 輸入整數值
03
04  for i in range(1, max_value+1):      # for計數迴圈
05      total = total + i
06
07  print("從1加至max的總和=", total)
```

結果

Python 程式的執行結果因為在第 2 行輸入的最大值是 10，所以第 4~5 行的 for 迴圈執行 1~10 共 10 次，可以計算 1 加至 10 的總和，如下所示：

```
>>> %Run ch5-2-3.py
請輸入最大值==> 10
從1加至max的總和= 55
```

for 迴圈加總的計算過程，如表 5-1 所示。

》 表 5-1　for 迴圈加總的計算過程

變數 i 值	變數 total 值	計算 total = total + i 後的 total 值
1	0	1
2	1	3
3	3	6
4	6	10
5	10	15
6	15	21
7	21	28
8	28	36
9	36	45
10	45	55

5-2-4　range() 範圍函數

Python 的 for 迴圈事實上是一種迭代（Iteration）操作，也就是依序從 in 關鍵字之後的集合取出其值，每次取一個，可以使用在 Python 容器資料型態，一一取出容器中的元素，特別適用在不知道有多少元素的情況。

事實上，for 迴圈之所以成為計數迴圈，就是因為 range() 函數，此函數可以依序產生 for 迴圈所需一序列的整數值。range() 函數是 Python 內建函數，可以分別有 1、2 和 3 個參數，如下所示：

♀ 1 個參數的 range() 函數：ch5-2-4.py

Python 的 range() 函數如果只有 1 個參數，參數是【終止值 +1】，預設的起始值是 0，如表 5-2 所示。

» 表 5-2　1 個參數的 **range()** 函數說明

range() 函數	整數值範圍
range(5)	0~4
range(10)	0~9
range(11)	0~10

例如：建立計數迴圈顯示值 **0~4**，如下所示：

```
for i in range(5):
    print("range(5)的值 =", i)
```

2 個參數的 **range()** 函數：ch5-2-4a.py

Python 的 range() 函數如果有 2 個參數，第 1 個參數是起始值，第 2 個參數是【終止值 +1】，如表 5-3 所示。

» 表 5-3　2 個參數的 **range()** 函數說明

range() 函數	整數值範圍
range(1, 5)	1~4
range(2, 10)	2~9
range(1, 11)	1~10

例如：建立計數迴圈顯示值 **1~4**，如下所示：

```
for i in range(1, 5):
    print("range(1, 5)的值 =", i)
```

3 個參數的 **range()** 函數：ch5-2-4b.py

Python 的 range() 函數如果有 3 個參數，第 1 個參數是起始值，第 2 個參數是【終止值 +1】，第 3 個參數是增量值，如表 5-4 所示。

» 表 5-4　3 個參數的 **range()** 函數說明

range() 函數	整數值範圍
range(1, 11, 2)	1、3、5、7、9
range(1, 11, 3)	1、4、7、10
range(1, 11, 4)	1、5、9
range(0, -10, -1)	0、-1、-2、-3、-4…-7、-8、-9
range(0, -10, -2)	0、-2、-4、-6、-8

例如：建立計數迴圈從 1~10 顯示奇數值，如下所示：

```
for i in range(1, 11, 2):
    print("range(1, 11, 2)的值 =", i)
```

 5-3 while 條件迴圈

while 迴圈敘述不同於 for 迴圈是一種條件迴圈，當條件成立，就重複執行程式區塊的程式碼，其執行次數需視條件而定，通常並沒有非常明確的執行次數。

事實上，for 迴圈就是 while 迴圈的一種特殊情況，所有的 for 計數迴圈都可以輕易改寫成 while 迴圈。

5-3-1　使用 while 迴圈

while 迴圈是在程式區塊的開頭檢查條件，如果條件為 True 才允許進入迴圈執行，如果一直為 True，就持續重複執行迴圈，直到條件成為 False 為止，其語法如下所示：

```
while 條件運算式:
    程式敘述1
    程式敘述2
    ...
```

上述 while 迴圈是在程式區塊開頭檢查條件，如果條件為 True 就進入迴圈執行；False 結束執行，所以迴圈執行次數是直到條件 False 為止（別忘了在條件運算式後需加上「:」冒號）。

例如：計算 1 加到多少時的總和會大於等於 50，因為迴圈執行次數需視運算結果而定，迴圈執行次數未定，我們可以使用 while 條件迴圈來執行總和計算，如下所示：

```
while total < 50:
    i = i + 1
    total = total + i
```

上述變數 i 和 total 的初值都是 0，while 迴圈的變數 i 值從 1、2、3、4.... 相加計算總和是否大於等於 50，等到條件「total < 50」不成立結束迴圈，就可以計算出 (1+2+3+4+..+i) >= 50 的 i 值，其流程圖（ch5-3-1.fpp）如下圖所示：

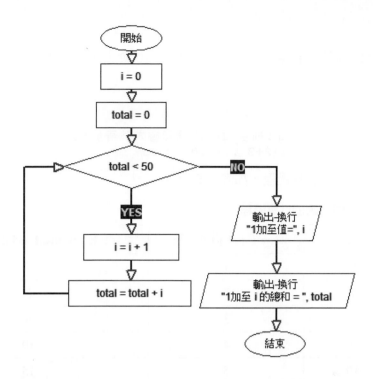

●　說明　●

　　請注意！while 迴圈的程式區塊中一定有程式敘述更改條件值到達結束條件，將 while 條件變成 False，以便結束迴圈執行，不然，就會造成無窮迴圈，迴圈永遠不會結束（詳見第 5-5-3 節的說明），讀者在使用時請務必再次確認不會發生此情況！

● 範例：計算 1 加到多少時的總和會大於等於 50

Python程式：ch5-3-1.py

```
01  i = 0
02  total = 0
03
04  while total < 50:   # while條件迴圈
05      i = i + 1
06      total = total + i
07
08  print("從1加至", i, "的總和會大於等於50")
09  print("1+2+3...+", i, " =", total)
```

解析

　　上述 while 迴圈是在第 5 行更改變數 i 的值來進行加總，因為位在加法運算式之前，所以變數 i 的初值是 0，第 1 次進入迴圈後加 1，然後執行加總，每次遞增變數 i 的值來到達結束條件「total >= 50」，就可以得到需加總到的 i 值是多少。

結果

Python 程式的執行結果可以看到從 1 加到 10 會大於等於 50，而 1 加至 10 的總和是 55，如下所示：

```
>>> %Run ch5-3-1.py
從1加至 10 的總和會大於等於50
1+2+3...+ 10  = 55
```

while 迴圈加總的計算過程，如表 5-5 所示：

》表 5-5　while 迴圈加總的計算過程

i 值	total 值	i = i + 1 後的 i 值	total = total + i 的 total 值
0	0	1	1
1	1	2	3
2	3	3	6
3	6	4	10
4	10	5	15
5	15	6	21
6	21	7	28
7	28	8	36
8	36	9	45
9	45	10	55

while 迴圈結束後的 i 值是第 3 欄 i = i + 1 後的值，所以變數 i 的值是 10，total 的值是 55。

5-3-2　將 for 迴圈改成 while 迴圈

Python 的 for 計數迴圈是一種特殊版本的 while 迴圈，我們可以輕易將 for 迴圈改成 while 迴圈，也就是使用 while 迴圈來實作計數迴圈。

○ 原始 for 迴圈

在 ch5-2-3.py 是使用 for 迴圈計算 1 加至 max_value 的總和，我們準備將此 for 迴圈改為 while 迴圈，range() 函數首先改寫成完整的 3 個參數，如下所示：

```
total = 0
...
for i in range(1, max_value+1, 1):
    total = total + i
```

❓ 將 for 迴圈改為 while 迴圈

在 for 迴圈的 range() 函數，第 1 個參數是計數器變數的初值，第 2 個參數是結束條件「i <= max_value」條件，這就是 while 迴圈的條件，for 迴圈的計數器變數 i 是 while 迴圈的計數器變數，如下所示：

```
i = 1
total = 0
...
while i <= max_value:
    total = total + i
    i = i + 1
```

上述程式碼使用變數 i 作為計數器變數，每次增加 1，可以改用 while 迴圈來計算 1 加至 max_value 的總和。

❓ for 迴圈轉換成 while 迴圈的基本步驟

因為 while 迴圈需要自行在 while 程式區塊處理計數器變數值的增減，以便到達迴圈的結束條件，其執行流程如下所示：

Step 1 在進入 while 迴圈之前需要指定計數器變數的初值。

Step 2 在 while 迴圈判斷條件是否成立，如為 True，就繼續執行迴圈的程式區塊；不成立 False 時，結束迴圈的執行。

Step 3 在迴圈程式區塊需要自行使用程式碼增減計數器變數值，然後回到 Step 2 測試是否繼續執行迴圈。

for 迴圈與 while 迴圈的轉換說明圖例，如下圖所示：

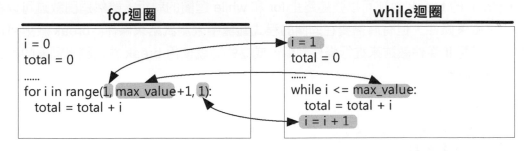

範例：計算 1 加至輸入值的總和

```
                                                    Python程式：ch5-3-2.py
01  i = 1
02  total = 0
03  max_value = int(input("請輸入最大值==> "))   # 輸入整數值
04
05  while i <= max_value:      # while條件迴圈
06      total = total + i
07      i = i + 1
08
09  print("從1加至max_value的總和=", total)
```

結果

Python 程式的執行結果和 ch5-2-3.py 完全相同，只是將原來的 for 計數迴圈改成 while 迴圈來實作。

5-4　改變迴圈的執行流程

Python 可以使用 break 和 continue 敘述來改變迴圈的執行流程，break 敘述跳出迴圈；continue 敘述能夠馬上繼續執行下一次迴圈。

5-4-1　break 敘述跳出迴圈

Python 的 break 敘述可以強迫終止 for 和 while 迴圈的執行。雖然迴圈敘述可以在開頭測試結束條件，但有時需要在迴圈的程式區塊中來測試結束條件，break 敘述可以在迴圈中搭配 if 條件敘述來進行條件判斷，成立的話就使用 break 敘述跳出迴圈的程式區塊，如下所示：

```
while True:
    print("第", i, "次")
    i = i + 1;
    if i > 5:
        break
```

上述 while 迴圈是無窮迴圈，在迴圈中使用 if 條件敘述進行判斷，當「i > 5」條件成立，就執行 break 敘述跳出迴圈，可以跳至 while 之後的程式敘述，顯示次數 1 到 5，因為 if 條件是在程式區塊的最後，事實上，這就是後測式迴圈，其流程圖（ch5-4-1. fpp）如下圖所示：

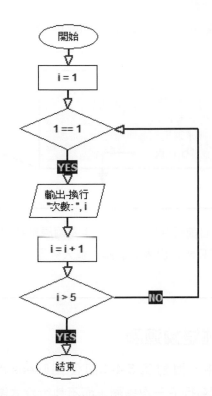

上述流程圖的決策符號「1 == 1」的條件為 True，所以是無窮迴圈，在迴圈使用「i > 5」決策符號跳出迴圈，即 Python 的 break 敘述。

💡 範例：使用 **break** 敘述跳出 **while** 迴圈

Python程式：ch5-4-1.py

```
01  i = 1
02
03  while True:
04      print("第", i, "次")
05      i = i + 1
06      if i > 5:
07          break      # 跳出迴圈
```

結果

Python 程式的執行結果依序顯示第 1 次 ~ 第 5 次的訊息文字，在第 3~7 行是 while 無窮迴圈，當變數 i 的值到達 5 時，即第 6~7 行 if 條件成立，就執行第 7 行的 break 敘述跳出 while 迴圈，如下所示：

```
>>> %Run ch5-4-1.py
 第 1 次
 第 2 次
 第 3 次
 第 4 次
 第 5 次
```

Python 程式使用 break 敘述跳出 while 迴圈的過程，如下圖所示：

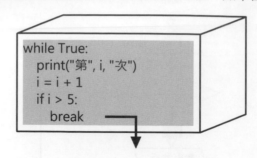

——● 說明 ●————————————————————

因為 break 敘述只能跳出目前所在的迴圈，如果是兩層巢狀迴圈，當在內層迴圈使用 break 敘述，程式執行到 break 敘述只能跳出內層迴圈，進入外層迴圈，並不能直接跳出整個兩層巢狀迴圈。

5-4-2　continue 敘述繼續迴圈

在迴圈的執行過程中，相對第 5-4-1 節使用 break 敘述跳出迴圈，Python 的 continue 敘述可以馬上繼續執行下一次迴圈，而不執行程式區塊中位在 continue 敘述之後的程式碼，如果使用在 for 迴圈，一樣會更新計數器變數來取得下一個值，如下所示：

```python
for i in range(1, 11):
    if i % 2 == 1:
        continue
    print("偶數:", i)
```

上述程式碼的 if 條件敘述是當計數器變數 i 為奇數時，就使用 continue 敘述馬上繼續執行下一次迴圈，而不執行之後的 print() 函數，可以馬上從頭開始執行下一次 for 迴圈，所以迴圈只顯示 1 到 10 之間的偶數，其流程圖（ch5-4-2.fpp）如下圖所示：

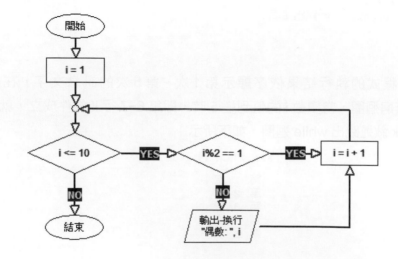

◎ 範例：顯示 **1~10** 之間的偶數

Python程式：ch5-4-2.py

```
01  i = 1
02
03  for i in range(1, 11):
04      if i % 2 == 1:
05          continue      # 繼續迴圈
06      print("偶數:", i)
```

結果

Python 程式的執行結果可以顯示 1~10 之間的偶數，在第 4~5 行的 if 條件敘述可以判斷是否是奇數，如果是，就馬上執行下一次迴圈，而不會執行第 6 行的 print() 函數，如下所示：

```
>>> %Run ch5-4-2.py
偶數: 2
偶數: 4
偶數: 6
偶數: 8
偶數: 10
```

Python 程式使用 continue 敘述繼續 for 迴圈的過程，如下圖所示：

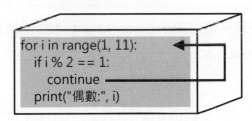

5-4-3 在迴圈使用 else 程式區塊

Python 迴圈可以加上 else 程式區塊，當迴圈的條件運算式不成立結束迴圈時，就執行 else 程式區塊的程式碼。請注意！如果迴圈是執行 break 關鍵字跳出迴圈，就不會執行 for 和 while 迴圈的 else 程式區塊。

◎ 在 for 迴圈使用 else 程式區塊：ch5-4-3.py

在 for 迴圈使用 else 程式區塊，可以在 else 程式區塊顯示計算結果，例如：計算 1 加至 5 的總和，如下所示：

```
s = 0
for i in range(1, 6):
```

```
        s = s + i
else:
    print("for迴圈結束!")
    print("總和 =", s)
```

上述程式碼的 else 程式區塊可以顯示計算結果的總和。Python 程式的執行結果可以顯示 1 加至 5 的總和，這是在 else 程式區塊顯示執行結果，如下所示：

```
>>> %Run ch5-4-3.py

for迴圈結束!
總和 = 15
```

在 while 迴圈使用 else 程式區塊：ch5-4-3a.py

同樣的，在 while 迴圈一樣可以使用 else 程式區塊，讓我們在 else 程式區塊顯示計算結果，例如：計算 5! 的階層值，如下所示：

```
r = n = 1
while n <= 5:
    r = r * n
    n = n + 1
else:
    print("while迴圈結束!")
    print("5!階層值 =", r)
```

Python 程式的執行結果可以顯示 5!=5*4*3*2*1=120 的階層函數值，這是在 else 程式區塊顯示執行結果，如下所示：

```
>>> %Run ch5-4-3a.py

while迴圈結束!
5!階層值 = 120
```

5-5 巢狀迴圈與無窮迴圈

巢狀迴圈是在迴圈之中擁有其他迴圈，例如：在 for 迴圈擁有 for 和 while 迴圈；在 while 迴圈中擁有 for 和 while 迴圈等。

5-5-1 for 敘述的巢狀迴圈

Python 巢狀迴圈可以有二或二層以上，例如：在 for 迴圈中擁有另一個 for 迴圈，如下所示：

```
for i in range(1, 4):        # for外層迴圈
    for j in range(1, 6):  # for內層迴圈
        print("i =", i, "j =", j)
```

上述迴圈共有兩層，第一層 for 迴圈執行 1~3 共 3 次，第二層 for 迴圈執行 1~5 共
5 次，兩層迴圈共可執行 3 * 5 = 15 次。其執行過程的變數值，如表 5-6 所示。

》 表 5-6　for 敘述的巢狀迴圈

第一層迴圈的 i 值	第二層迴圈的 j 值					離開迴圈的 i 值
1	1	2	3	4	5	1
2	1	2	3	4	5	2
3	1	2	3	4	5	3

上述表格的每一列代表執行一次第一層迴圈，共有 3 次。第一次迴圈的變數 i 為
1，第二層迴圈的每 1 個儲存格代表執行一次迴圈，共 5 次，j 的值為 1~5，離開第二層
迴圈後的變數 i 仍然為 1，依序執行第一層迴圈，i 的值為 2~3，而且每次 j 都會執行 5
次，所以共執行 15 次。其流程圖（ch5-5-1.fpp）如下圖所示：

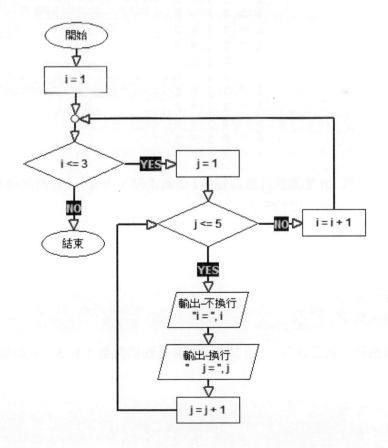

上述流程圖「i <= 3」決策符號建立的是外層迴圈的結束條件；「j <= 5」決策符號建立的是內層迴圈的結束條件。

💡 範例：使用 2 個 for 迴圈建立巢狀迴圈

Python程式：ch5-5-1.py

```
01  for i in range(1, 4):      # for外層迴圈
02      for j in range(1, 6):  # for內層迴圈
03          print("i =", i, "j =", j)
```

結果

Python 程式執行結果的外層迴圈執行 3 次，每一個內層迴圈執行 5 次，共執行 15 次，如下所示：

```
>>> %Run ch5-5-1.py
i = 1 j = 1
i = 1 j = 2
i = 1 j = 3
i = 1 j = 4
i = 1 j = 5
i = 2 j = 1
i = 2 j = 2
i = 2 j = 3
i = 2 j = 4
i = 2 j = 5
i = 3 j = 1
i = 3 j = 2
i = 3 j = 3
i = 3 j = 4
i = 3 j = 5
```

巢狀迴圈當外層 for 迴圈的計數器變數 i 值為 1 時，內層 for 迴圈的變數 j 值為 1 到 5，可以顯示的執行結果，如下所示：

```
i = 1 j = 1
i = 1 j = 2
i = 1 j = 3
i = 1 j = 4
i = 1 j = 5
```

當外層迴圈執行第二次時，i 值為 2，內層迴圈仍然為 1 到 5，此時顯示的執行結果，如下所示：

```
i = 2 j = 1
i = 2 j = 2
```

```
i = 2 j = 3
i = 2 j = 4
i = 2 j = 5
```

繼續執行外層迴圈，第三次的 i 值是 3，內層迴圈仍然為 1 到 5，此時顯示的執行結果，如下所示：

```
i = 3 j = 1
i = 3 j = 2
i = 3 j = 3
i = 3 j = 4
i - 3 j = 5
```

5-5-2　for 與 while 敘述的巢狀迴圈

Python 巢狀迴圈也可以搭配不同種類的迴圈，例如：在 for 迴圈之中擁有 while 迴圈，如下所示：

```
for i in range(1, 4):     # for外層迴圈
    j = 1
    while j <= 5:          # while內層迴圈
        print("i =", i, "j =", j)
        j = j + 1
```

♥ 範例：使用 for 和 while 迴圈建立巢狀迴圈

Python程式：ch5-5-2.py

```
01  for i in range(1, 4):     # for外層迴圈
02      j = 1
03      while j <= 5:          # while內層迴圈
04          print("i =", i, "j =", j)
05          j = j + 1
```

結果

Python 程式的執行結果和 ch5-5-1.py 完全相同，在外層 for 迴圈執行 3 次，每一個內層 while 迴圈執行 5 次，共執行 15 次。

5-5-3　while 無窮迴圈

無窮迴圈（Endless Loops）是指迴圈不會結束，它會無止境的一直重複執行迴圈的程式區塊。while 無窮迴圈可以使用 True 關鍵字的條件來建立無窮迴圈，如下所示：

```
while True:
    pass
```

上述 while 迴圈因為條件必為 True，所以是無窮迴圈，並且使用 pass 關鍵字代表這是空程式區塊。基本上，while 無窮迴圈大都是因為計數器變數或條件出了問題，才會造成了無窮迴圈。例如：修改第 5-3-1 節 ch5-3-1.py 的 while 迴圈（Python 程式：ch5-5-3.py），如下所示：

```
i = 0
total = 0

while total < 50:
    total = total + i
```

上述 while 迴圈的程式區塊因為少了「i = i + 1」，所以 i 值永遠是 0，total 計算結果也是 0，永遠不可能大於 50，所以造成無窮迴圈，請按 Ctrl+C 鍵來中斷無窮迴圈的執行。

5-6　在迴圈中使用條件敘述

在 Python 的 for 和 while 迴圈之中，一樣可以搭配使用 if/else 條件敘述來執行條件判斷。例如：使用 while 迴圈建立猜數字遊戲，在迴圈中使用 if/else 條件判斷是否猜中數字，如下所示：

```
while True:
    guess = int(input("請輸入猜測的數字(1~100) => "))
    if target == guess:    # if條件敘述
        break              # 跳出迴圈
    if guess > target:     # if/else條件敘述
        print("數字太大!")
    else:
        print("數字太小!")
```

上述 Python 程式碼的流程圖（ch5-6.fpp），如下圖所示：

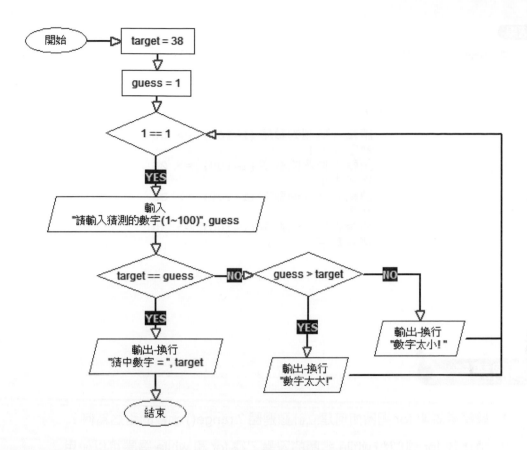

🔖 範例：使用 while 迴圈和 if/else 條件建立猜數字遊戲

Python程式：ch5-6.py

```python
01  target = 38
02  guess = 1
03  while True:                 # while無窮迴圈
04      guess = int(input("請輸入猜測的數字(1~100) => "))
05      if target == guess:    # if條件敘述
06          break              # 跳出迴圈
07      if guess > target:     # if/else條件敘述
08          print("數字太大!")
09      else:
10          print("數字太小!")
11  print("猜中數字 = ", target)
```

解析

上述第 3~10 行是 while 無窮迴圈，在第 5~6 行的 if 條件加上 break 關鍵字來控制猜數字遊戲的進行，直到猜中正確的數字為止，第 7~10 行的 if/else 條件敘述，可以判斷輸入的數字是太大或太小，在第 11 行顯示猜中數字。

結果

Python 程式的執行結果可以顯示猜數字遊戲的過程，直到猜中數字為止，如下所示：

```
>>> %Run ch5-6.py
請輸入猜測的數字(1~100) => 50
數字太大！
請輸入猜測的數字(1~100) => 25
數字太小！
請輸入猜測的數字(1~100) => 35
數字太小！
請輸入猜測的數字(1~100) => 38
猜中數字 =  38
```

學習評量

1. 請簡單說明 for 迴圈如何建立計數迴圈？range() 函數的用途為何？

2. 請比較 for 迴圈和 while 迴圈的差異？在 for 和 while 迴圈可以使用 _____ 關鍵字馬上繼續下一次迴圈的執行；使用 _____ 關鍵字來跳出迴圈。

3. 請撰寫 Python 程式執行從 1 到 100 的迴圈，但只顯示 40~67 之間的奇數，並且計算其總和。

4. 請建立 Python 程式依序顯示 1~20 的數值和其平方，每一數值成一列，如下所示：

```
1    1
2    4
3    9
.........
```

5. 請建立 Python 程式輸入繩索長度，例如：100 後，使用 while 迴圈計算繩索需要對折幾次才會小於 20 公分？

6. 請建立 Python 程式使用 while 迴圈計算複利的本利和，在輸入金額後，計算 5 年複利 5% 的本利和。

7. 請建立 Python 程式使用巢狀迴圈顯示下列的數字三角形，如下所示：

```
1
22
333
4444
55555
```

8. 請建立 Python 程式使用迴圈來輸入 4 個整數值，可以計算輸入值的乘績，如果輸入值是 0，就跳過此數字，只乘輸入值不為 0 的值。

iPAS巨量資料分析模擬試題

(　) 1. 關於 Python 迴圈結構的說明，下列哪一個是不正確的？
   (A) range(10) 產生 0、1、…、9 數字串列
   (B) continue 是繼續下一次迴圈
   (C) pass 是跳出迴圈
   (D) while 是條件迴圈。

(　) 2. 請問下列 Python 程式碼的執行結果是哪一個？

```python
i = 1
while i < 8:
    i += 1
else:
    print(i, "= 8")
```

   (A) 8　(B) 8 = 8　(C) = 8　(D) 7 = 8。

(　) 3. 請問下列 Python 程式碼的執行結果並「不」會出現哪一個執行結果？

```python
for x in range(-1, 6):
    if x > 10 or x < 0:
        print("選項1")
    elif x > 5 and x < 10:
        print("選項2")
    elif x % 2 == 0:
        print("選項3")
    else:
        print("選項4")
```

   (A) 選項 1　(B) 選項 2　(C) 選項 3　(D) 選項 4。

(　　) 4. 請問下列 Python 程式碼的執行結果是哪一個？

```python
i = 0
while i < 6:
    i += 1
    if i == 4:
        break
print(i, end="-")
```

(A) 1-2-3-4-5　(B) 1-2-3　(C) 1-2-3-　(D) 1-2-3-4- 。

CHAPTER **6**

函數

🎯本章內容

6-1　認識函數

程式語言的程序（Subroutines 或 Procedures）是一個擁有特定功能的獨立程式單元，程序如果有回傳值，稱為函數（Functions）。一般來說，Python 不論是否有回傳值都稱為函數。

6-1-1　函數的結構

在日常生活或撰寫程式碼時，有些工作可能會重複出現，而且這些工作不是單一行程式敘述，而是完整的工作單元，例如：我們常常在自動販賣機購買果汁，此工作的完整步驟，如下所示：

> 1. 將硬幣投入投幣口
> 2. 按下按鈕，選擇購買的果汁
> 3. 在下方取出購買的果汁

上述步驟如果只有一次倒無所謂，如果幫 3 位同學購買果汁、茶飲和汽水三種飲料，這些步驟就需重複 3 次，如下所示：

> 1. 將硬幣投入投幣口
> 2. 按下按鈕，選擇購買的果汁　} 購買果汁
> 3. 在下方取出購買的果汁
> 1. 將硬幣投入投幣口
> 2. 按下按鈕，選擇購買的茶飲　} 購買茶飲
> 3. 在下方取出購買的茶飲
> 1. 將硬幣投入投幣口
> 2. 按下按鈕，選擇購買的汽水　} 購買汽水
> 3. 在下方取出購買的汽水

相信沒有同學請你幫忙買飲料時，每一次都說出左邊 3 個步驟，而是很自然的簡化成 3 個工作，直接說：

```
購買果汁
購買茶飲
購買汽水
```

上述簡化的工作描述就是函數（Functions）的原型，因為我們會很自然的將一些工作整合成更明確且簡單的描述「購買 ??」。程式語言也是使用相同的觀念，可以將整個自動販賣機購買飲料的步驟使用一個整合名稱來代表，即【購買 ()】函數，如下所示：

```
購買(果汁)
購買(茶飲)
購買(汽水)
```

　　上述程式碼是函數呼叫，在括號中是傳入購買函數的資料，稱為參數（Parameters），透過傳入的參數就可以知道操作步驟是購買哪一種飲料，執行此函數的結果是拿到飲料，這就是函數的回傳值。

6-1-2　函數是一個黑盒子

　　函數是一個獨立功能的程式區塊，如同是一個黑盒子（Black Box），我們不需要了解函數定義的程式碼內容是什麼，只要告訴我們使用黑盒子的介面（Interface），就可以呼叫函數來使用函數的功能，如下圖所示：

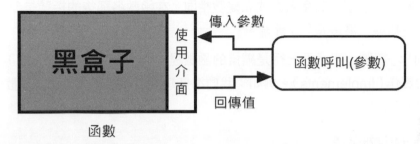

函數

　　上述介面是函數和外部溝通的管道，一個對外的邊界，可以傳入參數和取得回傳值，將實際函數的程式碼隱藏在介面後，讓我們不用了解程式碼，也一樣可以呼叫函數來完成所需的特定功能。

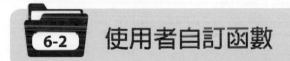

6-2　使用者自訂函數

　　在 Python 程式使用函數的第一步是定義函數的內容，然後才能呼叫函數，或多次呼叫同一函數。Python 函數主要分為兩種，其說明如下所示：

▷ 使用者自訂函數（User-defined Functions）：使用者自行建立的 Python 函數，在本章主要是說明如何建立使用者自訂函數。

▷ 內建函數（Build-in Functions）：Python 預設提供的函數。

6-2-1　建立和呼叫函數

　　Python 建立函數就是在撰寫函數定義（Function Definition）的函數標頭和程式區塊，其內容是需要重複執行的程式碼。

定義函數

Python是函數標頭和程式區塊組成函數定義，其語法如下所示：

```
def 函數名稱():
    程式敘述1
    程式敘述2
    ...
```

上述語法使用 def 關鍵字定義函數，第 1 行是函數標頭（Function Header），函數名稱如同變數是識別字，其命名方式和變數相同，在函數名稱後的括號是參數列，沒有參數，就是空括號，最後是「:」冒號。

當看到「:」冒號，表示下一行是縮排的函數程式區塊（Function Block），這就是函數程式碼的實作（Implements）。例如：我們準備建立可以顯示「玩一次遊戲」訊息文字的函數，如下所示：

```
# play()函數的定義
def play():
    print("玩一次遊戲")
```

上述函數名稱是 play，因為沒有參數，所以括號是空的，在程式區塊中是函數的程式碼。函數如同是擁有特定功能的積木，如下圖所示：

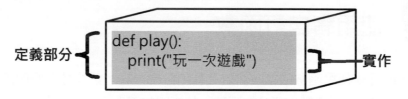

呼叫函數

在定義函數後，就可以使用函數呼叫的介面，在程式碼呼叫此函數，其語法如下所示：

```
函數名稱()
```

上述語法使用函數名稱來呼叫函數，因為沒有參數，所以之後是空括號。例如：呼叫 play() 函數，如下所示：

```
play()     # 呼叫函數
```

範例：建立與呼叫函數

Python程式：ch6-2-1.py

```
01  # play()函數的定義
02  def play():
03      print("玩一次遊戲")
04
05  print("開始玩遊戲...")
06  play()    # 呼叫函數
07  print("結束玩遊戲...")
```

結果

Python 程式執行結果顯示的第 2 行訊息文字，就是在第 6 行呼叫 play() 函數顯示的訊息文字，如下所示：

```
>>> %Run ch6-2-1.py

開始玩遊戲...
玩一次遊戲
結束玩遊戲...
```

函數的執行過程

現在，讓我們看一看 ch6-2-1.py 函數呼叫的執行過程，首先在沒有縮排的第 5 行顯示一行訊息文字後，第 6 行呼叫 play() 函數，此時程式執行順序就會轉移至 play() 函數，即跳到執行第 2~3 行 play() 函數的程式區塊，如下圖所示：

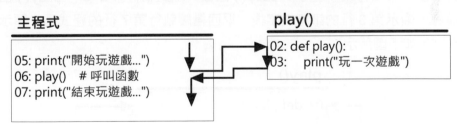

當執行完 play() 函數顯示第 3 行的訊息文字後，就返回繼續執行之後第 7 行的程式碼，顯示最後一行訊息文字。

6-2-2　多次呼叫同一個函數

函數的目的是為了之後可以重複呼叫此函數，如同工具箱的各種工具，如果需要時，就拿出來重複使用，同理，函數是程式工具箱中擁有特定功能的工具，如果程式需要此功能，就直接呼叫函數來進行處理，而不用每次都重複撰寫相同功能的程式碼。

例如：重複呼叫 2 次 play() 函數，顯示 2 次相同的訊息文字。

範例：多次呼叫同一個函數

Python程式：ch6-2-2.py

```
01  # play()函數的定義
02  def play():
03      print("玩一次遊戲")
04
05  print("開始玩遊戲...")
06  play()     # 第1次呼叫函數
07  print("再玩一次...")
08  play()     # 第2次呼叫函數
09  print("結束玩遊戲...")
```

結果

Python 程式執行結果顯示的 2 次 " 玩一次遊戲 " 訊息文字，就是第 6 行和第 8 行呼叫 2 次 play() 函數顯示的 2 個相同的訊息文字，如下所示：

```
>>> %Run ch6-2-2.py

開始玩遊戲...
玩一次遊戲
再玩一次...
玩一次遊戲
結束玩遊戲...
```

現在，讓我們看一看 ch6-2-2.py 函數呼叫的執行過程，首先在第 5 行顯示一行訊息文字後，第 6 行第 1 次呼叫 play() 函數，跳到執行第 2~3 行 play() 函數的程式區塊，顯示第 3 行的訊息文字後，返回繼續執行第 7 行的程式碼，顯示一行訊息文字，如下圖所示：

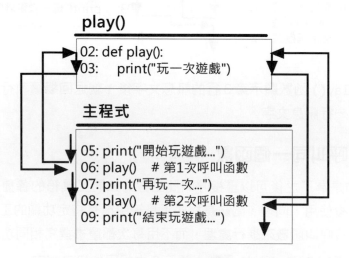

然後，在第 8 行第 2 次呼叫 play() 函數，再次跳到執行第 2~3 行 play() 函數的程式區塊，顯示第 3 行的訊息文字後，返回繼續執行第 9 行的程式碼，顯示最後一行訊息文字。

6-2-3　Python 主程式函數

Python 程式預設沒有主程式函數，沒有縮排的程式碼就是其他程式語言的主程式。當然，我們也可以指定 Python 函數作為主程式，例如：main() 函數（Python 程式：ch6-2-3.py），如下所示：

💡 範例：main 函數的主程式

```
                                              Python程式：ch6-2-3.py
01  # play()函數的定義
02  def play():
03      print("玩一次遊戲")
04
05    # main()主程式
06    def main():
07      print("開始玩遊戲...")
08      play()      # 呼叫函數
09      print("結束玩遊戲...")
10
11    if __name__ == "__main__":
12      main()     # 呼叫主程式函數
```

上述程式是修改 ch6-2-1.py，在第 6~9 行將沒有縮排的程式碼建立成 main() 函數，第 11~12 行的 if 條件判斷 __name__ 特殊變數的值是否是 "__main__"，如下所示：

```
if __name__ == "__main__":
    main()     # 呼叫主程式函數
```

上述 if 條件如果成立，表示是執行此 Python 程式（而不是被其他 Python 程式所匯入），所以呼叫 main() 主程式函數，如果 if 條件不成立，此 Python 程式是當成其他 Python 程式工具箱的模組（詳見第 9-1 節説明），因為是當成模組，不是執行，所以不會呼叫 main() 函數。

6-3　函數的參數

　　函數的參數是函數的資訊傳遞機制，可以從函數呼叫，將資料送入函數的黑盒子，簡單的說，參數是函數傳遞資料的使用介面，即呼叫函數和函數之間的溝通管道。

6-3-1　使用參數傳遞資料

　　在第 6-2 節建立的函數單純只能執行固定工作，每一次的執行結果都完全相同。當函數擁有參數列時，我們可以使用參數來傳遞資料，依據收到的資料進行運算，或執行對應的處理，讓函數擁有更大的彈性，換句話說，函數可以依據傳入不同的參數值，而得到不同的執行結果。

◉ 建立擁有參數的函數

　　Python 函數可以在函數名稱後的括號中加上參數列，其語法如下所示：

```
def 函數名稱( 參數列 ):
    程式敘述1
    程式敘述2
    …
```

　　上述函數定義位在括號中的就是參數列，如果有多個參數，請使用「,」逗號分隔。例如：我們準備擴充第 6-2-1 節的 play() 函數，新增 1 個名為 b 的參數，如下所示：

```
# play()函數的定義
def play(b):
    print("玩一次", b, "元的遊戲")
```

　　上述 play() 函數擁有 1 個名為 b 的參數，可以讓我們在呼叫 play() 函數時，將資料傳入函數，如右圖所示：

　　右述圖例參數 b 的值是 10，所以函數可以使用參數 b 的值來建立輸出結果，可以看到呼叫 play() 函數顯示傳入的參數值 10。

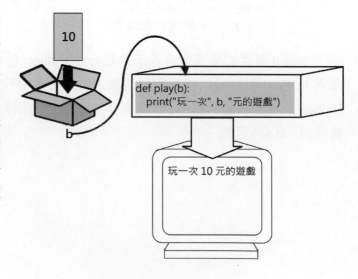

● **說明** ●────────────────────────────────────

　　請注意！函數參數 b 就是變數，只能在 play() 函數的程式區塊之中使用，其他地方並不能存取變數 b。

──

○ 呼叫擁有參數的函數

　　函數如果擁有參數，在 Python 程式呼叫函數時，就需要在括號加入參數值，其語法如下所示：

> 函數名稱(參數值列)

　　上述語法的函數如果有參數，在呼叫時需要加上傳入的參數值列，如果有多個，請使用「,」逗號分隔。例如：play() 函數擁有 1 個參數 b，在呼叫 play() 函數時需要使用 1 個參數值來傳遞至函數，如下所示：

```
play(10)    # 呼叫函數
```

　　上述程式碼傳遞值 10 至 play() 函數，此時參數 b 的值就是 10。

⊙ 範例：使用參數傳遞資料至函數

Python程式：ch6-3-1.py

```
01  # play()函數的定義
02  def play(b):
03      print("玩一次", b, "元的遊戲")
04
05  print("開始玩遊戲...")
06  play(10)    # 第1次呼叫函數
07  print("再玩一次...")
08  play(50)    # 第2次呼叫函數
09  print("結束玩遊戲...")
```

結果

　　Python 程式執行結果顯示 2 次 "玩一次遊戲" 訊息文字，就是在第 6 行和第 8 行呼叫 2 次 play() 函數顯示的訊息文字，分別傳遞參數值 10 和 50（文字值），同一個函數就可以顯示不同的訊息文字，如下所示：

```
>>> %Run ch6-3-1.py

開始玩遊戲...
玩一次 10 元的遊戲
再玩一次...
玩一次 50 元的遊戲
結束玩遊戲...
```

Python 使用參數傳遞資料 10 至 play(b) 函數的過程，如下圖所示：

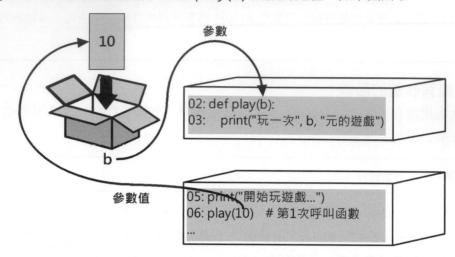

6-3-2　使用鍵盤輸入參數值

Python 程式呼叫函數的參數值除了使用文字值外，也可以使用變數，在這一節我們準備讓使用者輸入變數 price 值後，使用變數作為函數的參數值，如下所示：

```python
play(price)     # 呼叫函數
```

上述程式碼使用變數 price 的值作為參數值來呼叫 play() 函數。

⑨ 範例：使用變數作為參數值

Python程式：**ch6-3-2.py**

```python
01  # play()函數的定義
02  def play(b):
03      print("玩一次", b, "元的遊戲")
04
05  price = int(input("第1次玩多少錢的遊戲==> ")) # 輸入整數值
06  play(price)     # 第1次呼叫函數
07  price = int(input("第2次玩多少錢的遊戲==> ")) # 輸入整數值
08  play(price)     # 第2次呼叫函數
09  print("結束玩遊戲...")
```

結果

Python 程式的執行結果依序輸入 10 和 50 來指定給變數 price，變數 price 是在第 6 行和第 8 行作為呼叫 2 次 play() 函數的參數值，可以將變數值傳遞至 play() 函數來顯示不同的訊息文字，如下所示：

```
>>> %Run ch6-3-2.py
第1次玩多少錢的遊戲==> 10
玩一次 10 元的遊戲
第2次玩多少錢的遊戲==> 50
玩一次 50 元的遊戲
結束玩遊戲...
```

請注意！呼叫函數如果使用變數作為參數，函數參數和變數名稱就算相同也沒有關係，在本節範例是使用不同的參數和變數名稱。因為 Python 呼叫函數傳遞的並不是變數，而是變數儲存的文字值 10 和 50，這種參數傳遞方式稱為傳值呼叫（Call by Value），如下圖所示：

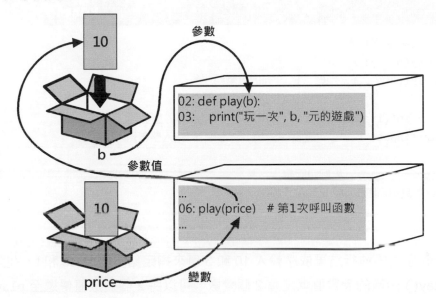

6-3-3　建立擁有多參數的函數

Python 函數可以擁有「,」逗號分隔的多個參數，例如：play() 函數擁有 2 個參數，如下所示：

```
# play()函數的定義
def play(b, t):
    print("玩", t, "次", b, "元的遊戲")
```

上述 play() 函數是修改上一節的同名函數，新增 1 個參數 t，現在的 play() 函數共有 2 個參數 t 和 b。

因為 play() 函數擁有 2 個參數，呼叫 play() 函數也需要使用 2 個參數值，如下所示：

```
play(price, t)     # 呼叫函數
```

上述呼叫函數的參數值可以是文字值、變數或運算式的運算結果。

● 說明 ●

函數有幾個參數，在呼叫時，就需要提供幾個參數值，在本節的 play() 函數有 2 個參數，呼叫時也需要 2 個參數值，如果只有 1 個參數值，就會產生錯誤，如下所示：

```
play(10, 3)       # 正確的參數值個數是2個
play(price)       # 錯誤！參數值個數少了1個
```

範例：建立擁有多個參數的函數

Python程式：ch6-3-3.py

```
01  # play()函數的定義
02  def play(b, t):
03      print("玩", t, "次", b, "元的遊戲")
04
05  price = int(input("玩多少錢的遊戲==> ")) # 輸入整數值
06  t = int(input("玩多少次遊戲==> "))       # 輸入整數值
07
08  play(price, t)     # 呼叫函數
09  print("結束玩遊戲...")
```

結果

Python 程式的執行結果依序輸入 10 和 3 值來指定給變數 price 和 t，在第 8 行呼叫 play() 函數的參數值就是這 2 個變數，可以將 2 個變數值傳遞至 play() 函數來顯示訊息文字，如下所示：

```
>>> %Run ch6-3-3.py

玩多少錢的遊戲==> 10
玩多少次遊戲==> 3
玩 3 次 10 元的遊戲
結束玩遊戲...
```

多參數 play() 函數呼叫的函數參數和參數值，如表 6-1 所示。

》 表 6-1　多參數 play() 函數呼叫的函數參數和參數值

函數參數	呼叫函數的參數值
b	變數 price 的值 10
t	變數 t 的值 3

　　因為函數參數和變數名稱就算同名也沒有關係，在本節 play() 函數的第 2 個參數和傳遞參數的變數名稱都是相同的 t，如下圖所示：

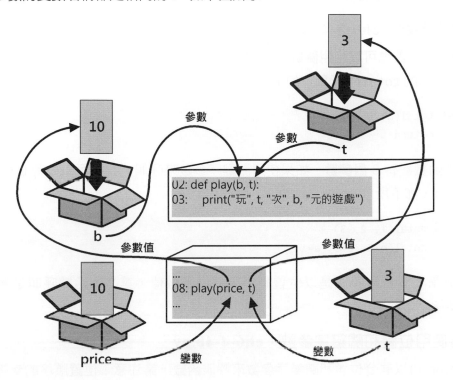

6-3-4　參數預設值、位置與關鍵字參數

　　Python 函數的參數不只可以指定參數的預設值，在呼叫時除了依據參數位置順序來傳遞外，還可以明確指明參數名稱來傳遞參數值。

◉ 函數參數的預設值：ch6-3-4.py

　　Python 函數的參數可以有預設值，當函數呼叫時沒有指定參數值，就使用參數的預設值（預設值參數在參數列的順序是在沒有預設值的參數之後，以此例是位在 length 參數之後）。例如：計算盒子體積的 volume() 函數，如下所示：

```
def volume(length, width = 2, height = 3):
    return length * width * height
```

上述 volume() 函數如果呼叫時沒有指定寬和高的參數，其預設值就是值 2 和 3，只有第 1 個位置的 length 是一定需要的參數值。volume() 函數呼叫如下所示：

```
print("盒子體積: ", volume(l, w, h))
print("盒子體積: ", volume(l, w))
print("盒子體積: ", volume(l))
```

上述函數呼叫分別指定長、寬和高，只有長和寬、最後只有長的參數，其他沒有指定參數值就是使用預設參數值。

關鍵字參數：ch6-3-4a.py

Python 函數也可以使用關鍵字參數，直接使用參數名稱來指定參數值，例如：將 3 個參數加總的 total() 函數，如下所示：

```
def total(a, b, c):
    return a + b + c
```

上述函數擁有 3 個參數，如果使用關鍵字參數來呼叫，我們可以先傳 b，再傳 c，最後傳入 a，如下所示：

```
r1 = total(1, 2, 3)
r2 = total(b=2, c=3, a=1)
```

上述第 1 個函數呼叫是以位置順序來傳遞參數值，第 2 個函數呼叫是關鍵字參數，直接指明參數名稱。

混合使用位置和關鍵字參數：ch6-4-4b.py

Python 可以混合位置和關鍵字參數來呼叫函數，請注意！位置順序的參數一定在關鍵字參數之前，如下所示：

```
r3 = total(1, c=3, b=2)
r4 = total(1, 2, c=3)
```

6-4 函數的回傳值

函數的參數可以從呼叫的函數傳遞資料至函數，反過來，函數的回傳值就是從函數傳遞資料回到呼叫函數的程式碼，例如：在 Python 程式呼叫 play() 函數，如下所示：

▷ 函數的參數：將資料從呼叫 play() 函數的參數值，透過函數參數傳遞至 play() 函數中。

▷ 函數的回傳值：將資料從 play() 函數回傳至呼叫 play() 函數的程式碼，可以將回傳值使用指定敘述指定給其他變數。

當函數有回傳值，函數和呼叫函數之間就擁有雙向的資料傳遞機制，如下圖所示：

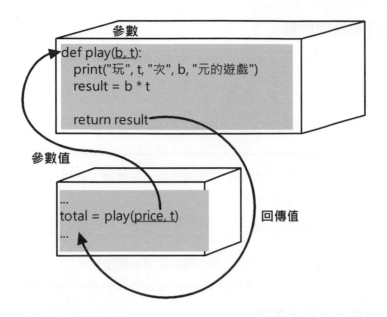

6-4-1　使用函數的回傳值

Python 函數是在函數程式區塊使用 return 敘述來回傳值，我們可以在呼叫函數的程式碼取得函數的回傳值。

◎ 建立擁有回傳值的函數

函數如果有回傳值，在函數程式區塊需要使用 return 敘述來回傳值，其語法如下所示：

```
def 函數名稱( 參數列 ):
    程式敘述1~n
    ...
    return 運算式
```

上述函數程式區塊使用 return 敘述回傳運算式值。例如：play() 函數可以回傳共花了多少錢來玩這幾次遊戲，如下所示：

```
# play()函數的定義
def play(b, t):
    print("玩", t, "次", b, "元的遊戲")
    result = b * t

    return result
```

上述 play() 函數的程式區塊可以計算參數相乘的總花費，即「b * t」，然後使用 return 敘述回傳金額的 result 變數值。

呼叫擁有回傳值的函數

函數如果擁有回傳值，在呼叫時可以使用指定敘述來取得回傳值，如下所示：

```
total = play(price, t)     # 呼叫函數
```

上述程式碼的變數 total 可以取得 play() 函數的回傳值。

── 說明 ──

雖然 play() 函數有回傳值，如果程式不需要函數的回傳值，我們一樣可以使用和第 6-3-3 節的方式來呼叫 play() 函數，如下所示：

```
play(price, t)     # 呼叫函數
```

上述函數呼叫沒有指定敘述，此時的函數回傳值就會自動捨棄。

範例：建立擁有回傳值的函數

Python程式：ch6-4-1.py

```
01  # play()函數的定義
02  def play(b, t):
03      print("玩", t, "次", b, "元的遊戲")
04      result = b * t
05
06      return result
07
08  price = int(input("玩多少錢的遊戲==> ")) # 輸入整數值
09  t = int(input("玩多少次遊戲==> "))          # 輸入整數值
10
11  total = play(price, t)          # 呼叫函數
12
13  print("總計的金額是:", total)  # 顯示總金額
```

結果

Python 程式的執行結果依序輸入 10 和 3 值來指定給變數 price 和 t，在第 11 行呼叫 play() 函數，可以在第 13 行顯示回傳的總金額，如下所示：

```
>>> %Run ch6-4-1.py

玩多少錢的遊戲==> 10
玩多少次遊戲==> 3
玩 3 次 10 元的遊戲
總計的金額是： 30
```

因為 play() 函數有回傳值,我們需要使用指定敘述來取得回傳值,變數 total 存入
的值就是 play() 函數的回傳值,如下圖所示:

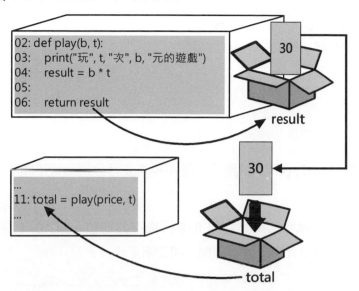

6-4-2 建立回傳多個值的函數

Python 函數可以使用 return 敘述同時回傳多個值,這就是回傳第 7 章元組
(Tuple)的容器型態,例如:bigger() 函數可以同時回傳 2 個參數值建立的元組,其
中第 1 個元素是最大值,如下所示:

```
def bigger(a, b):
    if a > b:
        return a, b
    else:
        return b, a
```

上述 return 敘述回傳「,」逗號分隔的多個值,如果參數 a 比較小,就回傳 a, b;反
之是回傳 b, a。

💡 範例:建立回傳多個值的函數

Python程式:ch6-4-2.py

```
01  # bigger()函數定義:回傳2個參數的最大值
02  def bigger(a, b):
03      if a > b:
04          return a, b
05      else:
06          return b, a
```

Python程式：ch6-4-2.py

```
07
08  t = bigger(10, 30)      # 呼叫函數
09  c, d = bigger(10, 30)
10  print(t)
11  print(c, d)
12  print(type(t))
```

解析

上述第 2~6 行的 bigger() 函數是在第 4 和第 6 行分別回傳不同順序的 2 個值。

結果

在 Python 程式的執行結果是在第 8~9 行取得回傳值，第 10~11 行顯示元組的內容，第 12 行是顯示元組的資料型態，如下所示：

```
>>> %Run ch6-4-2.py

 (30, 10)
 30 10
 <class 'tuple'>
```

6-5　函數的實際應用

　　函數的目的是建立特定功能可重複使用的工具箱，在這一節我們準備建立一些可實際應用的 Python 函數，例如：將本節前的 play() 函數改寫成加法函數。

6-5-1　計算參數的總和

　　我們可以修改第 6-4-1 節的 play() 函數成為 add() 加法函數，可以計算和回傳 2 個參數的總和。

範例：計算 2 個參數的總和

Python程式：ch6-5-1.py

```
01  # add()函數的定義
02  def add(a, b):
03      result = a + b
04
05      return result
06
```

Python程式：ch6-5-1.py

```
07  x = int(input("請輸入第1個整數==> ")) # 輸入整數值
08  y = int(input("請輸入第2個整數==> ")) # 輸入整數值
09
10  total = add(x, y)              # 呼叫函數
11  print("x=", x)
12  print("y=", y)
13  print("x + y加法總和=", total)  # 顯示總和
```

結果

Python 程式的執行結果依序輸入 15 和 20，然後在第 10 行呼叫 add() 函數，2 個輸入值是參數值，可以在第 3 行計算 2 個參數的總和，第 5 行回傳值，即 2 個參數的總和，如下所示：

```
>>> %Run ch6-5-1.py
    請輸入第1個整數==> 15
    請輸入第2個整數==> 20
    x= 15
    y= 20
    x + y加法總和= 35
```

在本節 add() 函數的寫法是將加法運算結果先指定給變數 result 後，才回傳 result 變數值。記得嗎！return 敘述可以直接回傳運算式，所以，add() 函數另一種簡潔寫法（Python 程式：ch6-5-1a.py），如下所示：

```
# add()函數的定義
def add(a, b):
    return a + b
```

上述函數直接回傳運算式「a + b」的值，也就是 2 個參數的總和。

6-5-2　找出最大值

我們只需活用第 4 章的 if/else 條件敘述，就可以建立函數來回傳 2 個參數中的最大值，如下所示：

```
if a > b:
    return a
else:
    return b
```

上述 if/else 條件敘述判斷 2 個參數的大小，如果 a 比較大，就回傳參數 a；反之，回傳參數 b。

💡 **範例：找出 2 個參數的最大值**

Python程式：ch6-5-2.py

```
01  # maxValue()函數的定義
02  def maxValue(a, b):
03      if a > b:
04          return a
05      else:
06          return b
07
08  x = int(input("請輸入第1個整數==> ")) # 輸入整數值
09  y = int(input("請輸入第2個整數==> ")) # 輸入整數值
10
11  result = maxValue(x, y)   # 呼叫函數
12  print("x=", x)
13  print("y=", y)
14  print("最大值:", result) # 顯示最大值
```

結果

　　Python 程式的執行結果依序輸入 20 和 15，然後在第 11 行呼叫 maxValue() 函數，2 個輸入值是參數值，可以在第 3~6 行的 if/else 條件敘述判斷哪一個參數比較大，然後第 4 和 6 行回傳最大值，如下所示：

```
>>> %Run ch6-5-2.py

請輸入第1個整數==> 15
請輸入第2個整數==> 20
x= 15
y= 20
最大值: 20
```

6-6　變數範圍和內建函數

　　變數的有效範圍可以決定在程式碼之中，有哪些程式碼可以存取此變數值，稱為此變數的有效範圍（Scope）。

6-6-1　區域與全域變數

　　Python 變數依有效範圍分為兩種：全域變數和區域變數。

使用全域變數：ch6-6-1.py

在函數外宣告的變數是全域變數（Global Variables），變數沒有屬於哪一個函數，可以在函數之中和之外存取此變數值。如果需要，在函數可以使用 global 關鍵字來指明變數是使用全域變數，如下所示：

```
t = 1
def increment():
    global t   # 全域變數t
    t += 1
    print("increment()中 : t = ", str(t))

print("全域變數初值: t = ", t)
increment()
print("呼叫increment()後 : t = ", t)
```

上述 increment() 函數使用 global 關鍵字宣告變數 t 是全域變數 t，t += 1 是更改全域變數 t 的值。

→ 說明 →

請注意！global 關鍵字只能宣告全域變數，並个能指定變數值，否則就會產生語汰錯誤，如下所示：

```
global t - 1    # 錯誤語法
```

事實上，在 Python 函數之中可以直接「取得」全域變數 x（不需 global 關鍵字來宣告，當更新全域變數值就需要宣告），如下所示：

```
x = 50
def print_x():
    print("print_x()中 : x = ", x)

print("全域變數初值: x = ", x)
print_x()
print("呼叫print_x()後 : x = ", x)
```

上述 print_x() 函數顯示的變數是全域變數 x，其執行結果如下所示：

```
>>> %Run ch6-6-1.py
全域變數初值: t =  1
increment()中 : t =  2
呼叫increment()後 : t =  2
全域變數初值: x =  50
print_x()中 : x =  50
呼叫print_x()後 : x =  50
```

使用區域變數：ch6-6-1a.py

在函數程式區塊建立變數（使用指定敘述指定變數值）是一種區域變數（Local Variables），區域變數只能在建立變數的函數之中使用，在函數之外的程式碼並無法存取此變數，如下所示：

```
x = 50
def print_x():
    x = 100
    print("print_x()中 : x = ", x)

print("全域變數初值: x = ", x)
print_x()
print("呼叫print_x()後 : x = ", x)
```

上述 print_x() 函數之外有全域變數 x，在 print_x() 函數之中也有同名變數 x，這是區域變數，print() 函數顯示的是區域變數 x，並不是全域變數 x，其執行結果如下所示：

```
>>> %Run ch6-6-1a.py

全域變數初值: x =  50
print_x()中 : x =  100
呼叫print_x()後 : x =  50
```

6-6-2　Python 內建函數

在本章前已經說明過 type()、int()、str()、float()、range()、input() 和 print() 等函數，這些函數是 Python 內建函數（Built-in Functions）。

這一節筆者準備說明一些 Python 內建數學函數（Python 程式：ch6-6-2.py），如表 6-2 所示。更多數學函數請參閱第 9 章的 math 模組。

》表 6-2　Python 內建數學函數

函數	說明
abs(x)	回傳參數 x 的絕對值
max(x1, x2, …, xn)	回傳函數參數之中的最大值
min(x1, x2, …, xn)	回傳函數參數之中的最小值
pow(a, b)	回傳第 1 個參數 a 為底，第 2 個參數 b 的次方值
round(number [, ndigits])	如果沒有第 2 個參數，回傳參數 number 最接近的整數值（即四捨五入值），如果有第 2 個參數的精確度，回傳指定位數的四捨五入值

1. 請說明什麼是定義函數和使用函數？在 Python 如何定義函數？

2. 請舉例說明 Python 區域變數和全域變數是什麼？

3. 請建立 Python 程式寫出 2 個函數都擁有 2 個整數參數，第 1 個函數當參數 1 大於參數 2 時，回傳 2 個參數相乘的結果，否則是相加結果；第 2 個函數回傳參數 1 除以參數 2 的相除結果，如果第 2 個參數是 0，回傳 -1。

4. 請在 Python 程式建立 getMax() 函數傳入 3 個參數，可以回傳參數中的最大值；getSum() 和 getAverage() 函數共有 4 個參數，可以計算和回傳參數成績資料的總分與平均值。

5. 請在 Python 程式建立 bill() 函數，可以計算健身器材使用費，前 5 小時，每分鐘 0.5 元；超過 5 小時，每分鐘 1 元。

6. 在 Python 程式建立 rate_exchange() 匯率換算函數，參數是台幣金額和匯率，可以回傳兌換成的美金金額。

7. 計算體脂肪 BMI 值的公式是 W/(H*H)，H 是身高（公尺）和 W 是體重（公斤），請建立 bmi() 函數計算 BMI 值，參數是身高和體重。

8. 請在 Python 程式建立 print_stars() 函數，函數傳入顯示幾列的參數，可以顯示使用星號建立的三角形圖形，如下圖所示：

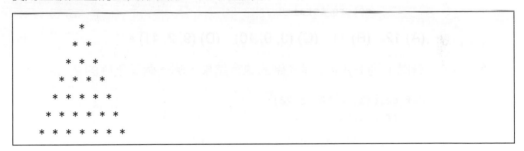

（提示：需要使用三層迴圈顯示三角形）

iPAS巨量資料分析模擬試題

( ) 1. 請問下列關於 Python 自訂函數的說明，下列哪一個是錯誤的？
   (A) 函數參數的數量並沒有限制
   (B) 函數可以回傳多個值
   (C) 函數至少需要一個回傳值
   (D) 函數的參數不能有相同名稱。

( ) 2. 關於 Python 函數的語法說明，請問下列哪一個是不正確的？
   (A) 使用 def 定義函數
   (B) 使用 return 回傳值
   (C) 也可使用 pass 回傳值
   (D) def func(a=10) 指定參數 a 的預設參數值是 10。

( ) 3. 下列是 Python 函數 calc()，請問執行 calc(9) 後，函數回傳值是哪一個？

```python
def calc(n1=3, n2=2, return_type=False):
    total = n1 + n2
    if return_type:
        return n1, n2, total
    else:
        return total
```

   (A) 12   (B) 11   (C) (3, 9, 10)   (D) (9, 2, 11)。

( ) 4. 請問下列 Python 程式碼的執行結果，哪一個是正確的？

```python
def calc(a, b=10, c=20):
    if c >= 5:
        print(a * b / c)

print(calc(2,15,5))
```

   (A) 2   (B) 6   (C) 1   (D) None。

CHAPTER **7**

字串與容器型態

本章內容

7-1 字串型態

Python 字串（Strings）是一種不允許更改內容的資料型態，所有字串的變更都是建立一個全新的字串。

7-1-1 建立和輸出字串

字串是使用「'」單引號或「"」雙引號括起的一序列 Unicode 字元，可以是英文、數字、符號和中文字等字元。Python 字串如同社區大樓的一排信箱，一個信箱儲存的一個英文字元或中文字，門牌號碼就是索引值（從 0 開始），如下圖所示：

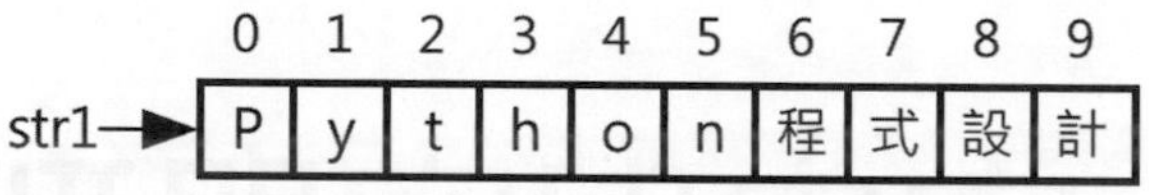

Python 可以使用指定敘述或 str() 物件方式建立字串，然後使用 print() 函數輸出字串內容（Python 程式：ch7-1-1.py），如下所示：

```
str1 = "Python程式設計"
name1 = str("陳會安")
print("str1 = " + str1)
print(name1)
```

上述程式碼建立 2 個字串變數，str() 參數是字串文字值，第 1 個 print() 函數使用字串連接運算子「+」輸出字串變數 str1，第 2 個輸出字串變數 name1，其執行結果可以看到輸出的 2 個字串內容，如下所示：

```
>>> %Run ch7-1-1.py
  str1 = Python程式設計
  陳會安
```

7-1-2 取出字元和走訪字串

在建立字串後，我們可以使用索引值來取出字元，或 for 迴圈走訪字串的每一個字元。

走訪字串的每一個字元：ch7-1-2.py

字串是一序列 Unicode 字元，可以使用 for 迴圈走訪顯示每一個字元，正式的說法是迭代（Iteration），如下所示：

```
str1 = "AI程式書"
for ch in str1:
    print(ch, end=" ")
```

上述 for 迴圈在 in 關鍵字後是字串 str1，從字串第 1 個字元或中文字開始，每執行一次 for 迴圈，就取出一個字元或中文字指定給變數 ch，和移至下一個字元或中文字，直到最後 1 個為止，所以可以從第 1 個字元走訪至最後 1 個字元，如下圖所示：

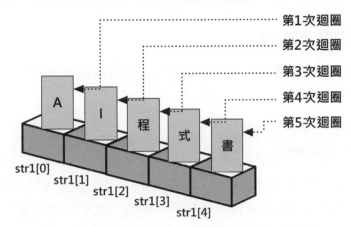

Python 程式的執行結果可以顯示空白字元間隔的字串內容，如下所示：

```
>>> %Run ch7-1-2.py
A I 程 式 書
```

使用索引運算子取得指定字元：ch7-1-2a.py

Python 字串、串列和元組都可以使用索引方式來存取元素（索引值從 0 開始），如同社區大樓的信箱，使用門牌號碼來取出信件，字串就是取出每一個英文字元或中文字（元素值並不能更改），索引值可以是正的從 0~9，或負的從 -1~-10，如下圖所示：

```
     0  1  2  3  4  5  6  7  8  9
str1→ P  y  t  h  o  n 程 式 設 計
    -10 -9 -8 -7 -6 -5 -4 -3 -2 -1
```

Python 字串可以使用「[]」索引運算子取出指定索引值的字元，如下所示：

```
str1 = str("Python程式設計")
print(str1[0])
print(str1[1])
print(str1[-1])
print(str1[-2])
```

上述程式碼依序顯示字串 str1 的第 1 個字元、第 2 個字元，-1 是最後 1 個，-2 是倒數第 2 個字元，其執行結果如下所示：

```
>>> %Run ch7-1-2a.py
P
y
計
設
```

7-1-3　字串函數與方法

Python 內建字元和字串處理的相關函數，字串方法需要使用物件變數加上「.」句號來呼叫，如下所示：

```
str1 = "Python"
print(str1.islower())
```

上述程式碼建立字串 str1 後，呼叫 islower() 方法檢查內容是否都是小寫英文字母，請注意！字串方法不只可以使用在字串變數，也可以使用在字串文字值（因為 Python 都是物件，文字值也是），如下所示：

```
print("2022".isdigit())
```

◉ 字元函數：ch7-1-3.py

Python 字元函數可以處理 ASCII 碼，其說明如表 7-1 所示。

» 表 7-1　字元函數的說明

字元函數	說明
ord()	回傳字元的 ASCII 碼
chr()	回傳參數 ASCII 碼的字元

◉ 字串函數：ch7-1-3a.py

Python 字串函數可以取得字串長度、字串的最大和最小字元，其說明如表 7-2 所示。

» 表 7-2　字串函數的說明

字串函數	說明
len()	回傳參數字串的長度
max()	回傳參數字串的最大字元
min()	回傳參數字串的最小字元

檢查字串內容的方法：ch7-1-3b.py

字串物件提供檢查字串內容的相關方法，其說明如表 7-3 所示。

» 表 7-3　檢查字串內容方法的說明

字串方法	說明
isalnum()	如果字串內容是英文字母或數字，回傳 True；否則為 False
isalpha()	如果字串內容只有英文字母，回傳 True；否則為 False
isdigit()	如果字串內容只有數字，回傳 True；否則為 False
isidentifier()	如果字串內容是合法識別字，回傳 True；否則為 False
islower()	如果字串內容是小寫英文字母，回傳 True；否則為 False
isupper()	如果字串內容是大寫英文字母，回傳 True；否則為 False
isspace()	如果字串內容是空白字元，回傳 True；否則為 False

搜尋子字串方法：ch7-1-3c.py

字串物件關於搜尋子字串的相關方法說明，如表 7-4 所示。

» 表 7-4　搜尋子字串方法的說明

字串方法	說明
endswith(str1)	字串是以參數字串 str1 結尾，回傳 True；否則為 False
startswith(str1)	字串是以參數字串 str1 開頭，回傳 True；否則為 False
count(str1)	回傳字串出現多少次參數字串 str1 的整數值
find(str1)	回傳字串出現參數字串 str1 的最小索引位置值，沒有找到回傳 -1
rfind(str1)	回傳字串出現參數字串 str1 的最大索引位置值，沒有找到回傳 -1

轉換字串內容的方法：ch7-1-3d.py

字串物件的轉換字串內容方法可以輸出英文大小寫轉換的字串，或是取代參數的字串內容，其說明如表 7-5 所示。

» 表 7-5　轉換字串內容方法的說明

字串方法	說明
capitalize()	回傳只有第 1 個英文字母大寫；其他小寫的字串
lower()	回傳小寫英文字母的字串
upper()	回傳大寫英文字母的字串

字串方法	說明
title()	回傳字串中每 1 個英文字的第 1 個英文字母大寫的字串
swapcase()	回傳英文字母大寫變小寫；小寫變大寫的字串
replace(old, new)	將字串中參數 old 子字串取代成參數 new 子字串
split(str1)	字串是使用參數 str1 來切割成串列，例如：str2.split(",")、str3.split("\n") 分別使用 "," 和 "\n" 來分割字串
splitlines()	即 split("\n")，使用 "\n" 將字串切割成串列

 ## 7-2 串列型態

　　Python 串列（Lists）就是其他程式語言的陣列（Array），中文譯名還有清單和列表等，陣列是一種儲存大量循序資料的結構，可以將多個變數集合起來，使用一個名稱 lst1 代表，如下圖所示：

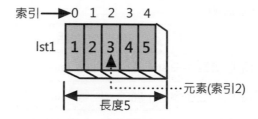

　　上述串列圖例如同排成一列的數個箱子，每一個箱子是一個變數，稱為元素（Elements）或項目（Items），以此例有 5 個元素，存取元素是使用索引值（Index），從 0 開始到串列長度減 1，即 0~4。請注意！不同於第 7-1 節的字串，串列允許更改內容，我們可以新增、刪除、插入和更改串列的元素。

7-2-1　建立與輸出串列

　　串列是使用「[ ]」方括號括起的多個項目，每一個項目（Items）使用「,」逗號分隔。

○ 建立串列和輸出串列項目：ch7-2-1.py

　　Python 可以使用指定敘述指定變數值是串列，串列項目可以是相同資料型態，也可以是不同資料型態，如下所示：

```
lst1 = [1, 2, 3, 4, 5]
lst2 = [1, 'Python', 5.5]
```

　　上述第 1 行建立的串列項目都是整數，第 2 行的串列項目是 3 種不同資料型態。串列也可以使用 list() 物件方式來建立，如下所示：

```
lst3 = list(["tom", "mary", "joe"])
lst4 = list("python")
```

　　上述第 1 行程式碼建立參數字串項目的串列，第 2 行是將參數字串的每一個字元分割建立成串列。我們同樣是使用 print() 函數輸出串列項目，如下所示：

```
print(lst1)
print(lst2, lst3, lst4)
```

　　上述 print() 函數輸出串列變數 lst1~4 的內容，其執行結果如下所示：

```
>>> %Run ch7-2-1.py
  [1, 2, 3, 4, 5]
  [1, 'Python', 5.5] ['tom', 'mary', 'joe'] ['p', 'y', 't', 'h', 'o', 'n']
```

♀ 建立巢狀串列：ch7-2-1a.py

　　因為串列項目可以是另一個串列，在串列中的串列可以建立其他程式語言的多維陣列，即巢狀串列，如下所示：

```
lst1 = [1, ["tom", "mary", "joe"], [3, 4, 5]]
print(lst1)
print("lst1:" + str(lst1))
```

　　上述串列的第 1 個項目是整數，第 2 和第 3 個項目是另一個字串和整數型態的串列，我們一樣是呼叫 str() 函數來轉換輸出串列內容，其執行結果如下所示：

```
>>> %Run ch7-2-1a.py
  [1, ['tom', 'mary', 'joe'], [3, 4, 5]]
  lst1:[1, ['tom', 'mary', 'joe'], [3, 4, 5]]
```

7-2-2　存取與走訪串列項目

　　在建立串列後，可以使用索引值取出和更改串列項目，或使用 for 迴圈走訪串列的項目。

♀ 使用索引運算子取出串列項目：ch7-2-2.py

　　Python 串列和字串一樣可以使用「[]」索引運算子存取指定索引值的項目，索引值是從 0 開始，也可以是負值（即從最後至第 1 個倒數值），如下所示：

```
lst1 = [1, 2, 3, 4, 5, 6]
print(lst1[0])
print(lst1[1])
print(lst1[-1])
print(lst1[-2])
```

上述程式碼依序顯示串列 lst1 的第 1 和第 2 個項目，-1 是最後 1 個，-2 是倒數第 2 個，其執行結果如下所示：

```
>>> %Run ch7-2-2.py
   1
   2
   6
   5
```

如果存取串列項目的索引值超過串列範圍，Python 直譯器會顯示 index out of range 索引超過範圍的 IndexError 錯誤訊息。

📍 使用索引運算子更改串列項目：ch7-2-2a.py

當使用索引運算子取出項目後，可以使用指定敘述更改此項目，例如：更改第 2 個項目成為 10（索引值是 1），如下所示：

```
lst1 = [1, 2, 3, 4, 5, 6]
lst1[1] = 10
lst1[2] = "Python"
print(lst1)
```

不只如此，還可以更改第 3 個項目成為字串資料型態（索引值是 2），其執行結果如下所示：

```
>>> %Run ch7-2-2a.py
  [1, 10, 'Python', 4, 5, 6]
```

📍 走訪串列項目：ch7-2-2b.py

如同字串，Python 一樣可以使用 for 迴圈走訪串列的每一個項目，如下所示：

```
lst1 = [1, 2, 3, 4, 5, 6]
for e in lst1:
    print(e, end=" ")
```

上述 for 迴圈的執行結果顯示空白分隔的串列項目，如下所示：

```
>>> %Run ch7-2-2b.py
  1 2 3 4 5 6
```

走訪顯示串列項目的索引值：ch7-2-2c.py

如果需要顯示串列項目的索引值，請使用 enumerate() 函數，如下所示：

```
animals = ['cat', 'dog', 'bat']
for index, animal in enumerate(animals):
    print(index, animal)
```

上述 index 是索引；animal 是項目值，其執行結果如下所示：

```
>>> %Run ch7-2-2c.py
    0 cat
    1 dog
    2 bat
```

存取巢狀串列：ch7-2-2d.py

因為 Python 巢狀串列有很多層，所以需要使用多個索引值來存取指定項目，例如：2 層巢狀串列的第 1 層有 3 個項目，每一個項目是另一個串列，所以需要使用 2 個索引值來存取，如下所示：

```
lst2 = [[2, 4], ['cat', 'dog', 'bat'], [1, 3, 5]]
print(lst2[1][0])
lst2[2][1] = 7
print(lst2)
```

上述程式碼取得和顯示 lst2[1][0] 第 2 個項目中的第 1 個項目，然後更改 lst2[2][1] 第 3 個項目中的第 2 個項目是 7，其執行結果如下所示：

```
>>> %Run ch7-2-2d.py
cat
[[2, 4], ['cat', 'dog', 'bat'], [1, 7, 5]]
```

使用巢狀迴圈走訪巢狀串列：ch7-2-2e.py

當 Python 巢狀串列有兩層時，我們需要使用 2 層 for 迴圈走訪每一個項目（3 層是使用 3 層 for 迴圈），如下所示：

```
lst2 = [[2, 4], ['cat', 'dog', 'bat'], [1, 3, 5]]
for e1 in lst2:
    for e2 in e1:
        print(e2, end=" ")
```

上述 2 層 for 迴圈的執行結果可以顯示空白分隔的串列項目，如下所示：

```
>>> %Run ch7-2-2e.py
2 4 cat dog bat 1 3 5
```

7-2-3 插入、新增與刪除串列項目

Python 串列是一個容器，可以插入、新增和刪除串列的項目。

◉ 在串列新增項目：ch7-2-3.py

Python 可以呼叫 append() 方法新增參數的單一項目，新增就是新增在串列的最後，如下所示：

```
lst1 = [1, 5]
lst1.append(7)
print(lst1)
lst1.append(9)
print(lst1)
```

上述第 1 個 append() 方法新增參數的項目 7；第 2 個新增項目 9，其執行結果如下所示：

```
>>> %Run ch7-2-3.py

 [1, 5, 7]
 [1, 5, 7, 9]
```

◉ 在串列同時新增多個項目：ch7-2-3a.py

如果需要同時新增多個項目，請使用 extend() 方法，如下所示：

```
lst1 = [1, 5]
lst1.extend([7, 9, 11, 13])
print(lst1)
```

上述 extend() 方法擴充參數的串列，一次就可以新增 4 個項目，其執行結果如下所示：

```
>>> %Run ch7-2-3a.py
 [1, 5, 7, 9, 11, 13]
```

◉ 在串列插入項目：ch7-2-3b.py

Python 串列可以使用 insert() 方法在參數的指定索引值插入 1 個項目，如下所示：

```
lst1 = [1, 5]
lst1.insert(1, 3)
print(lst1)
```

上述 insert() 方法的第 1 個參數是插入的索引值，可以在此位置插入第 2 個參數的項目，即插入第 2 個項目值 3，其執行結果如下所示：

```
>>> %Run ch7-2-3b.py
[1, 3, 5]
```

♀ 刪除串列項目：ch7-2-3c.py

Python 可以使用 del 關鍵字刪除指定索引值的串列項目，如下所示：

```
lst1 = [1, 3, 5, 7, 9, 11, 13]
del lst1[2]
print(lst1)
del lst1[4]
print(lst1)
```

上述程式碼刪除索引值 2 的第 3 個項目 5 後，再刪除索引值 4 的第 5 個項目 11（11 原來是第 6 個，因為刪除了第 3 個，所以成為第 5 個），其執行結果如下所示：

```
>>> %Run ch7-2-3c.py
[1, 3, 7, 9, 11, 13]
[1, 3, 7, 9, 13]
```

♀ 刪除和回傳最後 1 個項目：ch7-2-3d.py

Python 可以使用 pop() 方法刪除和回傳最後 1 個項目，如下所示：

```
lst1 = [1, 3, 5, 7, 9, 11, 13]
e1 = lst1.pop()
print(e1, lst1)
```

上述 pop() 方法刪除最後 1 個項目和回傳值，變數 e1 是最後 1 個項目 13。如果 pop() 方法有索引值的參數，就是刪除和回傳此索引值的項目，如下所示：

```
e2 = lst1.pop(1)
print(e2, lst1)
```

上述 pop() 方法刪除索引值 1 的第 2 個項目和回傳其值，所以變數 e2 是第 2 個項目 3，其執行結果如下所示：

```
>>> %Run ch7-2-3d.py
13 [1, 3, 5, 7, 9, 11]
3 [1, 5, 7, 9, 11]
```

刪除指定項目值的項目：**ch7-2-3e.py**

如果準備刪除指定項目值（不是索引值），我們可以使用 remove() 方法刪除參數的項目值，如下所示：

```
lst1 = [1, 3, 5, 7, 9, 11, 13]
lst1.remove(9)
print(lst1)
lst1.remove(4)
print(lst1)
```

上述程式碼首先刪除項目值 9，然後刪除項目值 4，當成功刪除項目值 9 後，因為沒有值 4，所以顯示錯誤訊息，其執行結果如下所示：

```
>>> %Run ch7-2-3e.py

 [1, 3, 5, 7, 11, 13]
 Traceback (most recent call last):
   File "C:\Python\ch07\ch7-2-3e.py", line 4, in <module>
     lst1.remove(4)
 ValueError: list.remove(x): x not in list
```

7-2-4　串列函數與方法

Python 提供內建串列函數，和串列物件的相關方法來處理串列。

串列函數：**ch7-2-4.py**

Python 串列函數可以取得項目數、排序串列、加總串列項目、取得串列中的最大和最小項目等。常用串列函數說明，如表 7-6 所示。

》 表 7-6　串列函數的說明

串列函數	說明
len()	回傳參數串列的長度，即項目數
max()	回傳參數串列的最大項目
min()	回傳參數串列的最小項目
list()	回傳參數字串、元組和字典等轉換成的串列
enumerate()	回傳 enumerate 物件，其內容是串列索引和項目的元組
sum()	回傳參數串列項目的總和
sorted()	回傳參數串列的排序結果

🔎 串列方法：**ch7-2-4a.py**

Python 串列的 append()、extend()、insert()、pop() 和 remove() 方法已經說明過。其他常用串列方法的說明，如表 7-7 所示。

» 表 7-7 串列方法的說明

串列方法	說明
count(item)	回傳串列中等於參數 item 項目值的個數
index(item)	回傳串列第 1 個找到參數 item 項目值的索引值，項目值不存在，就會產生 ValueError 錯誤
sort()	排序串列的項目
reverse()	反轉串列項目，第 1 個是最後 1 個；最後 1 個是第 1 個

7-3 元組型態

Python 元組（Tuple）是唯讀版的串列，一旦指定元組的項目，就不能再更改元組的項目。

7-3-1 建立與輸出元組

Python 元組是使用「()」括號建立，每一個項目使用「,」逗號分隔。在 Python 使用元組的優點，如下所示：

▷ 因為元組項目不允許更改，走訪元組比起走訪串列更有效率，可以輕微增加程式的執行效能。

▷ 元組因為項目不允許更改，可以作為字典的鍵（Keys）來使用，但串列不可以。

▷ 如果程式需要使用不允許更改的唯讀串列，可以使用元組來實作，而且保證項目不會被更改。

Python 可以使用指定敘述指定變數值是一個元組，元組的項目可以是相同資料型態，也可以是不同資料型態（Python 程式：ch7-3-1.py），如下所示：

```
t1 = (1, 2, 3, 4, 5)
t2 = (1, 'Joe', 5.5)
t3 = tuple(["tom", "mary", "joe"])
t4 = tuple("python")
```

上述第 1 個元組項目都是整數，第 2 個元組項目是不同資料型態，第 3 個是以 tuple() 物件方式使用串列建立元組，最後將字串的每一個字元分割建立成元組。然後使用 print() 函數輸出元組項目，如下所示：

```
print(t1)
print(t2, t3)
print("t4 = " + str(t4))
```

上述 print() 函數輸出元組變數 t1~t3 的內容，也可以呼叫 str() 函數轉換成字串型態來輸出元組項目，其執行結果如下所示：

```
>>> %Run ch7-3-1.py

  (1, 2, 3, 4, 5)
  (1, 'Joe', 5.5) ('tom', 'mary', 'joe')
  t4 = ('p', 'y', 't', 'h', 'o', 'n')
```

7-3-2 取出與走訪元組項目

在建立元組後，可以使用索引值取出元組項目（因為是唯讀，只能取出項目，不允許更改項目），或使用 for 迴圈走訪元組的所有項目。

🔍 使用索引運算子取出元組項目：ch7-3-2.py

Python 元組因為是唯讀串列，可以使用「[]」索引運算子取出指定索引值的項目，索引值是從 0 開始，也可以是負值，如下所示：

```
t1 = (1, 2, 3, 4, 5, 6)
print(t1[0])
print(t1[1])
print(t1[-1])
print(t1[-2])
```

上述程式碼依序顯示元組 t1 的第 1 和第 2 個項目，-1 是最後 1 個，-2 是倒數第 2 個，其執行結果如下所示：

```
>>> %Run ch7-3-2.py

  1
  2
  6
  5
```

走訪元組的每一個項目：ch7-3-2a.py

Python 的 for 迴圈一樣可以走訪元組的每一個項目，如下所示：

```
t1 = (1, 2, 3, 4, 5, 6)
for e in t1:
    print(e, end=" ")
```

上述 for 迴圈一一取出元組每一個項目和顯示出來，其執行結果如下所示：

```
>>> %Run ch7-3-2a.py
    1 2 3 4 5 6
```

7-3-3　元組函數與元組方法

Python 提供內建元組函數，和元組物件的相關方法來處理元組。

元組函數：ch7-3-3.py

Python 元組函數和和串列函數幾乎相同，只有 list() 換成了 tuple()，如表 7-8 所示。

» 表 7-8　元組函數的說明

元組函數	說明
tuple()	回傳參數字串、串列和字典等轉換成的元組

元組方法：ch7-3-3a.py

Python 元組方法可以搜尋項目和計算出現次數。常用元組方法的說明，如表 7-9 所示。

» 表 7-9　元組方法的說明

元組方法	說明
count(item)	回傳元組中等於參數項目值的個數
index(item)	回傳元組第 1 個找到參數項目值的索引值，項目值不存在，就會產生 ValueError 錯誤

7-4 字典型態

Python 字典（Dictionaries）是一種儲存鍵值資料的容器型態，可以使用鍵（Key）取出和更改值（Value），或使用鍵新增和刪除值。

7-4-1 建立與輸出字典

Python 字典是使用大括號「{}」定義成對的鍵和值（Key-value Pairs），每一對使用「,」逗號分隔，鍵和值是使用「:」冒號分隔，如下所示：

```
{
    "key1": "value1",
    "key2": "value2",
    "key3": "value3",
    ...
}
```

上述 key1~3 是鍵，其值必須是唯一，資料型態只能是字串、數值和元組型態。

🔾 建立字典和輸出字典內容：ch7-4-1.py

Python 可以使用指定敘述指定變數值是一個字典，字典的鍵和值可以是相同資料型態，也可以是不同資料型態，如下所示：

```
d1 = {1: 'apple', 2: 'ball'}
d2 = dict([(1, "tom"), (2, "mary"), (3, "john")])
print(d1)
print("d2 = " + str(d2))
```

上述第 1 個字典的鍵是整數；值是字串，第 2 個字典使用 dict() 物件方式，以串列參數來建立字典，每一個項目是 2 個項目的元組（第 1 個是鍵；第 2 個是值），然後使用 print() 函數輸出字典內容，也可以呼叫 str() 函數轉換成字串型態來輸出字典，其執行結果如下所示：

```
>>> %Run ch7-4-1.py

 {1: 'apple', 2: 'ball'}
 d2 = {1: 'tom', 2: 'mary', 3: 'john'}
```

◯ 建立複雜結構的字典：ch7-4-1a.py

Python 字典的值可以是整數、字串外，還可以是串列或其他的字典，如下所示：

```
d1 = {
    "name": "joe",
    1: [2, 4, 6],
    "grade": {
              "english":80,
              "math":78
             }
    }
print(d1)
```

上述字典第 1 個鍵的值是字串，第 2 個是串列，最後 1 個是字典，其執行結果如下所示：

```
>>> %Run ch7-4-1a.py
  {'name': 'joe', 1: [2, 4, 6], 'grade': {'english': 80, 'math': 78}}
```

7-4-2　取出、更改、新增與走訪字典内容

在建立字典後，可以使用鍵（Key）取出、更改和新增字典值，或使用 for 迴圈走訪字典的鍵和值。

◯ 取出字典值：ch7-4-2.py

Python 字典也是使用「[]」索引運算子存取指定鍵的值，如下所示：

```
d1 = {"chicken": 2, "dog": 4, "cat":3}
print(d1["cat"])
print(d1["dog"])
print(d1["chicken"])
```

上述程式碼依序顯示字典 d1 的鍵是 "cat"、"dog" 和 "chicken" 的值 3、4 和 2，其執行結果如下所示：

```
>>> %Run ch7-4-2.py
3
4
2
```

📍 更改字典值：ch7-4-2a.py

更改字典值是使用指定敘述「=」等號，例如：更改鍵 "cat" 的值成為 4，如下所示：

```
d1 = {"chicken": 2, "dog": 4, "cat":3}
d1["cat"] = 4
print(d1)
```

上述程式碼的執行結果，如下所示：

```
>>> %Run ch7-4-2a.py
    {'chicken': 2, 'dog': 4, 'cat': 4}
```

📍 新增字典的鍵值對：ch7-4-2b.py

當指定敘述更改的字典鍵不存在，就是新增字典的鍵值對，如下所示：

```
d1 = {"chicken": 2, "dog": 4, "cat":3}
d1["spider"] = 8
print(d1)
```

上述程式碼因為字典沒有 "spider" 鍵，所以就是新增鍵 "spider"；值 8 的鍵值對，其執行結果如下所示：

```
>>> %Run ch7-4-2b.py
    {'chicken': 2, 'dog': 4, 'cat': 3, 'spider': 8}
```

📍 走訪字典的鍵來取出值：ch7-4-2c.py

Python 可以使用 for 迴圈走訪字典的鍵來取出值，如下所示：

```
d1 = {"chicken": 2, "dog": 4, "cat":3}
for animal in d1:
    legs = d1[animal]
    print(animal, legs, end=" ")
```

上述程式碼建立字典變數 d1 後，使用 for 迴圈走訪字典的所有鍵，可以顯示各種動物有幾隻腳的值，其執行結果如下所示：

```
>>> %Run ch7-4-2c.py
    chicken 2 dog 4 cat 3
```

◉ 同時走訪字典的鍵和值：**ch7-4-2d.py**

如果需要同時走訪字典的鍵和值，請使用 items() 方法，如下所示：

```python
d1 = {"chicken": 2, "dog": 4, "cat":3}
for animal, legs in d1.items():
    print("動物:", animal, "/腳:", legs, "隻")
```

```
>>> %Run ch7-4-2d.py
動物: chicken /腳: 2 隻
動物: dog /腳: 4 隻
動物: cat /腳: 3 隻
```

7-4-3　刪除字典值

Python 字典一樣可以使用 del 關鍵字和相關方法來刪除字典值。

◉ 使用 **del** 關鍵字刪除字典值：**ch7-4-3.py**

Python 可以使用 del 關鍵字刪除指定鍵的值，如下所示：

```python
d1 = {1:1, 2:4, "name":"joe", "age":20, 5:22}
del d1[2]
print(d1)
del d1["age"]
print(d1)
```

上述程式碼依序刪除鍵是 2 和 "age" 的字典值，其執行結果如下所示：

```
>>> %Run ch7-4-3.py
{1: 1, 'name': 'joe', 'age': 20, 5: 22}
{1: 1, 'name': 'joe', 5: 22}
```

◉ 刪除和回傳字典值：**ch7-4-3a.py**

Python 可以使用 pop() 方法刪除參數的鍵，和回傳值，如下所示：

```python
d1 = {1:1, 2:4, "name":"joe", "age":20, 5:22}
e1 = d1.pop(5)
print(e1, d1)
```

上述 pop() 方法刪除鍵是 5 的值，和回傳此值，變數 e1 是值 22，其執行結果如下所示：

```
>>> %Run ch7-4-3a.py
22 {1: 1, 2: 4, 'name': 'joe', 'age': 20}
```

📍 **刪除字典的所有鍵值對：ch7-4-3b.py**

Python 可以使用 clear() 方法刪除字典的所有鍵值對，即清空成一個空字典：{}，如下所示：

```
d1 = {1:1, 2:4, "name":"joe", "age":20, 5:22}
d1.clear()
print(d1)
```

7-4-4　字典函數與字典方法

Python 提供內建字典函數，和字典物件的相關方法來處理字典。

📍 **字典函數：ch7-4-4.py**

Python 字典函數可以取得字典長度的鍵值對數、建立字典和排序字典的鍵等。常用字典函數說明，如表 7-10 所示。

》 **表 7-10　字典函數的說明**

字典函數	說明
len()	回傳參數字典的長度，即鍵值對數
dict()	回傳參數轉換成的字典
sorted()	回傳字典中，鍵排序結果的串列

📍 **字典方法：ch7-4-4a.py**

Python 字典物件的 pop()、popitem() 和 clear() 方法已經說明過，其他常用字典方法的說明，如表 7-11 所示。

》 **表 7-11　字典方法的說明**

字典方法	說明
get(key, default)	回傳字典中參數 key 鍵的值，如果 key 鍵不存在，回傳 None，也可以指定第 2 個參數 default 當沒有 key 鍵時，回傳的預設值
keys()	回傳字典中所有鍵的 dict_keys 物件
values()	回傳字典中所有值的 dict_values 物件

上表 keys() 和 values() 方法可以回傳 dict_keys 和 dict_values 物件，在建立串列後，使用 for 迴圈來顯示鍵或值，如下所示：

```
d1 = {"tom":2, "bob":3, "mike":4}
t1 = d1.keys()
lst1 = list(t1)
for i in lst1:
    print(i, end=" ")
```

 ## 7-5　字串與容器型態的運算子

字串與容器型態提供多種運算子來連接、重複內容、判斷是否有此成員，和關係運算子，也可以使用切割運算子來分割字串和容器型態。

7-5-1　連接運算子

算術運算子的「+」加法可以使用在字串、串列、元組（字典不支援），此時是連接運算子，可以連接 2 個字串、串列和元組（Python 程式：ch7-5-1.py），如下所示：

▷ 連接 2 個字串成：Hello World!，如下所示：

```
str1, str2 = "Hello ", "World!"
str3 = str1 + str2
print(str3)
```

▷ 連接 2 個串列，即合併串列成：[2, 4, 6, 8, 10]，如下所示：

```
lst1, lst2 = [2, 4], [6, 8, 10]
lst3 = lst1 + lst2
print(lst3)
```

▷ 連接 2 個元組，即合併元組成：(2, 4, 6, 8, 10)，如下所示：

```
t1, t2 = (2, 4), (6, 8, 10)
t3 = t1 + t2
print(t3)
```

7-5-2　重複運算子

算術運算子的「*」乘法使用在字串、串列和元組（字典不支援）是重複運算子，可以重複第 2 個運算元次數的內容（Python 程式：ch7-5-2.py），如下所示：

▷ 重複 3 次 str1 字串內容是：HelloHelloHello，如下所示：

```
str1 = "Hello"
```

```
str2 = str1 * 3
print(str2)
```

▷ 重複 3 次 lst1 串列的項目是：[1, 2, 1, 2, 1, 2]，如下所示：

```
lst1 = [1, 2]
lst2 = lst1 * 3
print(lst2)
```

▷ 重複 3 次 t1 元組的項目是：(1, 2, 1, 2, 1, 2)，如下所示：

```
t1 = (1, 2)
t2 = t1 * 3
print(t2)
```

7-5-3   成員運算子

Python 字串、串列、元組和字典都可以使用成員運算子 in 和 not in 來檢查是否屬於，或不屬於成員（Python 程式：ch7-5-3.py），如下所示：

▷ 檢查字串 "come" 是否存在 str 字串中，如下所示：

```
str = "Welcome!"
print("come" in str)         # True
print("come" not in str)     # False
```

▷ 檢查項目 8 是否存在 lst1 串列，項目 2 是否不存在 lst1 串列，如下所示：

```
lst1 = [2, 4, 6, 8]
print(8 in lst1)             # True
print(2 not in lst1)         # False
```

▷ 檢查項目 8 是否存在 t1 元組，項目 2 是否不存在 t1 元組，如下所示：

```
t1 = (2, 4, 6, 8)
print(8 in t1)               # True
print(2 not in t1)           # False
```

▷ 檢查鍵 "tom" 是否存在字典 d1，是否不存在字典 d1，如下所示：

```
d1 = {"tom": 2, "joe": 3}
print("tom" in d1)           # True
print("tom" not in d1)       # False
```

7-5-4　關係運算子

整數和浮點數的關係運算子（==、!=、<、<=、> 和 >=）一樣可以使用在字串、串列和元組來進行比較（Python 程式：ch7-5-4.py），如下所示：

▷ 字串是一個字元和一個字元進行比較，直到分出大小為止，如下所示：

```
print("green" == "glow")    # False
print("green" != "glow")    # True
print("green" > "glow")     # True
print("green" >= "glow")    # True
print("green" < "glow")     # False
print("green" <= "glow")    # False
```

▷ 串列和元組的關係運算子是一個項目和一個項目依序的比較，如果是相同型態，就比較其值，不同型態，就使用型態名稱來比較。

▷ 字典只支援關係運算子「==」和「!=」，可以判斷 2 個字典是否相等，或不相等（字典不支援其他關係運算子），如下所示：

```
d1 = {"tom":30, "bobe":3}
d2 = {"bobe":3, "tom":30}
print(d1 == d2)             # True
print(d1 != d2)             # False
```

7-5-5　切割運算子

Python 的「[]」索引運算子也是一種切割運算子（Slicing Operator），可以從原始字串、串列和元組切割出所需的部分內容，其基本語法如下所示：

```
字串、串列或元組[start:end]
```

上述 [] 語法中使用「:」冒號分隔成 2 個索引位置，可以取回字串、串列和元組從索引位置 start 開始到 end-1 之間的部分內容，如果沒有 start，就是從 0 開始；沒有 end 就是到最後 1 個字元或項目。

例如：本節 str1 字串和 lst1 串列和 t1 元組都是相同內容（Python 程式分別是：ch7-5-5.py、ch7-5-5a 和 ch7-5-5b.py），如下所示：

```
str1 = 'Hello World!'
lst1 = list('Hello World!')
t1 = tuple('Hello World!')
```

上述程式碼建立串列和元組項目都是：['H', 'e', 'l', 'l', 'o', ' ', 'W', 'o', 'r', 'l', 'd', '!']。以字串為例的索引位置值可以是正，也可以是負值，如下圖所示：

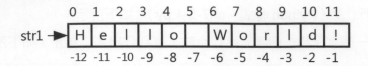

Python 切割運算子的範例，T 代表 str1、lst1 或 t1，如表 7-12 所示。

》 表 7-12　切割運算子的範例

切割內容	索引值範圍	取出的子字串、子串列和子元組
T[1:3]	1~2	"el" ['e', 'l'] ('e', 'l')
T[1:5]	1~4	"ello" ['e', 'l', 'l', 'o'] ('e', 'l', 'l', 'o')
T[:7]	0~6	"Hello W" ['H', 'e', 'l', 'l', 'o', ' ', 'W'] ('H', 'e', 'l', 'l', 'o', ' ', 'W')
T[4:]	4~11	"o World!" ['o', ' ', 'W', 'o', 'r', 'l', 'd', '!'] ('o', ' ', 'W', 'o', 'r', 'l', 'd', '!')
T[1:-1]	1~(-2)	"ello World" ['e', 'l', 'l', 'o', ' ', 'W', 'o', 'r', 'l', 'd'] ('e', 'l', 'l', 'o', ' ', 'W', 'o', 'r', 'l', 'd')
T[6:-2]	6~(-3)	"Worl" ['W', 'o', 'r', 'l'] ('W', 'o', 'r', 'l')

7-6 串列與字典推導

串列推導（List Comprehension）與字典推導（Dictionary Comprehension）是 Python 的一種特殊語法，可以讓我們使用簡潔語法來建立出全新的串列與字典。

📍 串列推導：ch7-6.py

串列推導是在「[]」方括號中，直接使用 for 迴圈來產生串列項目，而且，還可以加上 if 條件子句來篩選出所需的項目，如下所示：

```
list1 = [x for x in range(10)]
```

上述程式碼的第 1 個變數 x 是串列項目，這是使用之後 for 迴圈來產生項目，以此例是 0~9，可以建立串列：[0, 1, 2, 3, 4, 5, 6, 7, 8, 9]。在方括號第 1 個 x 是變數，也可以是運算式，例如：使用 x+1 來產生項目，如下所示：

```
list2 = [x+1 for x in range(10)]
```

上述程式碼可以建立串列：[1, 2, 3, 4, 5, 6, 7, 8, 9, 10]。在 for 迴圈後還可以加上 if 條件子句，例如：只顯示偶數項目，如下所示：

```
list3 = [x for x in range(10) if x % 2 == 0]
```

上述程式碼在 for 迴圈後是 if 條件子句，可以判斷 x % 2 的餘數是否是 0，也就是只顯示值是 0 的項目，即偶數項目，可以建立串列：[0, 2, 4, 6, 8]。同樣的，我們可以使用運算式來產生項目，如下所示：

```
list4 = [x*2 for x in range(10) if x % 2 == 0]
```

上述程式碼可以建立串列：[0, 4, 8, 12, 16]。

📍 字典推導：ch7-6a.py

字典推導是在「{}」大括號中，直接使用 for 迴圈來產生字典項目，一樣可以加上 if 條件子句來篩選出所需的項目，如下所示：

```
d1 = {x:x*x for x in range(10)}
```

上述程式碼的第 1 個 x:x*x 是字典項目，位在「:」之前是鍵；之後是值，這是使用之後 for 迴圈來產生項目，以此例是 0~9，可以建立字典：{0: 0, 1: 1, 2: 4, 3: 9, 4: 16, 5: 25, 6: 36, 7: 49, 8: 64, 9: 81}。

我們還可以在 for 迴圈後加上 if 條件子句，例如：只顯示奇數項目，如下所示：

```
d2 = {x:x*x for x in range(10) if x % 2 == 1}
```

上述程式碼在 for 迴圈後是 if 條件子句，可以判斷 x % 2 的餘數是否是 1，也就是只顯示值是 1 的項目，即奇數項目，可以建立字典：{1: 1, 3: 9, 5: 25, 7: 49, 9: 81}。

1. 請說明什麼是 Python 字串？簡單說明串列和巢狀串列？如何建立字串與串列變數？

2. 請說明什麼是元組？元組和串列的差異為何？什麼是字典？

3. 請問如何在字串、串列和元組使用切割運算子？

4. 請建立 Python 程式輸入 2 個字串，然後連接 2 個字串成為一個字串後，顯示連接後的字串內容。

5. 請在 Python 程式建立 10 個項目的串列，串列項目值是索引值 +1，然後計算項目值的總和與平均。

6. 請在 Python 程式建立一個空串列，在輸入 4 筆學生成績資料：95、85、76、56 一一新增至串列後，計算成績的總分和平均。

7. 請建立 Python 程式使用串列：["tom", "mary", "joe"] 建立成元組，然後建立對應的成績元組，項目是 85, 76 和 58，在顯示學生數、成績總分和平均後，讓使用者輸入學號來查詢學生姓名和成績。

8. 請改用字典建立學習評量 7. 的 Python 程式，姓名是鍵；成績是值。

iPAS巨量資料分析模擬試題

(　) 1. 請問下列關於 Python 串列的説明，哪一個是錯誤的？

(A) 使用 [] 或 list() 建立串列

(B) 串列的內容可以變更

(C) 串列不允許儲存不同類型的項目

(D) 串列的項目數不定。

(　) 2. 當在下列 Python 程式碼建立串列 c 後，請問 c[1][3] 的值是哪一個？

```
a = list(range(4))
b = list(range(5))
c = [a,b]
```

(A) 0　(B) 1　(C) 2　(D) 3。

(　) 3. 現在有一個 Python 串列 test，其值是 [1, 2, 3]，請問下列哪一個 Python 程式碼可以產生串列 [1, 4, 9]？

(A) [n**2 for n in test]

(B) for n in test: n**2

(C) [for n in test: n**2]

(D) test ** 2。

(　) 4. 請問下列 Python 程式碼的執行結果，哪一個是正確的？

```
d1 = {x: x**2 for x in range(5)}
if 9 in d1.values():
    print("A")
elif 16 in d1.values():
    print("B")
else:
    print("C")
```

(A) A　(B) B　(C) C　(D) None。

CHAPTER **8**

檔案、類別與例外處理

🎯 本章內容

8-1 檔案處理

Python 提供檔案處理（File Handling）的內建函數，可以讓我們將資料寫入檔案，和讀取檔案的資料。

8-1-1 開啓與關閉檔案

Python 是使用 open() 函數開啟檔案，因為同一 Python 程式可以開啟多個檔案，所以使用回傳的檔案物件（File Object），或稱為檔案指標（File Pointer）來識別是不同的檔案。

開啓與關閉檔案：ch8-1-1.py

在 Python 程式可以使用 open() 函數開啟檔案；close() 方法關閉檔案，如下所示：

```
fp = open("note.txt", "w")
if fp != None:
    print("檔案開啓成功!")
fp.close()
```

上述 open() 函數的第 1 個參數是檔案名稱或檔案完整路徑，第 2 個參數是檔案開啟的模式字串，支援的開啟模式字串說明，如表 8-1 所示。

» 表 8-1 檔案開啓模式字串說明

模式字串	當開啓檔案已經存在	當開啓檔案不存在
r	開啓唯讀檔案	產生錯誤
w	清除檔案內容後寫入	建立寫入檔案
a	開啓檔案從檔尾開始寫入	建立寫入檔案
r+	開啓讀寫檔案	產生錯誤
w+	清除檔案內容後讀寫內容	建立讀寫檔案
a+	開啓檔案從檔尾開始讀寫	建立讀寫檔案

上表模式字串只需加上「+」符號，就表示增加檔案更新功能，所以「r+」成為可讀寫檔案。當 open() 函數成功開啟檔案會回傳檔案指標，我們可以使用 if 條件檢查檔案是否開啟成功，如下所示：

```
if fp != None:
    print("檔案開啓成功!")
```

　　上述 if 條件檢查檔案指標 fp，如果不是 None，就表示檔案開啟成功，在執行完檔案操作後，請使用檔案指標 fp 的檔案物件執行 close() 方法來關閉檔案，其執行結果如下所示：

```
>>> %Run ch8-1-1.py
檔案開啟成功！
```

○ 開啟檔案的檔案路徑：ch8-1-1a.py

　　Python 開啟檔案的路徑如果使用「\」符號，在 Windows 作業系統需要使用逸出字元「\\」，如下所示：

```
fp = open("temp\\note.txt", "w")
```

　　上述參數 "temp\\note.txt" 就是路徑「temp\note.txt」。另一種方式是使用「/」符號來取代「\」符號（Python 程式：ch8-1-1b.py），如下所示：

```
fp = open("temp/note.txt", "w")
```

8-1-2　寫入資料到檔案

　　當 Python 程式成功開啟檔案後，可以呼叫 write() 方法將參數字串寫入檔案。

○ 寫入換行資料至檔案：ch8-1-2.py

　　請注意！不同於 print() 函數預設加上換行的「\n」新行字元，write() 方法如需換行，請自行在字串後加上新行字元，如下所示：

```
"陳會安\n"
```

　　Python 程式開啟寫入檔案 note.txt 後，寫入 2 行姓名資料，如下所示：

```
fp = open("note.txt", "w")
fp.write("陳會安\n")
fp.write("江小魚\n")
print("已經寫入2個姓名到檔案note.txt!")
fp.close()
```

　　上述程式碼開啟寫入檔案 note.txt 後，呼叫 2 次 write() 方法來寫入資料，在資料後都有加上新行字元來換行，其執行結果如下所示：

```
>>> %Run ch8-1-2.py
已經寫入2個姓名到檔案note.txt!
```

請使用【記事本】開啟「Python\ch08」目錄下的 note.txt，可以看到檔案內容有 2 行姓名，如下圖所示：

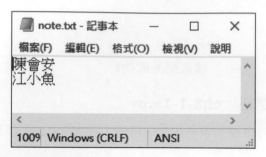

寫入沒有換行的資料至檔案：ch8-1-2a.py

Python 程式準備寫入資料至「temp\note.txt」檔案，此時呼叫的 write() 方法並沒有使用新行字元，如下所示：

```
fp = open("temp/note.txt", "w")
fp.write("陳會安")
fp.write("江小魚")
print("已經寫入2個姓名到檔案note.txt!")
fp.close()
```

在執行 Python 程式後，開啟「temp\note.txt」檔案，可以看到寫入的 2 個字串並沒有換行，如下圖所示：

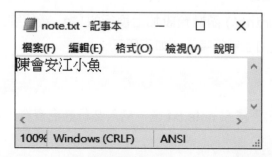

8-1-3 在檔案新增資料

在第 8-1-2 節寫入資料到檔案前會清除檔案內容，如同在全新檔案寫入資料，如果想在檔案現有資料最後新增資料，例如：在 note.txt 檔案最後再新增姓名資料，請使用 "a" 模式字串開啟新增檔案，如下所示：

```
fp = open("note.txt", "a")
```

📍 新增換行資料至檔案：ch8-1-3.py

在 Python 程式開啟新增檔案 note.txt 後，再新增 1 行姓名資料至檔尾，如下所示：

```
fp = open("note.txt", "a")
fp.write("陳允傑\n")
print("已經新增1個姓名到檔案note.txt!")
fp.close()
```

上述程式碼的 open() 函數是使用 "a" 模式字串，所以 write() 方法寫入的字串是在現有檔案的最後，也就是新增資料至檔尾，其執行結果如下所示：

```
>>> %Run ch8-1-3.py
已經新增1個姓名到檔案note.txt!
```

請使用【記事本】開啟「Python\ch08」目錄下的 note.txt，可以看到檔案內容有 3 行姓名，如下圖所示：

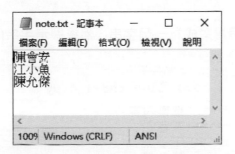

📍 新增沒有換行資料至檔案：ch8-1-3a.py

Python 程式準備新增資料至「temp\note.txt」檔案，此時呼叫的 write() 方法並沒有使用新行字元，如下所示：

```
fp = open("temp/note.txt", "a")
fp.write("陳允傑")
print("已經新增1個姓名到檔案note.txt!")
fp.close()
```

在執行 Python 程式後，開啟「temp\note.txt」檔案，可以看到寫入的字串並沒有換行，如下圖所示：

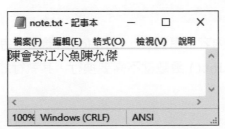

8-1-4　讀取檔案的全部內容

檔案物件提供多種方法來讀取檔案內容，在這一節是讀取檔案的全部內容，下一節只讀取檔案的部分內容。因為是讀取檔案，open() 函數是使用 "r" 模式字串來開啟檔案，如下所示：

```
fp = open("note.txt", "r")
```

📍 使用 read() 方法讀取檔案全部內容：ch8-1-4.py

當檔案物件的 read() 方法沒有參數時，就是讀取檔案的全部內容，如下所示：

```
fp = open("note.txt", "r")
str1 = fp.read()
print("檔案內容:")
print(str1)
fp.close()
```

上述程式碼讀取整個檔案成為一個字串，然後顯示字串內容，其執行結果如下所示：

```
>>> %Run ch8-1-4.py

 檔案內容：
 陳會安
 江小魚
 陳允傑
```

📍 使用 readlines() 方法讀取檔案全部內容：ch8-1-4a.py

Python 程式也可以使用檔案物件的 readlines() 方法，讀取檔案內容成為一個串列，每一行是一個項目，如下所示：

```
fp = open("note.txt", "r")
list1 = fp.readlines()
print("檔案內容:")
print(list1)
for line in list1:
    print(line, end="")
fp.close()
```

上述程式碼讀取檔案內容至串列後，使用 for 迴圈顯示每一行的內容，因為檔案的每一行都有換行，所以 print() 函數就不需要換行，其執行結果如下所示：

```
>>> %Run ch8-1-4a.py
檔案內容：
['陳會安\n', '江小魚\n', '陳允傑\n']
陳會安
江小魚
陳允傑
```

8-1-5　讀取檔案的部分內容

Python 程式可以呼叫 read() 或 readline() 方法讀取檔案的部分內容，read() 方法可以讀取參數的指定字元數；readline() 方法是一次讀取一行。

使用 read() 方法讀取檔案的部分內容：ch8-1-5.py

在檔案物件的 read() 方法可以加上參數值來讀取所需的字元數，如下所示：

```
fp = open("note.txt", "r")
str1 = fp.read(1)
str2 = fp.read(2)
print("檔案內容:")
print(str1)
print(str2)
fp.close()
```

上述程式碼從月前檔案指標讀取 1 個字元和 2 個字元（中文字佔 2 個字元；英文字母是 1 個字元），其執行結果如下所示：

```
>>> %Run ch8-1-5.py
檔案內容：
陳
會安
```

使用 readline() 方法讀取檔案的部分內容：ch8-1-5a.py

Python 程式可以使用 readline() 方法只讀取檔案的 1 行文字內容，如下所示：

```
fp = open("note.txt", "r")
str1 = fp.readline()
str2 = fp.readline()
print("檔案內容:")
print(str1)
print(str2)
fp.close()
```

上述程式碼讀取目前檔案指標至此行最後 1 個字元（含新行字元「\n」）的一行內容，每呼叫 1 次可以讀取 1 行，因為讀取的行有新行字元，print() 函數也會換行，所以執行結果在中間空一行，如下所示：

```
>>> %Run ch8-1-5a.py
檔案內容：
陳會安

江小魚
```

8-1-6　with/as 程式區塊和走訪檔案物件

Python 檔案處理需要在處理完後自行呼叫 close() 方法來關閉檔案，對於這些需要善後的操作，如果擔心忘了執行事後清理工作，我們可以改用 with/as 程式區塊讀取檔案內容。

因為 Python 檔案物件就是檔案內容的容器物件，我們一樣可以使用 for 迴圈走訪檔案物件來讀取資料。

📍 使用 with/as 程式區塊讀取檔案全部內容：ch8-1-6.py

Python 程式改用 with/as 程式區塊讀取檔案全部內容，如下所示：

```python
with open("note.txt", "r") as fp:
    str1 = fp.read()
    print("檔案內容:")
    print(str1)
```

上述程式碼建立讀取檔案內容的程式區塊（別忘了 fp 後的「:」冒號），當執行完程式區塊，就會自動關閉檔案，其執行結果如下所示：

```
>>> %Run ch8-1-6.py
檔案內容：
陳會安
江小魚
陳允傑
```

📍 走訪檔案物件來讀取資料：ch8-1-6a.py

Python 程式開啟 2 次 note.txt 檔案，然後分別使用 for 迴圈走訪檔案物件來讀取每一行的資料，如下所示：

```python
fp = open("note.txt", "r")
print("檔案內容(有換行):")
for line in fp:
```

```
    print(line)
fp.close()
fp = open("note.txt", "r")
print("檔案內容(沒換行):")
for line in fp:
    print(line, end="")
fp.close()
```

上述程式碼的第 1 個 for 迴圈顯示檔案物件的每一行，print() 函數有換行，第 2 個 for 迴圈再次顯示檔案物件的每一行，因為 print() 函數沒有換行，執行結果可以顯示 2 次檔案中的每一行，只差在 print() 函數，第 1 個有換行，第 2 個沒有換行，如下所示：

```
>>> %Run ch8-1-6a.py
檔案內容(有換行):
陳會安

江小魚

陳允傑

檔案內容(沒換行):
陳會安
江小魚
陳允傑
```

請注意！因為檔案指標如同水流一般是單向前進，並不曾回頭，在第 1 次開啟檔案讀到檔尾後，指標並不會回頭，我們需要開啟 2 次檔案，才能再從頭開始來讀取每一行。

8-2 二進位檔案讀寫

在第 8-1 節的檔案處理是文字檔案處理，我們處理的是字串資料，二進位檔案（Binary Files）讀寫不只可以處理字串，還可以存取整數和整個串列。

換句話說，我們可以將整個 Python 容器型態存入二進位檔案後，再原封不動的將資料讀取出來。

8-2-1 將資料寫入二進位檔案

Python 二進位檔案處理需要使用 pickle 模組。在 Python 程式首先需要匯入模組（關於模組和套件的說明，請參閱第 9 章），如下所示：

```
import pickle
```

上述程式碼使用 import 關鍵字匯入名為 pickle 的模組後，就可以使用此模組的函數或方法來執行二進位檔案處理。

開啟和關閉二進位檔案：ch8-2-1.py

Python 一樣是使用 open() 函數開啟二進位檔案，只是開啟模式字串不同，如下所示：

```
fp = open("note.dat", "wb")
if fp != None:
    print("二進位檔案開啟成功!")
fp.close()
```

上述函數開啟檔案 note.dat，第 2 個參數的模式字串多了字元 "b"，表示開啟寫入的二進位檔案 (讀取是 "rb")。關閉二進位檔案一樣是使用 close() 方法，其執行結果如下所示：

```
>>> %Run ch8-2-1.py
二進位檔案開啟成功!
```

將資料寫入二進位檔案：ch8-2-1a.py

Python 程式是呼叫 pickle 模組的 dump() 方法將資料寫入二進位檔案，我們準備開啟 note.dat 二進位檔案後，呼叫 3 次 pickle 模組的 dump() 方法來依序寫入整數、字串和串列，如下所示：

```
import pickle

fp = open("note.dat", "wb")
print("寫入整數: 11")
pickle.dump(11, fp)
print("寫入字串: '陳會安'")
pickle.dump("陳會安", fp)
print("寫入串列: [1, 2, 3, 4]")
pickle.dump([1, 2, 3, 4], fp)
fp.close()
```

上述程式碼依序寫入整數、字串和一個串列。請注意！寫入順序很重要，因為第 8-2-2 節需要使用相同順序再將資料讀取出來，其執行結果如下所示：

```
>>> %Run ch8-2-1a.py
寫入整數: 11
寫入字串: '陳會安'
寫入串列: [1, 2, 3, 4]
```

8-2-2 從二進位檔案讀取資料

Python 程式是使用 pickle 模組的 load() 方法從二進位檔案讀取資料，首先開啟讀取的二進位檔案，如下所示：

```
fp = open("note.dat", "rb")
```

上述程式碼使用 open() 函數開啟檔案，第 2 個參數 "rb" 是開啟讀取的二進位檔案。

從二進位檔案讀取資料：ch8-2-2.py

在 Python 程式開啟 note.dat 二進位檔案後，呼叫 3 次 pickle 模組的 load() 方法依序讀取整數、字串和串列，如下所示：

```python
import pickle

fp = open("note.dat", "rb")
i = pickle.load(fp)
print("讀取整數 = ", str(i))
str1 = pickle.load(fp)
print("讀取姓名 = ", str1)
list1 = pickle.load(fp)
print("讀取串列 = ", str(list1))
fp.close()
```

上述程式碼依序讀取整數、字串和串列，可以看到順序和第 8-2-1 節的寫入順序相同，其執行結果如下所示：

```
>>> %Run ch8-2-2.py
   讀取整數 =  11
   讀取姓名 =  陳會安
   讀取串列 =  [1, 2, 3, 4]
```

使用二進位檔案存取字典資料：ch8-2-2a.py

Python 程式的 pickle 模組一樣可以處理字典資料，我們可以將字典變數存入二進位檔案後，原封不動的再從二進位檔案讀取字典資料，如下所示：

```python
import pickle

data = {
    "name": "Joe Chen",
    "age": 22,
    "score": 95,
```

```
}
with open("dic.dat", "wb") as f:
    pickle.dump(data, f)
with open("dic.dat", "rb") as f:
    new_data = pickle.load(f)
print(new_data)
```

上述程式碼建立字典變數 data 後，使用二個 with/as 程式區塊，第 1 個是呼叫 dump() 方法寫入字典，第 2 個是呼叫 load() 方法讀取字典資料，其執行結果如下所示：

```
>>> %Run ch8-2-2a.py
    {'name': 'Joe Chen', 'age': 22, 'score': 95}
```

8-3　類別與物件

Python 是一種物件導向程式語言，事實上，Python 所有內建資料型態都是物件，包含：模組和函數等也都是物件。

8-3-1　定義類別和建立物件

物件導向程式是使用物件建立程式，每一個物件儲存資料（Data）和提供行為（Behaviors），透過物件之間的通力合作來完成功能。Python 程式：ch8-3-1.py 的執行結果可以顯示學生物件的成績資料，如下所示：

```
>>> %Run ch8-3-1.py
    姓名 = 陳會安
    成績 = 85
    s1.name = 陳會安
    s1.grade = 85
```

🔍 使用 class 定義類別

類別（Class）是物件的模子和藍圖，我們需要先定義類別，才能依據類別的模子來建立物件。例如：定義 Student 類別，如下所示：

```
class Student:
    def __init__(self, name, grade):
        self.name = name
        self.grade = grade
```

```
def displayStudent(self):
    print("姓名 = " + self.name)
    print("成績 = " + str(self.grade))
```

上述程式碼使用 class 關鍵字定義類別，在之後是類別名稱 Student，然後是「:」冒號，在之後是類別定義的程式區塊（Function Block）。

一般來説，類別擁有儲存資料的資料欄位（Data Field）、定義行為的方法（Methods），和一個特殊名稱的方法稱為建構子（Constructors），其名稱是 __init__。

◉ 類別建構子 __init__

類別建構子是每一次使用類別建立新物件時，就會自動呼叫的方法，Python 類別的建構子名稱是 __init__，不允許更名，請注意！在 init 前後是 2 個「_」底線，如下所示：

```
def __init__(self, name, grade):
    self.name = name
    self.grade = grade
```

上述建構子寫法和 Python 函數相同，在建立新物件時，可以使用參數來指定資料欄位 name 和 grade 的初值。

◉ 建構子和方法的 self 變數

在 Python 類別建構子和方法的第 1 個參數是 self 變數，這是一個特殊變數，絕對不可以忘記此參數。不過，self 不是 Python 語言的關鍵字，只是約定俗成的變數名稱，self 變數的值是參考呼叫建構子或方法的物件，以建構子 __init__() 方法來説，參數 self 的值就是參考新建立的物件，如下所示：

```
self.name = name
self.grade = grade
```

上述程式碼 self.name 和 self.grade 就是指定新物件資料欄位 name 和 grade 的值。

◉ 資料欄位：name 和 grade

類別的資料欄位，或稱為成員變數（Member Variables），在 Python 類別定義資料欄位並不需要特別語法，只要是使用 self 開頭存取的變數，就是資料欄位，在 Student 類別的資料欄位有 name 和 grade，如下所示：

```
self.name = name
self.grade = grade
```

上述程式碼是在建構子指定資料欄位的初值，沒有特別語法，name 和 grade 就是類別的資料欄位。

♀ 方法：displayStudent()

類別的方法就是 Python 函數，只是第 1 個參數一定是 self 變數，而且在存取資料欄位時，不要忘了使用 self 變數來存取（因為有 self 才是存取資料欄位），如下所示：

```python
def displayStudent(self):
    print("姓名 = " + self.name)
    print("成績 = " + str(self.grade))
```

♀ 使用類別建立物件

當定義類別後，就可以使用類別建立物件，也稱為實例（Instances），同一類別可以如同工廠生產般的建立多個物件，如下所示：

```python
s1 = Student("陳會安", 85)
```

上述程式碼建立物件 s1，Student() 是呼叫 Student 類別的建構子方法，擁有 2 個參數來建立物件，然後使用「.」運算子呼叫物件方法，如下所示：

```python
s1.displayStudent()
```

同樣語法，我們可以存取物件的資料欄位，如下所示：

```python
print("s1.name = " + s1.name)
print("s1.grade = " + str(s1.grade))
```

8-3-2 類別的繼承

繼承是物件的再利用，當定義好類別後，其他類別可以繼承此類別的資料和方法，新增或取代繼承類別的資料和方法，而不用修改其繼承類別的程式碼。Python 程式：ch8-3-2.py 的執行結果可以顯示 Car 物件的資料，如下所示：

```
>>> %Run ch8-3-2.py
名稱 = Ford
車型 = GT350
車輛廠牌 = Ford
```

○ 父類別 Vehicle

在 Python 實作類別繼承，首先定義父類別 Vehicle，如下所示：

```
class Vehicle:
    def __init__(self, name):
        self.name = name

    def setName(self, name):
        self.name = name

    def getName(self):
        return self.name
```

上述類別擁有建構子，setName() 和 getName() 二個方法來存取資料欄位 name，資料欄位有 name。

○ 子類別 Car

在子類別 Car 定義是繼承父類別 Vehicle，如下所示：

```
class Car(Vehicle):
    def __init__(self, name, model):
        super().__init__(name)
        self.model = model

    def displayCar(self):
        print("名稱 = " + self.getName())
        print("車型 = " + self.model)
```

上述 Car 類別繼承括號中的 Vehicle 父類別，新增 model 資料欄位，在建構子可以使用 super() 呼叫父類別的建構子，如下所示：

```
super().__init__(name)
```

因為繼承 Vehicle 父類別，所以在子類別的 displayCar() 方法可以呼叫父類別的方法，如下所示：

```
def displayCar(self):
    print("名稱 = " + self.getName())
    print("車型 = " + self.model)
```

上述 getName() 方法並不是 Car 類別的方法，而是繼承自父類別 Vehicle 的方法。

8-4 建立例外處理

當 Python 程式執行時偵測出錯誤就會產生例外（Exception），例外處理（Exception Handling）就是建立 try/except 程式區塊，以便 Python 程式碼在執行時產生例外時，能夠撰寫程式碼來進行補救處理。

簡單的說，例外處理是希望程式碼產生錯誤時可以讓我們進行補救，而不是讓直譯器顯示錯誤訊息且中止程式的執行，我們可以在 Python 程式使用例外處理程式敘述來處理這些錯誤。

8-4-1 例外處理程式敘述

Python 例外處理程式敘述主要分為 try 和 except 二個程式區塊，其基本語法，如下所示：

```
try:
    # 產生例外的程式碼
except <Exception Type>:
    # 例外處理
```

上述語法的程式區塊說明，如下所示：

▷ try 程式區塊：在 try 程式區塊的程式碼是用來檢查是否產生例外，當例外產生時，就丟出指定例外類型（Exception Type）的物件。

▷ except 程式區塊：當 try 程式區塊的程式碼丟出例外，我們需要準備一到多個 except 程式區塊來處理不同類型的例外。

⚲ 建立檔案不存在的例外處理：ch8-4-1.py

如果 Python 程式開啟的檔案不存在，就會產生 FileNotFoundError 例外，我們可以使用 try/except 處理檔案不存在的例外，如下所示：

```
try:
    fp = open("myfile.txt", "r")
    print(fp.read())
    fp.close()
except FileNotFoundError:
    print("錯誤: myfile.txt檔案不存在!")
```

　　上述 try 程式區塊開啟和關閉檔案，如果檔案不存在，open() 函數就會丟出 FileNotFoundError 例外，我們是在 except 程式區塊進行例外處理（即錯誤處理），可以顯示錯誤訊息文字，其執行結果如下所示：

>>> %Run ch8-4-1.py

錯誤: **myfile.txt**檔案不存在！

　　Python 程式：ch8-4-1a.py 沒有例外處理程式敘述，所以直譯器在執行時，就會顯示錯誤訊息，如下所示：

```
>>> %Run ch8-4-1a.py
 Traceback (most recent call last):
   File "D:\Python\ch08\ch0 4-1a.py", line 1, in <module>
     fp = open("myfile.txt", "r")
 FileNotFoundError: [Errno 2] No such file or directory: 'myfile.txt'

>>>
```

📍 串列索引值不存在的例外處理：**ch8-4-1b.py**

　　如果 Python 程式存取的串列索引值不存在，就會產生 IndexError 例外，我們可以使用 try/except 處理串列索引值不存在的例外，如下所示：

```
lst1 = [1, 2, 3, 4, 5]
try:
    print(lst1[6])
except IndexError:
    print("錯誤: 串列的索引值錯誤!")
```

　　上述 try 程式區塊顯示串列元素，因為索引值 6 不存在，所以丟出 IndexError 例外，我們是在 except 程式區塊進行例外處理（即錯誤處理），可以顯示錯誤訊息文字，其執行結果如下所示：

>>> %Run ch8-4-1b.py

錯誤: 串列的索引值錯誤！

8-4-2　同時處理多種例外

　　Python 程式的 try/except 程式敘述，可以使用多個 except 程式區塊來同時處理多種不同的例外。在本節的 Python 程式是使用 eval() 函數來進行測試，所以在建立前，需要先了解 eval() 函數的使用。

📍 使用 eval() 內建函數：ch8-4-2.py

Python 的 eval() 內建函數可以在執行期執行參數的 Python 程式片段，如下所示：

```
m = 10
eval("print('Python')")
eval("print(33 + 22)")
eval("print(55 / 9)")
eval("print('m' * 6)")
eval("print(m+10)")
```

上述程式碼呼叫 eval() 函數執行參數字串的 print() 函數，依序顯示字串和數學運算的結果，其執行結果如下所示：

```
>>> %Run ch8-4-2.py

Python
55
6.111111111111111
mmmmmm
20
```

📍 同時處理多種例外的 try/except 程式敘述：ch8-4-2a.py

Python 例外處理程式敘述有 1 個 try 程式區塊和 3 個 except 程式區塊，在 try 程式區塊是使用 eval() 函數配合同時指定敘述來輸入 2 個使用「,」號分隔的整數，即指定變數 n1 和 n2 的值，如下所示：

```
try:
    n1, n2 = eval(input("輸入2個整數(n1,n2) => "))
    r = n1 / n2
    print("變數r的值 = " + str(r))
```

上述 input() 函數可以輸入 Python 程式碼字串，如果輸入 "10,5"，在執行後，可以分別指定 n1 和 n2 變數的值，相當於執行下列 Python 程式碼，如下所示：

```
n1, n2 = 10,5
```

如果輸入的格式不對，因為執行結果無法成功指定變數值，就會產生錯誤和丟出例外，我們共使用 3 個 except 程式區塊來處理不同的例外，如下所示：

```
except ZeroDivisionError:
    print("錯誤: 除以0的錯誤!")
except SyntaxError:
    print("錯誤: 輸入數字需以逗號分隔!")
except:
    print("錯誤: 輸入錯誤!")
```

上述 3 個 except 程式區塊的第 1 個是處理 ZeroDivisionException，第 2 個是 SyntaxError，第 3 個沒有指明，換句話說，如果不是前 2 種，就是執行此程式區塊的例外處理。

Python 程式的執行結果首先輸入 5,0，因為 n2 變數值是 0，就會產生除以 0 的例外，如下所示：

```
>>> %Run ch8-4-2a.py

輸入2個整數 (n1,n2) => 5,0
錯誤：除以0的錯誤！
```

如果是輸入以空白分隔的 2 個數字 5 0，因為語法錯誤，少了「,」逗號，所以產生錯誤，如下所示：

```
>>> %Run ch8-4-2a.py

輸入2個整數 (n1,n2) => 5 0
錯誤：輸入數字需以逗號分隔！
```

如果只輸入 1 個數字 15，因為輸入的資料錯誤，所以也會產生錯誤，如下所示：

```
>>> %Run ch8-4-2a.py

輸入2個整數 (n1,n2) -> 15
錯誤：輸入錯誤！
```

8-4-3　else 和 finally 程式區塊

Python 的 try/except 例外處理程式敘述還可以加上 else 和 finally 兩個選項的程式區塊，其語法如下所示：

```
try:
    # 產生例外的程式碼
except <Exception Type>:
    # 例外處理
else:
    # 如果沒有例外，就會執行
finally:
    # 不論是否有產生例外，都會執行
```

上述語法新增的 2 個程式區塊說明，如下所示：

▷ else 程式區塊：這是選項的程式區塊，可有可無，如果 try 程式區塊沒有產生例外，就會執行此程式區塊。

▷ finally 程式區塊：這是選項的程式區塊，可有可無，不論例外是否產生，都會執行此程式區塊的程式碼。

使用 else 程式區塊：ch8-4-3.py

Python 程式是修改 ch8-4-1b.py，保留 except 程式區塊和新增 else 程式區塊，當輸入不同的索引值後，可以顯示不同的錯誤訊息文字，如下所示：

```python
lst1 = [1, 2, 3, 4, 5]
try:
    idx = int(input("輸入索引值 => "))
    print(lst1[idx])
except IndexError:
    print("錯誤: 串列的索引值錯誤!")
else:
    print("Else: 輸入的索引沒有錯誤!")
```

上述執行結果如果輸入 6，就會顯示和 8-4-1 節相同的訊息文字，如下所示：

```
>>> %Run ch8-4-3.py
輸入索引值 => 6
錯誤: 串列的索引值錯誤!
```

如果輸入 4，因為沒有錯誤，顯示串列元素值和 else 程式區塊的訊息文字，如下所示：

```
>>> %Run ch8-4-3.py
輸入索引值 => 4
5
Else: 輸入的索引沒有錯誤!
```

使用 else 和 finally 程式區塊：ch8-4-3a.py

Python 程式是修改 ch8-4-3.py，再新增 finally 程式區塊，當輸入不同的索引值後，可以顯示不同的訊息文字，如下所示：

```python
lst1 = [1, 2, 3, 4, 5]
try:
    idx = int(input("輸入索引值 => "))
    print(lst1[idx])
except IndexError:
    print("錯誤: 串列的索引值錯誤!")
else:
    print("Else: 輸入的索引沒有錯誤!")
finally:
    print("Finally: 你有輸入資料!")
```

上述執行結果不論輸入存在或不存在的索引值，都會顯示 finally 程式區塊的訊息文字，如下所示：

```
>>> %Run ch8-4-3a.py
輸入索引值 => 4
5
Else: 輸入的索引沒有錯誤！
Finally: 你有輸入資料！
```

學習評量

1. 請問 Python 檔案處理是呼叫 ＿＿＿＿ 函數來開啟檔案？請說明 2 種方法讀取檔案全部內容？Python 二進位檔案處理是使用 ＿＿＿＿ 模組。

2. 請問 Python 如何建立類別和物件？類別建構子和方法的第 1 個參數 self 變數是作什麼用？

3. 請問 Python 例外處理程式敘述至少有哪 2 個程式區塊？else 和 finally 程式區塊的用途為何？

4. 請建立 Python 程式輸入欲處理的檔案路徑後，可以顯示檔案的全部內容。

5. 請建立 Python 程式輸入檔案路徑後，讀取檔案內容來計算出共有幾行，程式在讀完後可以顯示檔案的總行數。

6. 請建立 Python 程式輸入程式檔的路徑後，讀取程式碼檔案內容，並 ,1 在每一行程式碼前加上行號（例如：01: import pickle），可以輸出成名為 output.txt 的文字檔案。

7. 請使用 Python 程式定義 Box 盒子類別，可以計算盒子體積與面積，資料欄位有 width、height 和 length 儲存寬、高和長，volume() 方法計算體積和 area() 方法計算面積。

8. 請建立 Bicycle 單車類別，內含色彩、車重、輪距、車型和車價等資料欄位，然後繼承此類別建立 RacingBike（競速單車），新增幾段變速的資料欄位和顯示單車資訊的方法。

iPAS巨量資料分析模擬試題 ✏

(　) 1. Python 程式是使用 open("note.txt", mode) 函數開啟 note.txt 檔案，請問下列關於 mode 參數值的說明，哪一個是不正確的？
(A) "r" 是當 note.txt 不存在，就會建立檔案
(B) "w+" 是當 note.txt 不存在，就會建立檔案
(C) "w+" 是讀寫檔案模式
(D) "a+" 是讀寫檔案模式，寫入是新增至最後。

(　) 2. Python 程式使用 open() 函數開啟檔案時，如果只是讀取檔案，請問第 2 個參數的模式字串是使用哪一個值？
(A) "a"　(B) "r"　(C) "w"　(D) "wb"。

(　) 3. 請問在 Python 物件導向觀念中，父類別與子類別之間的關係比較接近下列哪 2 種東西？
(A) 西瓜和蘋果　(B) 筆記本和 Word　(C) 哺乳類和人類　(D) 鍵盤和滑鼠。

(　) 4. 在宣告 Python 類別 cc 和建立物件 c 後，請問下列程式碼輸出的 c.a 值是哪一個值？

```python
class cc:
    def __init__(self):
        self.a = 0
    def add(self):
        self.a += 2
c = cc()
c.add()
print(c.a)
```

(A) 0　(B) 2　(C) 4　(D) 8。

(　) 5. 請問下列 Python 程式碼的輸出結果為何？

```python
try:
    x, y = 10, 0
    z = x / y
except ZeroDivisionError:
    print("除以0的錯誤", end=";")
else:
    print("沒有產生例外", end=";")
finally:
    print("結束")
```

(A) 無法執行　　　　　　　　(B) 除以 0 的錯誤
(C) 除以 0 的錯誤；結束　　(D) 除以 0 的錯誤；沒有產生例外；結束。

CHAPTER

9

Python模組與套件

🎯 本章內容

9-1 Python 模組與套件

Python 模組（Modules）就是副檔名 .py 的 Python 程式檔案，套件是一個內含多個模組集合的目錄，而且在根目錄有一個名為 __init__.py 的 Python 檔案（在名稱前後是 2 個「_」底線）。

當撰寫的程式碼愈來愈多時，就可以將相關 Python 程式檔案的模組群組成套件，以方便其他 Python 程式重複使用這些 Python 程式碼。

9-1-1　建立與匯入自訂模組

Python 模組是一個擁有 Python 程式碼的檔案（副檔名 .py），事實上，所有 Python 程式檔案都可以作為模組，讓其他 Python 程式檔案匯入和使用模組中的變數、函數或類別等。

◉ 建立自訂模組：**mybmi.py**

請建立名為 mybmi.py 的 Python 程式檔案，如下所示：

```
name = None

def bmi(h, w):
    r = w/h/h
    return r
```

上述 Python 程式檔案擁有 1 個變數和 1 個 bmi() 函數計算 BMI 值。

◉ 匯入和使用自訂模組：**ch9-1-1.py**

當建立自訂模組 mybmi.py 後，其他 Python 程式檔案如果需要使用 bmi() 函數，可以直接匯入此模組來使用，其基本語法如下所示：

```
import 模組名稱1[, 模組名稱2…]
```

上述語法使用 import 關鍵字匯入之後的模組名稱，如果不只一個，請使用「,」分隔，模組名稱是 Python 程式檔案名稱（不需副檔名 .py），例如：匯入自訂模組 mybmi. py，如下所示：

```
import mybmi
```

上述程式碼匯入 mybmi 模組，即 **mybmi.py** 程式檔案 (位在相同目錄)。我們可以存取模組變數和呼叫模組函數，其語法如下所示：

```
模組名稱.變數或函數
```

上述語法使用「.」運算子存取模組的變數和呼叫函數，在「.」運算子之前是模組名稱；之後是模組的變數或函數名稱，例如：Python 程式準備使用自訂模組 **mybmi** 來指定姓名 name 變數值，和呼叫 bmi() 函數計算 BMI 值，如下所示：

```
mybmi.name = "陳會安"
print("姓名=", mybmi.name)
r = mybmi.bmi(1.75, 75)
print("BMI值=", r)
```

上述程式碼存取 mybmi 模組的 name 變數和呼叫 bmi() 函數，其執行結果如下所示：

```
>>> %Run ch9-1-1.py

姓名= 陳會安
BMI值= 24.489795918367346

>>>
```

9-1-2　使用模組擴充 Python 程式功能

Python 之所以功能強大，就是因為能夠直接使用眾多標準和網路上現成模組 / 套件來擴充 Python 功能，如同第 9-1-1 節的自訂模組，我們可以匯入 Python 模組來使用模組提供的函數，而不用自己撰寫相關程式碼。在這一節我們準備在 Python 程式匯入 random 內建模組，然後使用此模組的功能來產生整數亂數值。

♀ 匯入和使用 random 模組：ch9-1-2.py

Python 程式一樣是使用 import 關鍵字來匯入內建模組或第三方開發的套件，例如：匯入名為 random 的內建模組，然後呼叫此模組的 randint() 方法來產生 1~100 之間的整數亂數值，如下所示：

```
import random

value = random.randint(1, 100)
print(value)
```

上述程式碼匯入名為 random 的模組後，呼叫 randint() 方法產生第 1 個參數和第 2 個參數範圍之間的整數亂數值，其執行結果如下所示：

```
>>> %Run ch9-1-2.py
73
```

模組的別名：ch9-1-2a.py

在 Python 程式檔匯入模組，除了使用模組名稱來呼叫函數，如果模組名稱太長，我們可以使用 as 關鍵字替模組取一個別名，然後改用別名來呼叫函數，如下所示：

```
import random as R

value = R.randint(1, 100)
print(value)
```

上述程式碼匯入 random 模組時，使用 as 關鍵字取了別名 R，所以，我們可以改用別名 R 來呼叫 randint() 函數。

匯入模組的部分名稱：ch9-1-2b.py

當使用 import 關鍵字匯入模組時，預設是匯入模組的全部內容，在實務上，如果模組十分龐大，但只使用到模組的 1 或 2 個函數，此時請改用 form/import 程式敘述只匯入模組的部分名稱，其語法如下所示：

```
from 模組名稱 import 名稱1[,名稱2..]
```

上述語法匯入 from 子句的模組名稱，但只匯入 import 子句的變數或函數名稱，如果需匯入的名稱不只 1 個，請使用「,」逗號分隔。例如：匯入第 9-1-1 節 mybmi 模組的 bmi() 函數，如下所示：

```
from mybmi import bmi

r = bmi(1.75, 75)
print("BMI值=", r)
```

上述程式碼只匯入 mybmi 模組的 bmi() 函數。請注意！form/import 程式敘述匯入的變數或函數是匯入到目前的程式檔案，成為目前檔案的變數和函數範圍，所以在存取和呼叫時，就不需要使用模組名稱來指定所屬的模組，直接使用 bmi() 即可，其執行結果如下所示：

```
>>> %Run ch9-1-2b.py
BMI值= 24.489795918367346
```

將模組所有名稱匯入成為目前範圍：ch9-1-2c.py

我們在 Python 程式使用 from/import 程式敘述匯入的名稱，如同是在此程式檔案建立的識別字，如果想將模組所有名稱都匯入成為目前範圍，以便使用時不用指明模組名稱，請使用「*」萬用字元代替匯入的名稱清單，如下所示：

```
from mybmi import *

name = "陳會安"
print("姓名 = " + name)
r = bmi(1.75, 75)
print("BMI值 = " + str(r))
```

上述程式碼匯入 mybmi 模組的所有名稱，即變數 name 和 bmi() 函數，所以，在存取變數和呼叫函數時，都不需要指明 mybmi 模組。

顯示模組的所有名稱：ch9-1-2d.py

對於 Python 程式匯入的模組，我們可以呼叫 dir() 函數顯示此模組的所有名稱，如下所示：

```
import random

print(dir(random))
```

上述程式碼匯入 random 模組後，呼叫 dir() 函數，參數是模組名稱，可以顯示此模組的所有名稱，如下圖所示：

```
>>> %Run ch9-1-2d.py
['BPF', 'LOG4', 'NV_MAGICCONST', 'RECIP_BPF', 'Random', 'SG_MAGICCONST', 'SystemRandom', 'TWOPI', '_Sequence', '
_Set', '__all__', '__builtins__', '__cached__', '__doc__', '__file__', '__loader__', '__name__', '__package__',
'__spec__', '_accumulate', '_acos', '_bisect', '_ceil', '_cos', '_e', '_exp', '_floor', '_inst', '_log', '_os',
'_pi', '_random', '_repeat', '_sha512', '_sin', '_sqrt', '_test', '_test_generator', '_urandom', '_warn', 'betav
ariate', 'choice', 'choices', 'expovariate', 'gammavariate', 'gauss', 'getrandbits', 'getstate', 'lognormvariate
', 'normalvariate', 'paretovariate', 'randbytes', 'randint', 'random', 'randrange', 'sample', 'seed', 'setstate'
, 'shuffle', 'triangular', 'uniform', 'vonmisesvariate', 'weibullvariate']
```

9-2　os 模組：檔案操作與路徑處理

Python 的 os 模組是內建模組，提供作業系統目錄處理的相關功能，os.path 模組是處理路徑字串，和取得檔案的完整路徑字串。

9-2-1　os 模組

Python 的 os 模組提供目錄處理的相關方法，可以刪除檔案、建立目錄和更名 / 刪

除目錄 / 檔案。在 Python 程式使用 os 模組需要先匯入此模組，如下所示：

```
import os
```

取得目前工作目錄和顯示檔案 / 目錄清單：ch9-2-1.py

Python 程 式 可 以 呼 叫 os 模 組 的 getcwd() 方 法 回 傳 目 前 工 作 目 錄，listdir(path) 方法回傳參數 path 路徑下的檔案和目錄清單（儲存在串列），如下所示：

```
import os

path = os.getcwd() + "\\temp"
os.chdir(path)
print(path)
print(os.listdir(path))
```

上述程式碼取得目前工作目錄後，建立「temp」子目錄的完整路徑，然後顯示此目錄下的檔案和目錄清單（共有 1 個檔案和 1 個目錄），其執行結果如下所示：

```
>>> %Run ch9-2-1.py

D:\Python\ch09\temp
['ball0.jpg', 'test']
```

建立與切換目錄：ch9-2-1a.py

在 os 模 組 可 以 使 用 chdir(path) 方 法 切 換 至 參 數 路 徑 的 目 錄，和 呼 叫 mkdir(path) 方法建立參數路徑的目錄，如下所示：

```
path = os.getcwd() + "\\temp"
print("目前工作路徑: ", os.getcwd())
print(path)
os.chdir(path)
print("chdir(): ", os.getcwd())
os.mkdir('newDir')
print("mkdir(): ", os.listdir(path))
```

上述程式碼呼叫 chdir() 方法切換至「C:\Python\ch09\temp」目錄後，建立名為 newDir 的新目錄，其執行結果如下所示：

```
>>> %Run ch9-2-1a.py

目前工作路徑:  D:\Python\ch09
D:\Python\ch09\temp
chdir():  D:\Python\ch09\temp
mkdir():  ['ball0.jpg', 'newDir', 'test']
```

◉ 目錄和檔案更名：ch9-2-1b.py

在 os 模組的 rename(old, new) 方法可以更名參數 old 的檔案或目錄成為新名稱 new 的檔案或目錄名稱，如下所示：

```
path = os.getcwd() + "\\temp"
os.chdir(path)
os.rename('newDir','newDir2')
print("rename(): ", os.listdir(path))
```

上述程式碼呼叫 rename() 方法將目錄 newDir 更名成 newDir2 目錄，其執行結果如下所示：

```
>>> %Run ch9-2-1b.py
  rename():  ['ball0.jpg', 'newDir2', 'test']
```

◉ 刪除目錄和檔案：ch9-2-1c.py

在 os 模 組 可 以 使 用 rmdir(path) 方 法 刪 除 參 數 路 徑 的 目 錄，和 呼 叫 remove(path) 方法刪除參數路徑的檔案，請注意！remove() 方法如果刪除目錄會產生 OSError 錯誤，如下所示：

```
path = os.getcwd() + "\\temp"
os.chdir(path)
os.rmdir('newDir2')
fp = open("aa.txt", "w")
fp.close()
print("rmdir(): ", os.listdir(path))
os.remove("aa.txt")
print("remove(): ", os.listdir(path))
```

上述程式碼先呼叫 rmdir() 方法刪除 newDir2 目錄後，建立名為 aa.text 的新檔案後，再呼叫 remove() 方法刪除此檔案，其執行結果如下所示：

```
>>> %Run ch9-2-1c.py
  rmdir():  ['aa.txt', 'ball0.jpg', 'test']
  remove():  ['ball0.jpg', 'test']
```

9-2-2　os.path 模組處理路徑字串

os.path 模組提供方法取得指定檔案的完整路徑，和路徑字串處理的相關方法，可以取得路徑字串中的檔名和路徑，或合併建立存取檔案的完整路徑字串。

在 Python 程式使用 os.path 模組需要先匯入此模組（取別名 path），如下所示：

```
import os.path as path
```

📍 取得檔案完整路徑、檔名和副檔名：**ch9-2-2.py**

在 os.path 模組可以使用 realpath(fname) 方法回傳參數檔名的完整路徑字串，如果需要取得檔名，請使用 split(fname) 方法將參數分割成路徑和檔案字串的元組，如果需要取得副檔名，請使用 splittext(fname) 方法將參數分割成路徑（僅含檔名）和副檔名字串的元組，如下所示：

```
import os.path as path

fname = path.realpath("ch9-2-2.py")
print(fname)
r = path.split(fname)
print("os.path.split() =", r)
r = path.splitext(fname)
print("os.path.splitext() =", r)
```

上述程式碼的執行結果可以依序顯示檔案的完整路徑，取得的檔名和副檔名元組，如下所示：

```
>>> %Run ch9-2-2.py
D:\Python\ch09\ch9-2-2.py
os.path.split() = ('D:\\Python\\ch09', 'ch9-2-2.py')
os.path.splitext() = ('D:\\Python\\ch09\\ch9-2-2', '.py')
```

📍 分割檔案路徑成為路徑和檔名：**ch9-2-2a.py**

在 os.path 模組可以使用 dirname(fname) 方法回傳參數 fname 的路徑字串；basename(fname) 方法回傳參數 fname 的檔名字串，如下所示：

```
fname = path.realpath("ch9-2-2.py")
print(fname)
p = path.dirname(fname)
print("p = os.path.dirname() =", p)
f = path.basename(fname)
print("f = os.path.basename() =", f)
```

上述程式碼的執行結果依序顯示檔案完整路徑，檔案路徑部分，和檔案名稱部分（含副檔名），如下所示：

```
>>> %Run ch9-2-2a.py

D:\Python\ch09\ch9-2-2.py
p = os.path.dirname() = D:\Python\ch09
f = os.path.basename() = ch9-2-2.py
```

合併路徑和檔名：ch9-2-2b.py

如果已經取得路徑和檔名，我們可以使用 os.path 模組的 join(path, fname) 方法合併路徑和檔名，其回傳值是合併參數 path 路徑和 fname 檔名的完整檔案路徑字串，如下所示：

```
p = "C:\Python\ch09"
f = "ch9-2-2.py"
print(p, f)
r = path.join(p, f)
print("os.path.join(p,f) =", r)
```

上述程式碼和執行結果可以看到完整的檔案路徑字串，如下所示：

```
>>> %Run ch9-2-2b.py

C:\Python\ch09 ch9-2-2.py
os.path.join(p,f) = C:\Python\ch09\ch9-2-2.py
```

9-2-3　os.path 模組檢查檔案是否存在

os.path 模組提供檢查檔案是否存在，路徑字串是檔案或目錄的方法。相關方法的說明，如表 9-1 所示。

》 表 9-1　os.path 模組方法的說明

方法	說明
exists(fname)	檢查參數 fname 的檔案是否存在，如果存在，回傳 True；否則為 False
isdir(fname)	檢查參數 fname 是否是目錄，如果是，回傳 True；否則為 False
isfile(fname)	檢查參數 fname 是否是檔案，如果是，回傳 True；否則為 False

Python 程式：ch9-2-3.py 匯入 os 和 os.path 模組後，檢查「temp」子目錄下的檔案和目錄是否存在、是檔案或是目錄，如下所示：

```
import os
import os.path as path


fpath = os.getcwd() + "\\temp"
```

```
if path.exists(fpath+"\\ball0.jpg"):
    print("存在!")
if path.isdir(fpath+"\\test"):
    print("是目錄!")
if path.isfile(fpath+"\\ball0.jpg"):
    print("是檔案!")
```

上述程式碼首先檢查 ball0.jpg 圖檔是否存在；test 是否是目錄，和 ball0.jpg 是否是檔案。

9-3　math 模組：數學函數

Python 除了內建數學函數外，還可以使用 math 內建模組的數學、三角和對數函數。在 Python 程式需要匯入此模組，如下所示：

```
import math
```

在匯入 math 模組後，就可以取得常數值和呼叫相關的數學方法。

◉ math 模組的數學常數：ch9-3.py

math 模組提供 2 個常用的數學常數，其說明如表 9-2 所示。

》 表 9-2　math 模組常數的說明

常數	說明
e	自然數 e=2.718281828459045
pi	圓周率 π=3.141592653589793

◉ math 模組的數學方法：ch9-3a.py

在 math 模組提供三角函數（Trigonometric）、指數（Exponential）和對數（Logarithmic）方法。相關方法說明如表 9-3 所示。

》 表 9-3　math 模組方法的說明

方法	說明
fabs(x)	回傳參數 x 的絕對值
acos(x)	反餘弦函數
asin(x)	反正弦函數

方法	說明
atan(x)	反正切函數
atan2(y, x)	參數 y/x 的反正切函數值
ceil(x)	回傳 x 值大於或等於參數 x 的最小整數
cos(x)	餘弦函數
exp(x)	自然數的指數 e^x
floor(x)	回傳 x 值大於或等於參數 x 的最大整數
log(x)	自然對數
pow(x, y)	回傳第 1 個參數 x 為底，第 2 個參數 y 的次方值
sin(x)	正弦函數
sqrt(x)	回傳參數的平方根
tan(x)	正切函數
degrees(x)	將參數 x 的徑度轉換成角度
radians(x)	將參數 x 的角度轉換成徑度

請注意！上表二角函數的參數單位是徑度，並不是角度，如果是角度，請使用 `radians()` 方法先轉換成徑度。

 # 9-4　turtle 模組：海龜繪圖

海龜繪圖（Turtle Graphics）是一種入門的電腦繪圖方法，你可以想像在沙灘上有一隻海龜在爬行，使用其爬行留下的足跡來繪圖，這就是海龜繪圖。

9-4-1　認識 Python 海龜繪圖

海龜繪圖是使用電腦程式來模擬這隻在沙灘上爬行的海龜，海龜使用相對位置的前進和旋轉指令來移動位置和更改方向，我們只需重複執行這些操作，就可以透過海龜行走經過的足跡來繪出幾何圖形。

基本上，海龜繪圖的這隻海龜擁有三種屬性：目前位置、方向和畫筆（即足跡），畫筆可以指定色彩和寬度，下筆繪圖或提筆不繪圖。Python 海龜圖示在沙灘行走的座標系統說明，如下所示：

▷ 海龜本身是使用圖示來標示。

▷ 初始座標是視窗中心點 (0, 0)，方向是面向東方 0 度。

▷ 線條的色彩預設是黑色；線寬是 1 像素且下筆繪圖。

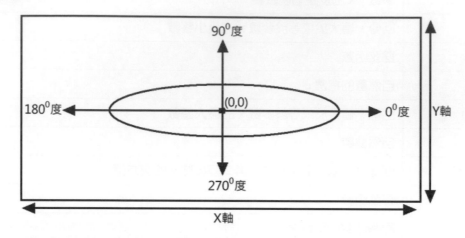

Python 的 turtle 模組

Python 的 turtle 模組是內建模組，並不需要額外安裝，我們只需匯入 turtle 模組，就可以使用海龜繪圖，如下所示：

```
import turtle
```

9-4-2　Python 海龜繪圖的基本使用

Python 程式在匯入 turtle 模組後，就可以使用 turtle 模組的 4 種基本行走和轉向方法來繪圖，如表 9-4 所示。

》 表 9-4　turtle 模組方法的說明

方法	說明
turtle.forward(x)	從目前方向向前走 x 步
turtle.back(x)	從目前方向後退走 x 步
turtle.left(x)	從目前方向反時鐘向左轉 x 度
turtle.right(x)	從目前方向順時鐘向右轉 x 度

控制海龜的行走和轉向：ch9-4-2.py

Python 程式可以使用 4 個基本方法來控制海龜的行走和轉向。首先匯入 turtle 模組和取得螢幕 screen 物件的 Windows 視窗後，呼叫 setup() 方法指定螢幕尺寸是 (500, 400)，如下所示：

```
import turtle

screen = turtle.Screen()
screen.setup(500, 400)

turtle.forward(100)
turtle.left(90)
turtle.forward(100)

screen.exitonclick()
```

上述程式碼呼叫 forward() 方法向前走 100 步後，使用 left() 方法向左轉 90 度後，再前行 100 步，最後使用 screen.exitonclick() 方法避免關閉 Windows 視窗，我們需要按下滑鼠按鍵，來關閉海龜繪圖的 Windows 視窗，其執行結果如下圖所示：

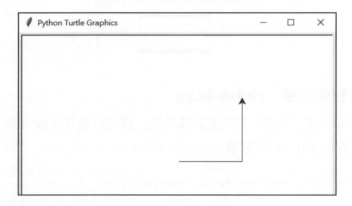

📍 更改海龜的圖示形狀與色彩：ch9-4-2a.py

在 turtle 模組可以使用 color() 方法更改海龜圖示的色彩（參數是色彩名稱）；shape() 方法是更改海龜圖示的形狀，如下所示：

```
turtle.color("blue")
turtle.shape("turtle")
turtle.forward(100)
```

上述 shape() 方法的參數可以是 "arrow"、"turtle"、"circle"、"square"、"triangle" 和 "classic"，其執行結果如下圖所示：

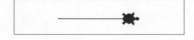

📍 提筆 / 下筆、畫筆色彩與尺寸：ch9-4-2b.py

在 turtle 模組可以使用 pensize() 方法更改畫筆尺寸（參數是像素值的寬度）；pencolor() 方法更改畫筆色彩（參數是色彩名稱），penup() 方法是提筆不繪圖；pendown() 方法是下筆繪圖，如下所示：

```
turtle.pensize(5)
turtle.pencolor("blue")
turtle.forward(100)
turtle.penup()
turtle.left(90)
turtle.forward(50)
turtle.pendown()
turtle.left(90)
turtle.forward(100)
```

上述程式碼的第 2 個 forward() 方法因為是提筆，所以只向上前進 50 步，並沒有繪出線條，所以繪出的是二條平行線，如下圖所示：

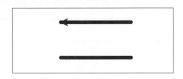

⬇ 設定沙灘視窗的位置：**ch9-4-2c.py**

在 screen.setup() 方法除了指定螢幕尺寸，還可以使用 startx 和 starty 參數指定螢幕的顯示位置 (20, 50)，如下所示：

```
screen.setup(500, 400, startx=20, starty=50)
```

9-4-3　使用海龜繪圖繪出幾何圖形

Python 只需使用海龜繪圖方法配合 for 迴圈的重複操作，就可以輕鬆繪出各種基本的幾何圖形。

⬇ 繪出正方形：**ch9-4-3.py**

在 Python 程式的 for 迴圈共執行 4 次，每次轉 90 度來繪出 4 個邊的正方形，如下所示：

```
for i in range(1, 5):
    turtle.forward(100)
    turtle.left(90)
```

繪出六角形：ch9-4-3a.py

在 Python 程式的 for 迴圈共執行 6 次，每次轉 60 度來繪出 6 個邊的六角形，如下所示：

```
for i in range(1, 7):
    turtle.forward(100)
    turtle.left(60)
```

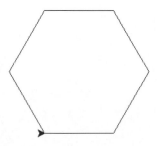

繪出三角形：ch9-4-3b.py

在 Python 程式的 for 迴圈共執行 3 次，每次轉 120 度來繪出 3 個邊的三角形，如下所示：

```
for i in range(1, 4):
    turtle.forward(100)
    turtle.left(120)
```

繪出星形：ch9-4-3c.py

在 Python 程式的 for 迴圈共執行 5 次，每次轉 144 度來繪出 5 個邊的星形，如下所示：

```
for i in range(1, 6):
    turtle.forward(150)
    turtle.left(144)
```

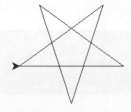

⬤ 繪出圓形：**ch9-4-3d.py**

在 Python 程式的 for 迴圈共執行 360 次，每次轉 1 度來繪出 360 個邊的圓形，如下所示：

```
for i in range(360):
    turtle.forward(2)
    turtle.left(1)
```

 9-5 ## pywin32 套件：Office 軟體自動化

Python 的 pywin32 套件是 Windows API 擴充套件，我們可以透過 pywin32 套件操作 Windows 作業系統的應用程式，例如：Office 辦公室軟體，請注意！pywin32 是第三方套件，需要額外安裝。

9-5-1　Python 套件管理：安裝 pywin32 套件

套件管理（Package Manager）就是管理 Python 程式開發所需的套件，可以安裝新套件、檢視安裝的套件清單或移除不需要的套件，Python 預設套件管理工具是 pip，這是一個命令列工具來管理套件。

⬤ 使用 **pip** 安裝 Python 套件

pip 是命令列工具，需要在命令提示字元視窗執行，Anaconda 是執行「開始➡Anaconda3 (64-bit)➡Anaconda Prompt」命令，如下圖所示：

WinPython 是執行 fChart 主選單的【Python 命令提示字元 (CLI)】命令，如下圖所示：

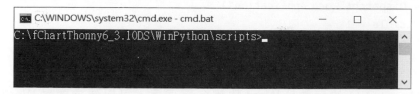

上述 2 個視窗是命令列 CLI 視窗，請在提示字元「>」後輸入所需的命令列指令，如果 Python 開發環境有尚未安裝的 Python 套件，例如：pywin32 套件，我們可以輸入命令列指令來進行安裝，如下所示：

```
pip install pywin32 Enter
```

上述 install 參數是安裝 (uninstall 參數是解除安裝)，可以安裝之後名為 pywin32 的套件。如果需要指定安裝的版本 (避免版本不相容問題)，請使用「==」指定安裝的版本號碼，如下所示：

```
pip install pywin32==306 Enter
```

使用 pip 檢視已經安裝的 Python 套件清單

我們可以使用 pip list 指令來檢視已安裝的 Python 套件清單，如下所示：

```
pip list Enter
```

9-5-2　Word 軟體自動化

當成功安裝 pywin32 套件後，就可以在 Python 程式匯入 pywin32 套件來控制 Office 軟體。首先是 Word 軟體自動化，如下所示：

```
import win32com
from win32com.client import Dispatch
import os
```

上述程式碼的前 2 行是匯入 pywin32 套件，第 3 行匯入 os 模組是為了取得工作目錄來建立檔案的絕對路徑。

啟動 Word 開啟現存文件：ch9-5-2.py

Python 程式在匯入 pywin32 套件後，就可以建立 COM 物件來啟動 Word 軟體，和開啟存在的 Word 文件，如下所示：

```
...
app = Dispatch("Word.Application")
app.Visible = 1
app.DisplayAlerts = 0
docx = app.Documents.Open(os.getcwd()+"\\test.docx")
```

上述 Dispatch() 的參數是 Word 軟體名稱字串，可以建立啟動 Word 軟體的物件，然後指定 2 個屬性，其說明如下所示：

▷ visible 屬性：視窗是否可見，0 或 False 是不可見；1 或 True 是可見。

▷ DisplayAlerts 屬性：是否顯示警告訊息，0 或 False 是不顯示；1 或 True 是顯示。

接著呼叫 Documents.Open() 方法開啟 Word 文件，參數是文件檔案的絕對路徑（使用 os.getcwd() 方法取得工作路徑），其執行結果可以看到 Word 軟體開啟的 test.docx 文件內容，如下圖所示：

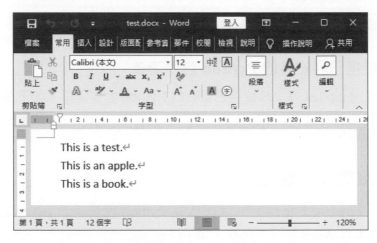

取得 Word 文件的段落數和段落內容：ch9-5-2a.py

當成功使用 pywin32 套件開啟 test.docx 文件後，我們可以計算文件的段落數，和走訪段落來顯示各段落的文字內容，如下所示：

```
...
docx = app.Documents.Open(os.getcwd()+"\\test.docx")
print ("段落數: ", docx.Paragraphs.count)
for i in range(len(docx.Paragraphs)):
    para = docx.Paragraphs[i]
    print(para.Range.text)
docx.Close()
app.Quit()
```

上述程式碼使用 Paragraphs.count 屬性取得段落數後,使用 for 迴圈走訪段落,Paragraphs[i] 以索引值取出段落後,使用 Range.text 顯示段落內容,最後呼叫 Close() 方法關閉文件和 Quit() 方法離開 Word 軟體,其執行結果可以顯示文件的段落數和各段落的內容,如下所示:

```
>>> %Run ch9-5-2a.py

段落數: 3
This is a test.
This is an apple.
This is a book.
```

新增 Word 文件插入文字後儲存檔案:ch9-5-2b.py

Python 程式除了使用 pywin32 套件開啟存在文件外,也可以新增文件,即呼叫 app.Documents.Add() 方法建立文件物件,然後在文件插入文字內容,如下所示:

```
...
docx = app.Documents.Add()
pos = docx.Range(0, 0)
pos.InsertBefore("Python程式設計")
docx.SaveAs(os.getcwd()+"\\test2.docx")
...
```

上述程式碼使用 Range() 取得指定字數範圍的文字內容後,呼叫 insertBefore() 方法插入文件內容在此之前,即可呼叫 SaveAs() 方法儲存成 lesl2.docx 文件,在此文件檔插入的文字內容,如下圖所示:

9-5-3　Excel 軟體自動化

Python 程式一樣可以使用 pywin32 套件執行 Excel 軟體自動化,開啟現存試算表來取得儲存格值,或新增試算表和指定儲存格的值。

◎ 啓動 Excel 開啓試算表取得儲存格值：ch9-5-3.py

Python 程式只需指定 "Excel.Application" 軟體名稱字串，就可以啟動 Excel 軟體來開啟存在的試算表檔案 test.xlsx，如下所示：

```
app = Dispatch("Excel.Application")
app.Visible = 1
app.DisplayAlerts = 0
xlsx = app.Workbooks.Open(os.getcwd()+"\\test.xlsx")
sheet = xlsx.Worksheets(1)
row = sheet.UsedRange.Rows.Count
col = sheet.UsedRange.Columns.Count
print(row, col)
```

上述程式碼開啟試算表檔案後，使用 Worksheets(1) 取得第 1 個工作表，然後顯示已使用的儲存格範圍。在下方取得指定儲存格的值，或取得儲存格範圍的內容，如下所示：

```
print("Cells(2, 1)=", sheet.Cells(2, 1).Value)
print("Cells(2, 2)=", sheet.Cells(2, 2).Value)
value = sheet.Range("A1:B3").Value
print(value)
xlsx.Close(False)
app.Quit()
```

上述程式碼顯示儲存格內容後，呼叫 Close() 方法關閉試算表，參數 False 是不儲存試算表的變更，最後呼叫 Quit() 離開 Excel 軟體，其執行結果可以顯示已使用的儲存格範圍，和儲存格的內容，如下所示：

```
>>> %Run ch9-5-3.py

3 3
Cells(2, 1)= 4.0
Cells(2, 2)= 5.0
((1.0, 2.0), (4.0, 5.0), (7.0, 8.0))
```

◎ 新增 Excel 試算表指定儲存格值後儲存檔案：ch9-5-3a.py

Python 程式除了使用 pywin32 套件開啟存在 Excel 試算表外，也可以新增 Excel 試算表，即呼叫 app.Workbooks.Add() 方法建立試算表物件，即可取得第 1 個工作表，如下所示：

```
...
xlsx = app.Workbooks.Add()
sheet = xlsx.Worksheets(1)
```

```
sheet.Cells(1, 1).Value = 1
sheet.Cells(1, 2).Value = 2
sheet.Cells(2, 1).Value = 3
sheet.Cells(2, 2).Value = 4
sheet.Cells(3, 1).Value = 5
sheet.Cells(3, 2).Value = 6
xlsx.SaveAs(os.getcwd()+"\\test2.xlsx")
...
```

上述程式碼指定 6 個儲存格的值後，呼叫 SaveAs() 方法儲存成 test2.xlsx 試算表，在此試算表來指定的儲存格值，如下圖所示：

9-5-4　PowerPoint 軟體自動化

同理，Python 程式也可以使用 pywin32 套件來建立 PowerPoint 軟體自動化，能夠自動播放簡報，在暫停 1 秒自動切換 2 次至下一頁後，再切換回到前一頁。

Python 程式：ch9-5-4.py 首先匯入相關套件，匯入 time 模組的目的是為了暫停 1 秒鐘，如下所示：

```
...
app = Dispatch("PowerPoint.Application")
app.Visible = 1
app.DisplayAlerts = 0
pptx = app.Presentations.Open(os.getcwd()+"\\test.pptx")
```

上述程式碼使用 "PowerPoint.Application" 字串啟動 PowerPoint 軟體後，開啟簡報檔 test.pptx。在下方呼叫 SlideShowSettings.Run() 方法開始簡報播放，time.sleep(1) 方法暫停一秒鐘，如下所示：

```
pptx.SlideShowSettings.Run()
time.sleep(1)
pptx.SlideShowWindow.View.Next()
time.sleep(1)
pptx.SlideShowWindow.View.Next()
time.sleep(1)
pptx.SlideShowWindow.View.Previous()
time.sleep(1)
pptx.SlideShowWindow.View.Exit()
os.system('taskkill /F /IM POWERPNT.EXE')  #app.Quit() not work
```

上述 View.Next() 方法是切換至下一頁；View.Previous() 方法是切換至前一頁，SlideShowWindow.View.Exit() 方法停止簡報播放，最後因為 Quit() 方法無法成功關閉 PowerPoint 軟體，所以改用 os.system() 方法直接結束 PowerPoint 任務的行程。

學習評量

1. 在 Python 程式檔案 test.py 內含 mytest 變數和 avg_test() 函數，請寫出匯入此模組的程式碼 _____，存取變數 mytest 的程式碼 _____，呼叫 avg_test() 函數的程式碼 _____。

2. 請問什麼是模組別名？如何匯入模組的部分名稱？和將模組的所有名稱匯入至目前的範圍？

3. 請問目錄處理是使用 _____ 模組，檢查檔案是否存在是使用 _____ 模組，Python 數學函數是 _____ 模組。

4. 請問什麼是海龜繪圖？Python 程式是使用 _____ 模組來建立海龜繪圖。

5. 請問什麼是 pywin32 套件？如何在 Python 開發環境安裝 pywin32 套件？

6. 請建立 Python 程式匯入 ch6-5-2.py 模組，然後讓使用者輸入 2 個整數後，呼叫模組的 maxValue() 函數來回傳最大值。

7. 請建立 Python 程式使用海龜繪圖繪出 2 個長方形成十字形。

8. 請建立 Python 程式輸入 PowerPoint 檔案路徑後，使用 pywin32 套件開啟簡報檔，和自動間隔 2 秒鐘播放前 3 頁簡報。

CHAPTER

10

使用ChatGPT學習
Python程式設計

⊙ 本章內容

10-1 認識 ChatGPT

ChatGPT 的 Chat 是聊天，GPT 就是 OpenAI 開發的模型架構，其全名是 Generative Pre-trained Transformer（生成式預訓練變型模型），Generative 是生成式 AI（Generative AI），可以依據你輸入的文字內容，自動生成輸出的文字內容，Pre-trained 是預先訓練的語言模型，Transformer 就是其使用的神經網路模型架構，在本節後面會說明。

ChatGPT 可以和我們使用自然語言進行對話，回答我們提出的任何問題，為了能夠得到正確的答案，我們需要了解 ChatGPT 是如何與我們進行對話，和正確地寫出你的問題，稱為「提示文字」（Prompt，或稱為提示詞，提示語）。

○ ChatGPT 是如何與我們進行對話

ChatGPT 的對話機制就是在進行文字接龍遊戲，針對你輸入的提示文字（Prompt），自動續寫出之後的字詞，模型會針對可能的下一個字詞，計算出其機率分佈，然後找出機率最大的字詞來回應，即可產生我們看到的回應內容，如下所示：

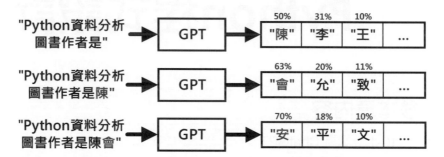

上述圖例的文字接龍遊戲，就是以你的輸入提示文字來預測最有可能的下一個字詞，然後再將輸入的提示文字加上預測的字詞，再次重複預測出下一個字詞，直到完成整個文字內容的回應。

問題是如何進行下一個字詞的預測，早期的語言模型是直接從目前的單一字詞，預測下一個字詞，到了 RNN 循環神經網路和 LSMT 長短期記憶模型，就能夠記住之前的文字內容來預測下一個字詞，RNN 擁有短期記憶；LSMT 改善 RNN 擁有長短期記憶，但 LSMT 只對愈近的字詞有最好的記憶，愈遠的字詞就記憶模糊，所以，RNN 只有短暫記憶，馬上就忘；LSMT 雖有長期記憶，但記性不好，可能過一會就忘了。

因為自然語言的文字段落結構十分複雜，相關字詞的關係，可能位在文字段落的任何地方，也就是說你需要能夠記清楚整段文字內容，才能夠了解文字段落的結構，上述 RNN 和 LSMT 都無法了解文字段落的結構來預測下一個字詞，對比偵探來說，就是提供的線索遠遠不足。

直到 Transformer 神經網路模型的出現，其提出的「注意力機制」（Attention Mechanism）可以關注整段文字內容中的每一個字詞，找出各配對字詞之間的相互關係，透過這些相互關係來了解文字段落的深層結構，即在整段文字內容中的哪些字詞之間有關係；哪些字詞是否是同義字等，能夠提供偵探完整的線索。Transformer 的出現大幅提高自然語言模型的預測能力，能夠更準確地預測出下一個最有可能的字詞。

基本上，ChatGPT 回答你的問題如同是偵探在找出謀殺案的兇手，案件的線索如同字詞之間的關係，愈多線索表示找出的字詞關係也愈多，也就能進一步了解文字段落的深層結構，當擁有足夠的線索後，偵探就可以正確「預測」出到底誰是兇手，如同 ChatGPT 可以準確的「預測」出下一個字詞。

♀ 寫出你的問題描述：提示文字

ChatGPT 的本質就是在文字接龍，續寫出你的問題描述，即你詢問 ChatGPT 所寫出的提示文字（Prompt）。提示文字的基本組成元素，如下所示：

▷ 指示（Instruction）：描述希望 GPT 模型執行的任務或操作指令。

▷ 上下文（Context）：執行任務或操作指令所涉及的上下文背景和外部資訊，可以引導 GPT 模型回應出更佳的結果。

▷ 輸入資料（Input Data）：我們有興趣的問題或輸入資料。

▷ 輸出指引（Output Indicator）：指引 GPT 模型輸出你希望的輸出類型或格式。

在 ChatGPT 寫出你的提示文字，如同要求一位偵探找出謀殺案的兇手，你的提示文字愈詳細愈能夠提供更多的線索，而偵探就愈有可能找出真正的兇手。同理，提供 ChatGPT 完整且擁有邏輯性的提示文字，才能夠讓 ChatGPT 更正確的「預測」出你想要的答案。

10-2　註冊與使用 ChatGPT

ChatGPT 在 2024 年 4 月開始不需註冊就可以馬上進行交談，但是無法儲存和分享交談記錄，ChatGPT 是一個人工智慧技術的產物，可以使用自然語言與我們進行對話，回答我們提出的任何問題。

10-2-1　註冊 ChatGPT

　　ChatGPT 網頁版雖然目前已經不需要註冊就可以進行臨時交談，但是，註冊免費版帳戶將擁有更多客製化功能，可以儲存與分享聊天記錄，如果需要，還可以升級成付費版本，其註冊步驟如下所示：

Step 1　請啟動瀏覽器進入 https://chatgpt.com/ 的 ChatGPT 登入首頁，然後按左下角的【註冊】鈕來註冊帳戶（按【登入】鈕是登入帳戶）。

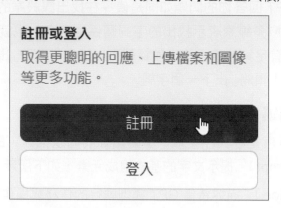

Step 2　我們可以自行輸入電子郵件地址來進行註冊，以此例，我們是點選下方【使用 Google】，直接使用 Google 帳戶來進行註冊。

Step 3 在選擇或輸入 Google 帳戶和密碼後，按【繼續】鈕同意授權，即可成功註冊免費版和進入 ChatGPT 網頁介面，首先看到入門提示，請按【好，請開始】鈕繼續。

Step 4 然後，我們就可以看到 ChatGPT 網頁介面，如下圖所示：

上述網頁介面主要分成左右兩大部分，在左邊的側邊欄可以新增交談、顯示 ChatGPT 交談記錄清單和升級 ChatGPT。在右邊是交談的聊天主介面，我們是在下方欄位輸入聊天訊息與 AI 進行交談。

在左上方可以看到登入的帳戶圖示，點選圖示，就可以看到 ChatGPT 相關命令的選單，如右圖所示：

右述【自訂 ChatGPT】命令可以自訂指令與回應來客制化 ChatGPT 的回應，執行【設定】命令可以客製化 ChatGPT 操作介面，執行【登出】命令是登出帳戶。

10-2-2　使用 ChatGPT

目前 ChatGPT 並不需登入就可免費使用，但有次數限制，註冊且登入免費版帳戶，不只可以設定 ChatGPT，還可以管理你的交談記錄。

📍 登入 ChatGPT

如果尚未登入 ChatGPT，或已經登出 ChatGPT，在啟動瀏覽器進入 https://chatgpt.com/ 的 ChatGPT 登入首頁後，因為曾經登入過，所以就會看到「歡迎回來」視窗，請按【登入】鈕（如果沒有看到此視窗，請按左下角的【登入】鈕來登入）。

然後按【使用 Google】鈕，即可選擇或輸入 Google 帳戶和密碼後，重新使用 Google 帳戶來登入 ChatGPT。

📍 切換使用的 ChatGPT 模型

在 ChatGPT 網頁介面的右邊是聊天主介面，位在左上方的 ChatGPT 下拉式選單，可以切換使用的 ChatGPT 模型，如右圖所示：

因為是免費版，只能切換 ChatGPT 和開啟【臨時交談】，如果有升級成 Plus 版本，就可以切換多種不同的 GPT 模型。

📍 開始與 ChatGPT 聊天

我們只需進入 ChatGPT 網頁，就可以馬上在 ChatGPT 網頁介面開始與 AI 進行交談，其步驟如下所示：

Step 1 請在下方欄位輸入聊天訊息（多行訊息的換行請按 Shift+Enter 鍵），以此例是輸入「什麼是 ChatGPT?」，如下圖所示：

什麼是ChatGPT? Ｉ

ChatGPT可能會出錯。請考慮核對重要資訊。

Step 2 在輸入訊息後，點選欄位後方圖示或按 Enter 鍵，即可與 ChatGPT 進行聊天，可以看到 ChatGPT 的回應訊息，如下圖所示：

ChatGPT是一種由OpenAI開發的先進人工智能對話模型，基於GPT（Generative Pre-trained Transformer）架構。這種模型經過大規模的文本數據訓練，能夠理解和生成自然語言，進行與人類類似的對話。以下是關於ChatGPT的一些關鍵特點：

1. **生成文本**：ChatGPT能生成連貫且語法正確的文字回應，適用於各種對話情境，如回答問題、撰寫文章和故事等。

2. **理解語言**：它能理解並處理複雜的語言結構和語意，從而提供有意義的回應。

3. **應用範圍廣泛**：ChatGPT可用於多種應用，如客服、教育、內容創作、語言翻譯、個人助手等。

4. **多輪對話**：該模型能夠記住對話上下文，進行多輪對話，這使得它在長期交流中更加有效。

5. **可定制**：企業和開發者可以根據具體需求對ChatGPT進行定制和調整，以更好地滿足特定應用場景的需求。

ChatGPT的開發和使用旨在促進人機交互，使人工智能能夠更好地輔助和增強人類的工作和生活。

傳訊息給 ChatGPT

在上述 ChatGPT 回應的最後會顯示一列功能圖示，第 1 個圖示是朗讀 ChatGPT 的回應內容，第 2 個圖示是複製內容，第 3 個圖示是重新生成內容，第 4 個圖示是評論回應內容，最後 1 個圖示可以切換成最新的 GPT-4o 模型，如下圖所示：

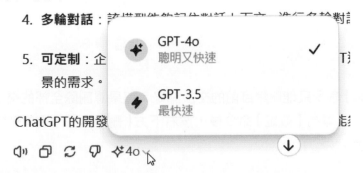

📍 建立新交談

當我們和 ChatGPT 交談時，整個交談過程的記錄就會顯示在左邊側邊欄的交談記錄清單，例如：ChatGPT 介紹，如下圖所示：

點選上方【新交談】圖示，可以新增一個全新的聊天，如同開啟一個全新的 ChatGPT 聊天室。因為 ChatGPT 會保留我們的交談記錄，只需點選側邊欄清單的指定交談記錄名稱，即可切換至此交談記錄。

📍 管理你的交談記錄

在 ChatGPT 交談記錄清單，選指定交談記錄後的 3 個點，即可分享、更名、封存和刪除交談記錄，如下圖所示：

上述【刪除】命令只能刪除目前的交談記錄，如果想刪除全部的交談記錄，請點選右上角帳戶圖示，執行【設定】命令後，按右下方【刪除全部】鈕來刪除全部的交談記錄，如下圖所示：

10-2-3　使用微軟 Copilot 的 ChatGPT

除了使用 OpenAI 的 ChatGPT 網頁版介面外，微軟 Copilot 也一樣可以與 ChatGPT 進行聊天，請啟動 Edge 瀏覽器點選右上角【Copilot】圖示，就可以開啟 Copilot 聊天介面，如下圖所示：

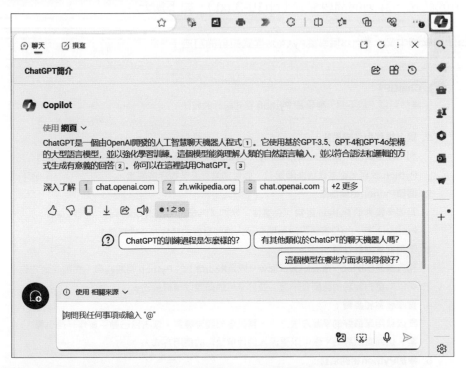

在下方輸入訊息，按欄位後的圖示按鈕，即可顯示 Copilot 的回應內容。在本書截稿前，OpenAI 免費版是使用 GPT-3.5 模型和受限制的 GPT-4o（o 代表 omni）；Plus 版可選用 GPT-4 模型，微軟 Copilot 是用 GPT-4 模型。

10-3 ChatGPT 是你最佳的 Python 程式助手

基本上，ChatGPT 的應用領域十分廣泛，包含：寫報告、寫自傳、產生回覆訊息、整理資料、程式設計、學習知識、學習語文、翻譯、打屁聊天、角色扮演與提昇工作生產力等各種領域的應用，相關應用領域仍然在持續且快速的增加中。

── 說明 ●

請注意！ChatGPT 寫出的 Python 程式碼並不保證不會有錯誤，你可以想想看，當你讀完一本 Python 圖書後，用你的大腦記憶寫程式時，寫出的程式碼也不可能百分之一百正確。因為 ChatGPT 讀過超過你千萬倍的 Python 程式碼，所以，ChatGPT 程式碼的文字接龍能力，當然不容小看，ChatGPT 絕對是你最佳的 Python 程式設計與學習的助手。

___

ChatGPT 可以在多方面幫助我們學習程式設計和寫出 Python 程式碼，讓 ChatGPT 成為你最佳的程式設計與學習的助手。

♀ 提供學習方向、講解程式觀念與 Python 模組的使用

ChatGPT 可以提供學習 Python 程式設計的方法與方向，在聊天時可以指定回答問題使用的語言。詳細的問題描述（ch10-3.txt），如下所示：

> 請使用繁體中文，列出5項學習Python程式設計的方法？

 ChatGPT

當然可以！以下是五種學習 Python 程式設計的方法：

1. **線上課程與教學網站：**
   利用網上資源，像是Codecademy、Coursera、或是edX，這些平台提供了豐富的 Python 課程，從基礎到進階都有，而且通常有許多實作的機會。

2. **閱讀Python相關書籍：**
   有很多優秀的 Python 書籍可供選擇，例如《Python Crash Course》、《Fluent Python》等。這些書籍可以幫助你深入理解語言的特性和最佳實踐。

3. **參與程式設計社群：**
   加入像是GitHub、Stack Overflow、或是Reddit上的 Python 相關社群。在這些地方你可以向更有經驗的開發者學習，並分享你的問題以獲得解答。

4. **實際專案和練習：**
   學以致用是最好的學習方法之一。嘗試參與開源專案，或者自己動手實作一些小專案。透過實際經驗，你可以更深入地理解語言的使用方式。

5. **參加Python相關活動：**
   參加線下或線上的 Python 相關活動，例如工作坊、Meetup、或是研討會。這不僅能擴展你的人脈，也提供了與其他開發者互動和學習的機會。

上述 ChatGPT 的回答是學習 Python 程式設計的大方向，我們可以縮小問題，直接詢問 Python 特定的程式觀念。詳細的問題描述（ch10-3a.txt），如下所示：

> 請使用繁體中文，說明什麼是Python字典？

 ChatGPT

當然，Python 字典（Dictionary）是一種資料結構，用來儲存鍵-值對（Key-Value pairs）。字典是可變的、無序的集合，其中每個鍵都必須是唯一的，而值則可以是任何類型的物件，包括數字、字串、列表等。

你可以把字典想像成現實生活中的字典，其中每個單字（鍵）都對應著一個釋義（值）。這樣的結構使得你可以透過鍵快速查找和檢索相對應的值，而不需要透過索引。

上述 ChatGPT 的回答詳細說明什麼 Python 字典，因為 GPT 的訓練資料有大量的簡體中文，所以 ChatGPT 回答的中文內容常常可能會有很多大陸詞彙，一般來說，ChatGPT 在解說觀念後，通常都還會提供一些實際的 Python 程式範例。

不只如此，我們還可以詢問 ChatGPT 關於 Python 模組特定方法的使用。詳細的問題描述（ch10-3b.txt），如下所示：

> 請問random模組的choice()方法需如何使用？

 ChatGPT

`random` 模組中的 `choice()` 方法用於從序列中隨機選擇一個元素。這個方法通常用於從列表、元組等序列中隨機選取一個元素。

以下是 `random.choice()` 方法的基本使用方式：

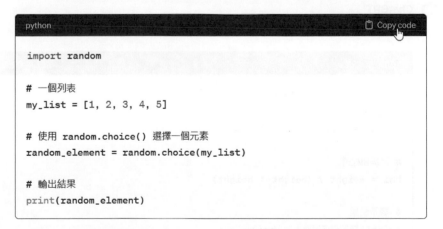

```python
import random

# 一個列表
my_list = [1, 2, 3, 4, 5]

# 使用 random.choice() 選擇一個元素
random_element = random.choice(my_list)

# 輸出結果
print(random_element)
```

上述 ChatGPT 回答的列表就是串列，在說明模組方法的使用後，馬上就是一個 Python 程式範例，請點選程式框右上方【Copy code】複製程式碼至剪貼簿，然後貼至 Thonny 儲存成為 ch10-3.py 程式檔案，其執行結果如下圖所示：

```
ch10-3.py ×
  1  import random
  2
  3  # 一個列表
  4  my_list = [1, 2, 3, 4, 5]
  5
  6  # 使用 random.choice() 選擇一個元素
  7  random_element = random.choice(my_list)
  8
  9  # 輸出結果
 10  print(random_element)
```

```
互動環境 ×
>>> %Run ch10-3.py
  3
>>>
```

　　從上述對話可以知道，我們不只可以透過 ChatGPT 學習程式設計的觀念，更可將 ChatGPT 當成即時 Python 語法的查詢字典，查詢相關語法或模組方法的使用。

幫助我們寫出 Python 程式和函數

　　當你有一個想法，但是不知道 Python 程式碼需如何寫時，或不知道如果下手來寫這一個程式時，都可以讓 ChatGPT 幫我們寫出一個範本程式，而且在交談過程中，一步一步修改成你希望的 Python 程式。詳細的問題描述（ch10-3c.txt），如下所示：

> 計算體脂肪BMI值的公式是W/(H*H)，　H是身高（公尺）和W是體重（公斤），請寫出Python程式計算BMI值。
> 程式沒有使用函數。

🟢 **ChatGPT**

當然可以！這是一個簡單的**Python**程式碼，用於計算**BMI**值：

```python
# 輸入身高（公尺）和體重（公斤）
height = float(input("請輸入身高（公尺）："))
weight = float(input("請輸入體重（公斤）："))

# 計算BMI值
bmi = weight / (height * height)

# 顯示結果
print("您的BMI值為：", bmi)
```

只需將這段程式碼複製到**Python**環境中運行，然後輸入您的身高和體重，即可計算並顯示**BMI**值。

上述 ChatGPT 回答的內容不只寫出完整可執行 Python 程式，並且在程式碼後大多還會進一步說明此程式碼的內容、注意事項和想法，請複製程式碼儲存成為 ch10-3a.py。

因為 ChatGPT 寫出 Python 程式碼的輸入單位是公尺，我們可以要求 ChatGPT 修改單位為公分來重寫這個 Python 程式。詳細的問題描述（ch10-3d.txt），如下所示：

> 請重寫上述Python程式碼，將輸入的身高單位改成公分。

 ChatGPT
當然，這是修改後的程式碼，將輸入的身高單位改為公分：

```python
# 輸入身高（公分）和體重（公斤）
height_cm = float(input("請輸入身高（公分）："))
weight = float(input("請輸入體重（公斤）："))

# 將身高轉換為公尺
height_m = height_cm / 100

# 計算BMI值
bmi = weight / (height_m * height_m)

# 顯示結果
print("您的BMI值為：", bmi)
```

因為目前正在與 ChatGPT 進行對話聊天中，所以 ChatGPT 知道之前寫的 Python 程式碼，程式問題並不需重新描述一遍，即可成功改寫成單位是公分的版本，請複製程式碼儲存成為 ch10-3b.py。

在實務上，如果 ChatGPT 的回答你不是很滿意，都可以再重複問一次相同的問題，ChatGPT 擁有一定的隨機性，能夠回應出不同的答案。最後，我們準備將計算 BMI 值的程式碼建立成 calculate_bmi() 函數，所以讓 ChatGPT 再次改寫這個 Python 程式。詳細的問題描述（ch10-3e.txt），如下所示：

> 請重寫上述Python程式碼，直接將BMI計算改成calculate_bmi()函數，並且寫出呼叫函數的 Python程式碼。

ChatGPT
好的，我已將計算BMI值的部分轉換為一個名為 `calculate_bmi` 的函數，然後撰寫了一個呼叫該函數的Python程式碼：

```python
def calculate_bmi(height_cm, weight):
    # 將身高轉換為公尺
    height_m = height_cm / 100

    # 計算BMI值
    bmi = weight / (height_m * height_m)

    return bmi

# 輸入身高（公分）和體重（公斤）
height_cm = float(input("請輸入身高（公分）："))
weight = float(input("請輸入體重（公斤）："))

# 呼叫函數計算BMI值
result_bmi = calculate_bmi(height_cm, weight)

# 顯示結果
print("您的BMI值為：", result_bmi)
```

這樣，現在BMI的計算部分已經被封裝在 `calculate_bmi` 函數中，你只需要呼叫這個函數，即可得到BMI值。希望這樣更符合你的需求！

上述 ChatGPT 回答已經重寫出一個 calculate_bmi() 函數，和呼叫 calculate_bmi() 函數的 Python 程式碼，請複製儲存成為 ch10-3c.py。

我們還可以進一步修改 Python 程式碼，指定使用 math 模組來改寫這個 calculate_bmi() 函數。詳細的問題描述（ch10-3f.txt），如下所示：

> 請使用math模組改寫calculate_bmi()函數。

ChatGPT

當然，我可以使用 `math` 模組改寫 `calculate_bmi` 函數，以便更好地處理數學運算。以下是修改後的程式碼：

```python
import math

def calculate_bmi(height_cm, weight):
    # 將身高轉換為公尺
    height_m = height_cm / 100

    # 計算BMI值
    bmi = weight / math.pow(height_m, 2)

    return bmi

# 輸入身高（公分）和體重（公斤）
height_cm = float(input("請輸入身高（公分）："))
weight = float(input("請輸入體重（公斤）："))

# 呼叫函數計算BMI值
result_bmi = calculate_bmi(height_cm, weight)

# 顯示結果
print("您的BMI值為：", result_bmi)
```

這次我使用了 `math.pow` 來計算身高的平方，這是 `math` 模組提供的功能之一。希望這樣滿足你的需求！

上述 ChatGPT 回答的是重寫後的 calculate_bmi() 函數，已經改用 math 模組的 pow() 方法來實作，請複製後儲存成 ch10-3d.py。

幫助我們完成 Python 程式碼的撰寫

如果在撰寫 Python 程式碼的過程中，突然忘了接下來該怎麼寫，不用緊張，我們可以讓 ChatGPT 幫助我們寫出完整的 Python 程式碼。詳細的問題描述（ch10-3g.txt），如下所示：

```
我忘了BMI公式，請幫我寫完下列的程式碼，如下：
weight = float(input("請輸入您的體重（公斤）："))
height = float(input("請輸入您的身高（公尺）："))

bmi =

print("您的BMI值為：", round(bmi, 2))
```

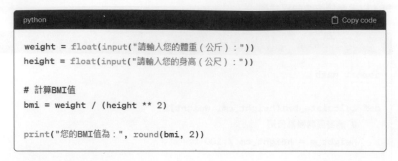

ChatGPT
當然，我可以幫你完成這段程式碼，請看：

```python
weight = float(input("請輸入您的體重（公斤）："))
height = float(input("請輸入您的身高（公尺）："))

# 計算BMI值
bmi = weight / (height ** 2)

print("您的BMI值為：", round(bmi, 2))
```

這樣你就完成了計算BMI值的程式碼。只需輸入體重和身高，它將計算並顯示BMI值，四捨五入到小數點後兩位。希望這對你有幫助！

上述 ChatGPT 的回答已經成功寫完這個 Python 程式碼，而且正確的加上 BMI 公式，請複製程式碼儲存成為 ch10-3e.py。

幫助我們進行 Python 程式碼的除錯

如果我們寫出的 Python 程式碼有錯誤，一樣可以讓 ChatGPT 幫助我們進行程式除錯。詳細的問題描述（ch10-3h.txt），如下所示：

```
我寫了一個BMI計算程式，可以執行結果並不正確，請幫我更正程式碼的錯誤，和使用程式框來
顯示程式碼，如下：
height = float(input("請輸入您的身高（公分）：")) / 100
weight = float(input("請輸入您的體重（公斤）："))

bmi = weight / height * height

print("您的BMI值為：", round(bmi, 2))
```

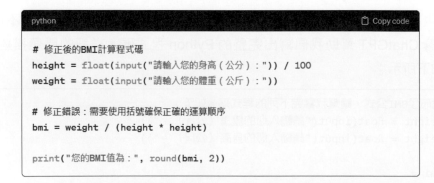

ChatGPT
當然可以，這裡是修正後的程式碼，我也使用程式框來顯示：

```python
# 修正後的BMI計算程式碼
height = float(input("請輸入您的身高（公分）：")) / 100
weight = float(input("請輸入您的體重（公斤）："))

# 修正錯誤：需要使用括號確保正確的運算順序
bmi = weight / (height * height)

print("您的BMI值為：", round(bmi, 2))
```

在修正中，我將原始的 `weight / height * height` 改為 `weight / (height * height)`，以確保正確的運算順序。現在應該能夠得到正確的BMI計算結果了。希望這能夠解決你的問題！

上述 ChatGPT 的回答找出了 BMI 公式的錯誤，和提供一個正確的版本，即 ch10-3f.py。

我們也可以使用 Python 直譯執行時顯示的錯誤訊息，使用此訊息來詢問 ChatGPT 如何進行除錯。詳細的問題描述（ch10-3i.txt），如下所示：

```
我執行下列程式碼出現NameError: name 'math' is not defined錯誤，請問如何修正此錯誤？
def bmi(height_cm, weight):
    height_m = height_cm / 100
    return weight / math.pow(height_m, 2)

height_cm = float(input("請輸入身高（公分）："))
weight = float(input("請輸入體重（公斤）："))

result = bmi(height_cm, weight)
print("您的BMI值為： ", result)
```

🟢 **ChatGPT**

錯誤是因為在程式中使用了 `math` 模組，但沒有將它導入。你需要在程式的開頭加上 `import math` 來導入 `math` 模組。這裡是修正後的程式碼：

```python
import math

def bmi(height_cm, weight):
    height_m = height_cm / 100
    return weight / math.pow(height_m, 2)

height_cm = float(input("請輸入身高（公分）："))
weight = float(input("請輸入體重（公斤）："))

result = bmi(height_cm, weight)
print("您的BMI值為： ", result)
```

這樣應該就能解決 `NameError: name 'math' is not defined` 的問題了。希望這對你有幫助！

上述 ChatGPT 的回答指出程式碼錯誤是忘了匯入 math 模組，其正確的版本是儲存成為 ch10-3g.py。

最後，我們還可以問 ChatGPT 是否可找出下列 Python 程式碼片段的錯誤，並且列出全部找到的錯誤。詳細的問題描述（ch10-3j.txt），如下所示：

請一行一行檢查下列Python程式碼是否有錯誤？和列出全部的錯誤？

```
x = 5
y = 6
if x = 5:
print("X大")
else:
    print("X小")
```

ChatGPT

這段程式碼有兩個錯誤：

1. `if x = 5:` 中的等號應該是比較運算子，應改為 `if x == 5:`
2. 接著需要縮排，確保 `print("X大")` 與 `print("X小")` 都在同一個程式區塊內。

上述 ChatGPT 的回答共找出 2 個地方的程式碼錯誤。

幫助我們說明 Python 程式碼片段的功能

如果你從網路或前輩手上取得了一段 Python 程式碼，但是看不太懂程式碼是作什麼用，也沒有相關的說明文件，此時，就可以讓 ChatGPT 幫我們說明和解釋這段程式碼的功能。詳細的問題描述（ch10-3k.txt），如下所示：

```
請一行一行的說明下列程式碼的功能？
height = float(input("請輸入您的身高（公分）：")) / 100
weight = float(input("請輸入您的體重（公斤）："))

bmi = weight / (height ** 2)

print("您的BMI值為：", round(bmi, 2))
```

ChatGPT

1. `height = float(input("請輸入您的身高（公分）："))  / 100`：使用者被提示輸入身高（以公分為單位），輸入的字串轉換成浮點數，然後除以100，將身高轉換成公尺。
2. `weight = float(input("請輸入您的體重（公斤）："))`：使用者被提示輸入體重（以公斤為單位），輸入的字串轉換成浮點數，得到體重的數值。
3. `bmi = weight / (height ** 2)`：使用上一步得到的身高和體重數值，計算BMI（身體質量指數）值，BMI的計算公式是體重除以身高的平方。
4. `print("您的BMI值為：", round(bmi, 2))`：輸出計算出的BMI值，使用 `round` 函數四捨五入到小數點後兩位，並顯示提示訊息 "您的BMI值為："。

上述 ChatGPT 的回答詳細解釋了 Python 程式碼的功能，和使用的 BMI 公式。

◎ 幫助我們改寫 Python 程式碼新增註解文字

ChatGPT 強大的註解能力，可以幫助我們改寫程式碼，新增每一行的註解文字。詳細的問題描述（ch10-3l.txt），如下所示：

```
請改寫下列Python程式，加上繁體中文的註解文字，而且是使用程式框來顯示程式碼，如下：
height = float(input("請輸入您的身高（公分）：")) / 100
weight = float(input("請輸入您的體重（公斤）："))

bmi = weight / (height ** 2)

print("您的BMI值為：", round(bmi, 2))
```

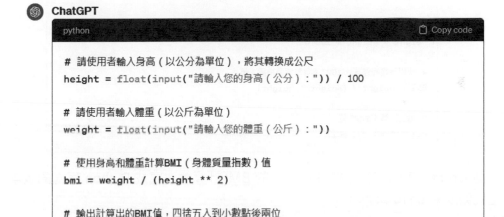

上述 ChatGPT 的回答如果沒有使用程式框，請再提出詢問：「請改用程式框再寫一次。」，可以看到替 Python 程式碼的每一行都新增了註解文字，請儲存程式碼成為 ch10-3h.py。

◎ 幫助我們將 C 語言的程式改寫成 Python 程式

如果從網路或電腦圖書找到了一個 C 語言的程式，我們可以讓 ChatGPT 幫我們改寫成相同功能的 Python 程式。詳細的問題描述（ch10-3m.txt），如下所示：

```
請將下列C程式改寫成Python程式，如下：
#include<stdio.h>
int main(){
    float height, weight, BMI;
    printf("請輸入身高(cm): ");
    scanf("%f", &height);
    printf("請輸入體重(kg): ");
```

```
    scanf("%f", &weight);
    height = height / 100.0;
    BMI = weight / (height * height);
    printf("BMI = %f", BMI);

        return 0;
}
```

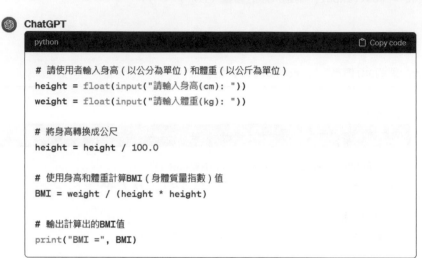

```python
# 請使用者輸入身高 (以公分為單位) 和體重 (以公斤為單位)
height = float(input("請輸入身高(cm): "))
weight = float(input("請輸入體重(kg): "))

# 將身高轉換成公尺
height = height / 100.0

# 使用身高和體重計算BMI (身體質量指數) 值
BMI = weight / (height * height)

# 輸出計算出的BMI值
print("BMI =", BMI)
```

上述 ChatGPT 的回答已經將 C 程式的 BMI 計算機改寫成 Python 程式的版本，請
儲存程式碼成為 ch10-3i.py。

10-4 ChatGPT 應用：找出 Python 視窗程式的學習方向

當學會 Python 基礎程式設計後，ChatGPT 程式小老師的角色就可以轉換成為你的
最佳程式設計學習助手，幫助你規劃指定主題的下一步學習計劃。例如：學習 Python
視窗程式設計，在詢問時可以指明數量、項目或步驟數，詳細的問題描述（ch10-4.
txt），如下所示：

請使用繁體中文，列出Python視窗程式設計常用的前三大套件？

 ChatGPT
當然可以！Python視窗程式設計最常用的前三大套件分別是：

1. **Tkinter（簡稱tk）**：是Python標準庫中內建的一個GUI套件，使用方便且適合初學
   者。
2. **PyQt**：是一個Python的GUI套件，提供豐富的功能和強大的設計工具，是一個開發桌
   面應用程式的好選擇。
3. **wxPython**：是基於wxWidgets庫的Python封裝，提供跨平台的GUI開發能力，同時也
   是一個廣泛使用的GUI套件之一。

　　上述 ChatGPT 的回答是學習 Python 視窗程式設計常用套件的大方向，接著，我們可以縮小問題，詢問第一名 Tkinter 套件的學習方向。詳細的問題描述（ch10-4a. txt），如下所示：

> 請使用繁體中文，說明三項如何學習Tkinter套件的Python視窗程式設計？

 ChatGPT
當然可以！學習 Tkinter 可以打開你的 Python 程式設計世界的一扇大門。以下是三個學習 Tkinter 的建議：

1. **閱讀官方文件和教學：**
   Tkinter 有豐富的官方文件，包含了對各種函數、方法和屬性的詳細說明。此外，有許多實用的教學和範例可供參考。從官方文件開始，理解基本概念，然後擴展到更複雜的主題。這樣能確保你建立了穩固的基礎。

2. **實際動手練習：**
   學習 Tkinter 最好的方式是透過實際動手練習。嘗試創建不同種類的視窗，按鈕，標籤等等。挑戰自己去實現一個小型的應用程式，例如一個簡單的記事本或計算機。這樣可以深入理解各個元件的使用方式，並學會如何處理事件和使用佈局管理器。

3. **參與社群和討論區：**
   加入 Python 和 Tkinter 的社群，參與討論區，向更有經驗的開發者尋求幫助。這不僅可以解決你在學習過程中遇到的問題，還能從他人的經驗中學到實用的技巧和最佳實踐。社群也是一個絕佳的資源來獲得新的專案靈感和擴展你的 Tkinter 技能。

　　上述 ChatGPT 的回答詳細說明使用 Tkinter 套件學習 Python 視窗程式設計的學習方向。ChatGPT 可以幫助我們前 2 項 Tkinter 套件的學習，因為 ChatGPT 一定早已讀過官方文件，可以幫助我們寫出 Tkinter 套件的 Python 程式。

 10-5　ChatGPT 應用：幫助你學習 Python 視窗程式設計

　　在了解學習 Python 視窗程式設計的方向後，我們準備鎖定 Tkinter 套件來進行學習，此時的 ChatGPT 就是幫助你學習 Tkinter 視窗程式設計的最佳程式設計助手。

　　首先詢問 ChatGPT 關於 Tkinter 圖形使用介面的基本概念。詳細的問題描述（ch10-5.txt），如下所示：

> 請使用繁體中文，說明Tkinter視窗程式圖形使用介面的基本概念？
> 只說明概念，不用寫出程式碼。

ChatGPT

當然可以！Tkinter是Python中一個常用的圖形使用者介面（GUI）工具包，用於創建視窗應用程序。以下是Tkinter視窗程式圖形使用介面的基本概念：

1. **主視窗（Main Window）**：Tkinter應用程序的主要視窗，是整個GUI的容器。所有其他元素（如按鈕、標籤等）都附加到這個主視窗上。

2. **元件（Widgets）**：在Tkinter中，所有的GUI元素都被稱為元件。這包括按鈕、標籤、文本框、列表框等。元件是構成GUI的基本構建塊。

3. **佈局管理器（Layout Manager）**：Tkinter提供了不同的佈局管理器，用於控制元件在視窗中的排列方式。常見的佈局管理器包括pack、grid和place。

4. **事件處理（Event Handling）**：Tkinter允許在使用者與GUI互動時觸發事件。例如，按下按鈕、鍵盤輸入等都可以是事件。程式可以設置事件處理函數來處理這些事件。

5. **變數（Variables）**：Tkinter支援一些特殊的變數，如StringVar、IntVar等，這些變數與元件綁定，可以實時反映元件的狀態變化。

6. **對話框（Dialogs）**：Tkinter提供了對話框來與使用者進行互動，例如輸入對話框、文件對話框等。這些對話框可用於取得使用者的輸入或顯示信息。

7. **圖形（Canvas）**：Canvas元件允許在視窗中繪製圖形，包括線條、矩形、圓形等。

上述 ChatGPT 的回答是基本 GUI 套件的觀念，也就是視窗程式設計基礎的組成元件，然後請繼續交談過程，我們準備詢問 ChatGPT 關於 Tkinter 的程式結構。詳細的問題描述（ch10-5a.txt），如下所示：

請使用繁體中文，一一列出Tkinter視窗程式的基本結構？
只說明結構，不用寫出程式碼。

ChatGPT

當然，以下是Tkinter視窗程式的基本結構：

1. **匯入模組**：開始時需要匯入Tkinter模組。通常使用`import tkinter as tk`，這樣就可以使用`tk`作為簡寫。

2. **建立主視窗**：使用Tkinter的`Tk()`建構函數創建一個主視窗物件。這個物件是整個GUI的容器。

3. **建立元件**：在主視窗中加入各種元件，例如按鈕、標籤、文本框等。可以使用Tkinter提供的不同元件類別。

4. **配置元件屬性**：設定元件的屬性，例如文字內容、尺寸、顏色等。這可以通過元件建構函數的參數進行配置。

5. **佈局管理**：選擇適當的佈局管理器（pack、grid或place）來控制元件在主視窗中的排列方式。

6. **設定事件處理**：如果需要處理使用者的操作，則設置元件的事件處理函數。例如，按鈕被點擊時執行某個函數。

7. **啟動主迴圈**：使用Tkinter的`mainloop()`方法啟動主迴圈，使視窗一直保持開啟狀態，等待使用者的操作。

在了解基本概念和程式結構後，我們就可以使用功能描述來建立第一個 Tkinter 視窗程式。詳細的問題描述（**ch10-5b.txt**），如下所示：

> 請使用Python的Tkinter套件，寫一個顯示基本視窗的Python程式，可以顯示我的姓名「陳會安」。

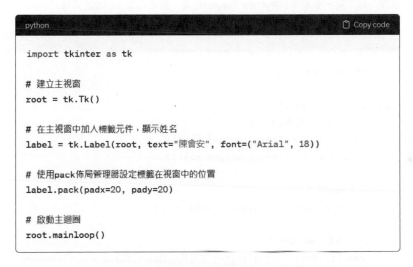

ChatGPT

當然可以！以下是一個簡單的Python Tkinter程式，顯示一個基本視窗，上面有你的姓名「陳會安」：

```python
import tkinter as tk

# 建立主視窗
root = tk.Tk()

# 在主視窗中加入標籤元件，顯示姓名
label = tk.Label(root, text="陳會安", font=("Arial", 18))

# 使用pack佈局管理器設定標籤在視窗中的位置
label.pack(padx=20, pady=20)

# 啟動主迴圈
root.mainloop()
```

這個程式使用Tkinter建立了一個主視窗，並在視窗中加入了一個標籤元件，顯示姓名「陳會安」，最後，透過 `pack` 佈局管理器設定標籤在視窗中的位置，並啟動主迴圈，使視窗顯示出來。希望你喜歡這個簡單的例子！

上述的第一個 Python 視窗程式是使用 Label 元件顯示作者的姓名，在儲存程式碼成為 ch10-5.py 後，其執行結果可以看到一個顯示姓名的視窗，如下圖所示：

上述 Label 就是 ChatGPT 說明提到的標籤元件，而且在之前説明的基本程式結構中，ChatGPT 有提到按鈕（Button）、標籤（Label）和文本框（Entry）三種元件，我們可以一一針對這些介面元件，請 ChatGPT 分別寫出簡單的 Python 範例程式，幫助我們學習 Tkinter 各種基本介面元件的使用。

請記得！在 Tkinter 套件的學習過程中，如果有任何不清楚或不了解的 Python 程式碼，都可以請 ChatGPT 替我們再次解釋程式碼的功能和用途，如果 ChatGPT 寫出的 Python 範例不符合你的需求或有些難，也都可以再詢問 ChatGPT，再寫一個簡單版本的程式碼，ChatGPT 如同你隨身的程式設計家教，可以讓你隨時提問各種程式設計的相關問題。

記得在學習到一定階段後，我們就可以試著整合介面元件來建立擁有簡單功能的視窗程式，例如：整合 Entry、Button 和 Label 元件建立視窗版的 BMI 計算機。詳細的問題描述（ch10-5c.txt），如下所示：

> 請使用Python的Tkinter套件，寫一個視窗版BMI計算機的Python程式，首先建立介面可以讓使用者輸入單位公分的身高；公斤的體重後，按下按鈕可以計算出BMI值，然後在視窗顯示BMI值。

 ChatGPT

當然，以下是一個簡單的Python Tkinter程式，實現視窗版BMI計算機的功能：

```python
import tkinter as tk

def calculate_bmi():
    # 取得身高和體重的輸入值
    height = float(entry_height.get())
    weight = float(entry_weight.get())

    # 計算BMI值
    bmi = weight / ((height / 100) ** 2)

    # 在標籤中顯示BMI值
    result_label.config(text=f"BMI值: {bmi:.2f}")
```

上述 Python 程式首先寫出計算 BMI 值的 calculate_bmi() 函數，然後建立視窗版 BMI 計算機，這是使用 Entry 元件輸入身高和體重，Button 元件執行計算，最後在 Label 元件顯示 BMI 值，如下圖所示：

```python
# 建立主視窗
root = tk.Tk()
root.title("BMI 計算機")

# 建立標籤和輸入框元件
label_height = tk.Label(root, text="身高（公分）:")
entry_height = tk.Entry(root)

label_weight = tk.Label(root, text="體重（公斤）:")
entry_weight = tk.Entry(root)

result_label = tk.Label(root, text="BMI值: ")

# 建立計算按鈕，並設定點擊事件為calculate_bmi函數
calculate_button = tk.Button(root, text="計算BMI", command=calculate_bmi
```

上述 Button() 的 command 參數是 calculate_bmi() 函數，這就是按下 Button 元件觸發事件所執行的函數，可以在 Label 元件顯示計算結果的 BMI 值。接著使用 Grid 元件編排這些介面元件的版面配置，最後呼叫 mainloop() 方法啟動主迴圈來等待使用者的操作，如下圖所示：

```python
# 使用grid佈局管理器設定元件在視窗中的位置
label_height.grid(row=0, column=0, padx=10, pady=10, sticky="w")
entry_height.grid(row=0, column=1, padx=10, pady=10)

label_weight.grid(row=1, column=0, padx=10, pady=10, sticky="w")
entry_weight.grid(row=1, column=1, padx=10, pady=10)

calculate_button.grid(row=2, column=0, columnspan=2, pady=20)
result_label.grid(row=3, column=0, columnspan=2)

# 啟動主迴圈
root.mainloop()
```

這個程式建立了一個BMI計算機的視窗，使用者可以輸入身高和體重，按下計算按鈕後，計算BMI值並在視窗中顯示。希望這能滿足你的需求！

請儲存程式碼成為 ch10-5a.py 後，其執行結果可以看到一個視窗版的 BMI 計算機，如下圖所示：

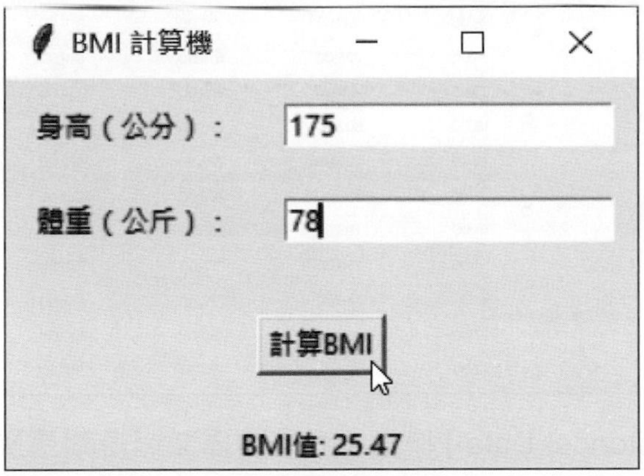

請在欄位輸入身高和體重後，按【計算 BMI】鈕，就可以在下方 Label 元件顯示計算結果的 BMI 值。

10-6 ChatGPT 應用：寫出資料收集的網路爬蟲程式

　　網路爬蟲（Web Crawler）是一種自動化從網路收集資料的程式，ChatGPT 可以幫助我們寫出資料收集所需的網路爬蟲程式，例如：自動下載網路的 CSV 檔案，和爬取網頁的 HTML 表格資料。

📍 取得美國 Yahoo 股票歷史資料的 CSV 檔案

　　在美國 Yahoo 財經網站可以下載股票歷史資料的 CSV 檔案，首先我們需要取得下載檔案的 URL 網址，例如：在台積電 URL 網址最後的 2330 就是股票代碼，.TW 是台灣股市，如下所示：

　　　　https://finance.yahoo.com/quote/2330.TW

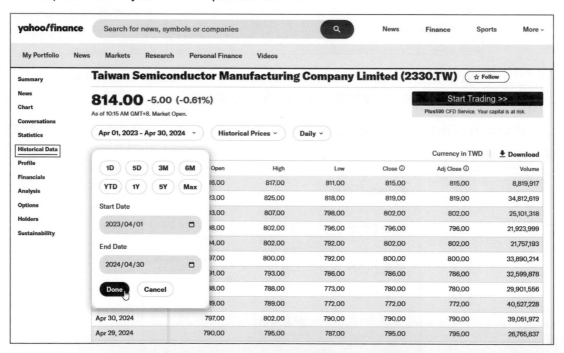

　　請在左邊選【Historical Data】標籤，然後選擇 2 個日期區間，按【Done】鈕，即可在下方【Download】超連結上，執行右鍵快顯功能表的【複製連結網址】命令來取得 URL 網址，如下所示：

　　　　https://query1.finance.yahoo.com/v7/finance/download/2330.TW?period1=1680307200&period2=1714435200&interval=1d&events=history&includeAdjustedClose=true

現在，我們可以請 ChatGPT 幫助我們寫出 Python 程式來自動從網路下載 CSV 檔案。詳細的問題描述（ch10-6.txt），如下所示：

> 請使用繁體中文註解文字寫一個Python程式，可以偽裝成Chrome瀏覽器送出HTTP請求來取得下列URL網址的CSV資料後，儲存成"2330TW.csv"檔案，URL網址如下所示：
> https://query1.finance.yahoo.com/v7/finance/download/2330.TW?period1=1680307200&period2=1714435200&interval=1d&events=history&includeAdjustedClose=true
> 不要使用函數

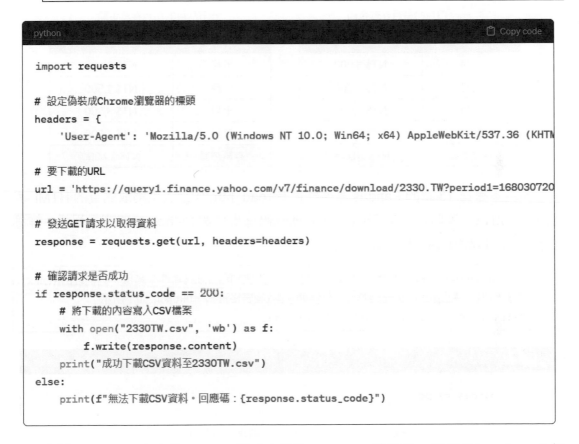

```python
import requests

# 設定偽裝成Chrome瀏覽器的標頭
headers = {
    'User-Agent': 'Mozilla/5.0 (Windows NT 10.0; Win64; x64) AppleWebKit/537.36 (KHTM

# 要下載的URL
url = 'https://query1.finance.yahoo.com/v7/finance/download/2330.TW?period1=168030720

# 發送GET請求以取得資料
response = requests.get(url, headers=headers)

# 確認請求是否成功
if response.status_code == 200:
    # 將下載的內容寫入CSV檔案
    with open("2330TW.csv", 'wb') as f:
        f.write(response.content)
    print("成功下載CSV資料至2330TW.csv")
else:
    print(f"無法下載CSV資料。回應碼：{response.status_code}")
```

上述 ChatGPT 寫出的 Python 程式在匯入 requests 模組後，使用 "User-Agent" 標頭資訊偽裝成 Chrome 瀏覽器，即可呼叫 get() 方法送出 HTTP 請求，其參數是下載 CSV 檔案的 URL 網址，然後使用 if/else 條件判斷 status_code 屬性是否是 200，如果是，表示 HTTP 請求成功，就可以開啟 CSV 檔案來儲存 response.content 的回應內容。

請複製程式碼成為 ch10-6.py 程式後，執行此程式需要在 Python 開發環境安裝 requests 套件，其命令列指令如下所示：

pip install requests==2.31.0 Enter

其執行結果可以顯示成功下載檔案的訊息文字，並且在 Python 程式的相同目錄建立 CSV 檔案："2330TW.csv"。

📍 爬取 HTML 網頁的 HTML 表格資料

一般來說，從網路收集的資料絕大部分都是一種表格資料，在我們目標的爬取網頁共有 2 個 HTML 表格資料，其 URL 網址如下所示：

https://fchart.github.io/test/sales.html

HTML 表格標籤

一至四月的每月存款金額

月份	存款金額
一月	NT$ 5,000
二月	NT$ 1,000
三月	NT$ 3,000
四月	NT$ 1,000
存款總額	NT$ 10,000

五至八月的每月存款金額

月份	存款金額
五月	NT$ 5,500
六月	NT$ 1,500
七月	NT$ 3,500
八月	NT$ 1,500
存款總額	NT$ 12,000

因為本書第 13 章的 Pandas 套件提供有 read_html() 方法來爬取網頁的 HTML 表格資料，所以，我們可以請 ChatGPT 幫助我們寫出這個 Python 網路爬蟲程式。詳細的問題描述（ch10-6a.txt），如下所示：

> 請使用繁體中文註解文字寫一個Python程式，可以使用pandas套件來爬取下列網址的HTML表格資料後，建立成DataFrame物件，然後顯示第1個表格資料，URL網址如下所示：
> https://fchart.github.io/test/sales.html

```python
import pandas as pd

# 使用 pandas 的 read_html 函數來從指定網址爬取 HTML 表格資料
url = "https://fchart.github.io/test/sales.html"
# read_html 函數會返回一個包含所有表格的列表，我們只需要第一個表格，所以選取索引為0的元素
table_list = pd.read_html(url)

# 如果只有一個表格，可以直接取第一個元素
first_table = table_list[0]

# 如果要列印出 DataFrame 的前幾行，可以使用 head() 方法
print("第一個表格資料:")
print(first_table.head())
```

上述 ChatGPT 寫出的 Python 程式在匯入 Pandas 套件的別名 pd 後，呼叫 read_html() 方法爬取參數 URL 網址的 HTML 表格資料，此方法可以爬取在 HTML 網頁中的所有 HTML 表格資料（即 <table> 表格標籤），以此例共可爬取 2 個 HTML 表格資料。

在 read_html() 方法的回傳值是 DataFrame 物件串列 table_list（DataFrame 物件可類比 Excel 工作表），一個 HTML 表格是一個 DataFrame 物件，索引值 0 的 table_list[0] 就是第 1 個 DataFrame 物件（即第 1 個 HTML 表格）；table_list[1] 是第 2 個。

請複製程式碼成為 ch10-6a.py 程式後，執行此 Python 程式需要在 Python 開發環境安裝 pandas 和 lxml 套件，其命令列指令如下所示：

pip install pandas==2.1.4 Enter

pip install lxml==4.9.3 Enter

Python 程式的執行結果是呼叫 head() 方法顯示第 1 個 DataFrame 物件的前 5 筆資料，如下圖所示：

```
>>> %Run ch10-6a.py
第一個表格資料：
        月份      存款金額
0       一月    NT$ 5,000
1       二月    NT$ 1,000
2       三月    NT$ 3,000
3       四月    NT$ 1,000
4     存款總額   NT$ 10,000
```

當在 HTML 網頁中擁有多個 HTML 表格時，我們可提供條件來篩選出擁有特定子字串的 HTML 表格資料。詳細的問題描述（ch10-6b.txt），如下所示：

請使用繁體中文註解文字寫一個Python程式，可以使用pandas套件來爬取下列網址包含有"六"子字串的HTML表格，在建立成DataFrame物件後，顯示第1個表格資料，URL網址如下所示：
https://fchart.github.io/test/sales.html

```python
import pandas as pd

# 使用 pandas 的 read_html 函數來從指定網址爬取 HTML 表格資料
url = "https://fchart.github.io/test/sales.html"
# read_html 函數會返回一個包含所有表格的列表，我們需要先過濾出包含"六"子字串的表格
table_list = pd.read_html(url, match="六")

# 如果找到符合條件的表格，則取第一個表格
if len(table_list) > 0:
    first_table = table_list[0]
    print("第一個符合條件的表格資料:")
    print(first_table)
else:
    print("沒有找到含有'六'子字串的表格。")
```

上述 ChatGPT 寫出的 Python 程式，在 read_html() 方法新增 match 參數值的篩選條件，以此例是篩選出包含有 " 六 " 子字串的 HTML 表格資料，即第 2 個 HTML 表格，其執行結果如下圖所示：

```
>>> %Run ch10-6b.py
第一個符合條件的表格資料:
      月份        存款金額
0     五月    NT$ 5,500
1     六月    NT$ 1,500
2     七月    NT$ 3,500
3     八月    NT$ 1,500
4   存款總額    NT$ 12,000
```

學習評量

1. 請舉例說明 ChatGPT 是如何回應你的問題？

2. 請參閱第 10-2 節註冊 ChatGPT 後，一一測試本章的提示文字。

3. 請問 ChatGPT 最佳程式設計助手可以提供的幫助有哪些？

4. 請從本書前幾章學習評量的實作題中，找幾題來讓 ChatGPT 小試身手，請 ChatGPT 幫助我們寫出 Python 程式碼。

5. 請使用 ChatGPT 替你規劃學習本書第二部分 Python 資料科學套件的學習方向。

6. 請試著使用 ChatGPT 幫助你規劃學習 NumPy 和 Pandas 套件的基本使用。

CHAPTER **11**

NumPy向量與
矩陣運算

🎯本章內容

11-1　Python 資料科學套件

Python 資料科學的相關套件有很多，在本書第 11~15 章詳細說明資料科學和巨量資料分析的必學 Python 套件。

11-1-1　認識 Python 資料科學套件

Python 資料科學套件是用來處理、分析和視覺化取得的資料，主要是指 NumPy、Pandas、Matplotlib、Seaborn、Plotly 和 SciPy 套件，其簡單説明如下所示：

▷ NumPy 套件：一套高效率陣列處理的 Python 數學套件，可以進行向量和矩陣運算。

▷ Pandas 套件：Python 程式碼版的 Excel 試算表工具，可以進行資料處理與分析。

▷ Matplotlib、Seaborn 和 Plotly 套件：Matplotlib 是 2D 繪圖函式庫的資料視覺化工具，支援各種統計圖表的繪製，可以視覺化探索資料和顯示資料分析結果，進階資料視覺化套件還有 Seaborn 和 Plotly。

▷ SciPy 套件：Python 數學、科學和工程運算的基礎函式庫。

11-1-2　NumPy 套件基礎與安裝

NumPy 套件的全名是 Numeric Python 或 Numerical Python，NumPy 套件提供一維、二維和多維陣列物件，與相關延伸物件，並且支援高效率陣列的數學、邏輯、維度操作、排序、選取元素，和基本線性代數與統計等。

在説明 NumPy 陣列前，我們需要先了解數學（Mathematics）的向量與矩陣，其説明如下所示：

▷ 向量（Vector）：向量是方向和大小值，可以用來表示速度、加速度和動力等，向量是一序列數值，有多種表示方法，在 NumPy 是使用一維陣列來表示，如下圖所示：

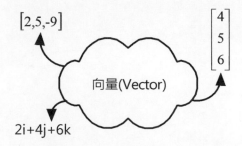

▷ 矩陣（Matrix）：矩陣類似向量，其形狀是二維表格的列（Rows）和欄（Columns），需要使用列和欄來取得指定元素值，在 NumPy 是使用二維陣列方式來表示，如右圖所示：

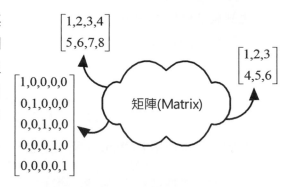

數學的向量、矩陣和資訊科學的陣列都是使用索引系統（Index System）來存取指定元素。請注意！數學的索引值是從「1」開始；電腦資訊是從「0」開始。

在 Python 開發環境安裝 NumPy 套件的命令列指令（Anaconda 預設安裝），如下所示：

pip install numpy==1.26.2 Enter

當成功安裝 NumPy 套件後，在 Python 程式需要匯入 NumPy 套件的別名 np，如下所示：

import numpy as np

 陣列的基本使用

陣列（Arrays）類似 Python 串列（Lists），不過陣列元素的資料型態必須是相同的。NumPy 套件的核心是 ndarray 物件，這是相同資料型態元素所組成的陣列。

11-2-1　建立陣列

NumPy 陣列是一序列的整數 int 或浮點數 float 值，每一個值的陣列元素都是相同的資料型態，可以使用 Python 串列或元組來建立一維、二維或更多維的陣列。

♀ 建立一維陣列：ch11-2-1.py

在匯入 NumPy 套件 np 後，可以使用 array() 方法建立 NumPy 陣列，如下所示：

```
import numpy as np

a = np.array([1, 2, 3, 4, 5])
print(type(a))
print(a)
```

上述程式碼使用 array() 方法建立陣列，其參數是串列，然後使用 type() 函數顯示陣列型態是 numpy.ndarray 物件，和使用 print() 函數顯示 NumPy 陣列內容，如下所示：

```
>>> %Run ch11-2-1.py
<class 'numpy.ndarray'>
[1 2 3 4 5]
```

我們也可以使用 Python 元組來建立一維陣列，如下所示：

```
b = np.array((6, 7, 8, 9, 10))
print(type(b))
print(b)
```

```
<class 'numpy.ndarray'>
[ 6  7  8  9 10]
```

📍 存取一維陣列：ch11-2-1a.py

Python 程式是繼續 ch11-2-1.py 建立的 NumPy 陣列 a，這是一維陣列，axis 軸是方向，值 0 是橫向陣列，如下圖所示：

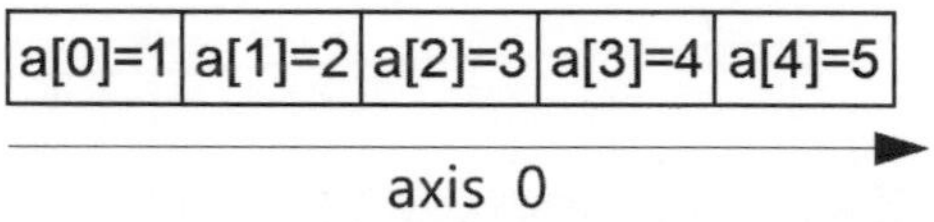

a[0]=1	a[1]=2	a[2]=3	a[3]=4	a[4]=5

axis 0

我們可以使用從 0 開始的索引值，來一一取出和顯示陣列元素值，如下所示：

```
import numpy as np

a = np.array([1, 2, 3, 4, 5])
print(a[0], a[1], a[2], a[3], a[4])
```

```
>>> %Run ch11-2-1a.py
 1 2 3 4 5
```

除了取出元素值，我們也可以使用索引來更改指定的陣列元素值，如下所示：

```
a[0] = 5
print(a)
a[3] = 0
print(a)
```

```
[5 2 3 4 5]
[5 2 3 0 5]
```

上述程式碼更改第 1 個（索引值 0）和第 4 個（索引值 3）元素的值，其執行結果可以看到更改後的陣列元素值。

使用巢狀串列建立和存取二維陣列：**ch11-2-1b.py**

NumPy 二維陣列是使用 Python 巢狀串列來建立，如下所示：

```
b = np.array([[1,2,3],[4,5,6]])
print(b[0, 0], b[0, 1], b[0, 2])
print(b[1, 0], b[1, 1], b[1, 2])
```

上述 array() 方法的參數是 Python 巢狀串列，可以建立 2 X 3 的二維陣列，2 X 3 稱為形狀（Shape），其執行結果如下所示：

```
>>> %Run ch11-2-1b.py
1 2 3
4 5 6
```

上述二維陣列的 axis 軸 0 是直向；1 是橫向，如下圖所示：

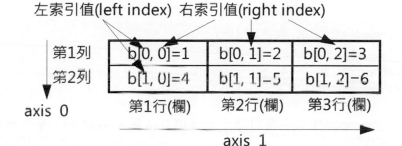

上述圖例是二維陣列，陣列索引值有 2 個：[左索引值 , 右索引值]，需要使用 2 個索引值來存取二維陣列的指定元素值，可以更改左上角和右下角的 2 個元素值，如下所示：

```
b[0, 0] = 6
b[1, 2] = 1
print(b)
```

```
[[6 2 3]
 [4 5 1]]
```

建立指定元素型態的陣列：**ch11-2-1c.py**

在建立 NumPy 陣列時，可以指定陣列元素是哪一種資料型態的陣列，如下所示：

```
c = np.array([1, 2, 3, 4, 5], int)
print(c)
d = np.array((1, 2, 3, 4, 5), dtype=float)
print(d)
```

上述 array() 方法的第 2 個參數是元素型態，第 1 個是整數 int；第 2 個明確指定 dtype 參數值是 float 浮點數元素，其執行結果如下所示：

```
>>> %Run ch11-2-1c.py
[1 2 3 4 5]
[1. 2. 3. 4. 5.]
```

11-2-2　更多 NumPy 陣列的建立方法

NumPy 提供多種方法來建立各種預設內容的陣列，包含一序列數字、值 0、值 1，或是填入特定值的陣列。

◉ 建立一序列數字的陣列：ch11-2-2.py

NumPy 的 arange() 方法類似 Python 的 range() 函數，可以產生一序列數字的陣列，如下所示：

```
c = np.array([1, 2, 3, 4, 5], int)
print(c)
d = np.array((1, 2, 3, 4, 5), dtype=float)
print(d)
```

上述第 1 個 arange() 方法可以產生元素值 0~4 的一維陣列，第 2 個是 1~5 的奇數，其執行結果如下所示：

```
>>> %Run ch11-2-2.py
[0 1 2 3 4]
[1 3 5]
```

◉ 建立元素值都是 0 的陣列：ch11-2-2a.py

NumPy 的 zeros() 方法可以產生指定個數元素值都是 0 的一維和二維陣列，如下所示：

```
c = np.zeros(2)
print(c)
d = np.zeros((2,2))
print(d)
```

上述第 1 個 zeros() 方法的參數是 2，可以產生 2 個元素值 0 的一維陣列，第 2 個是 2 X 2 的二維陣列 (使用參數的元組指定形狀)，元素值都是 0，其執行結果如下所示：

```
>>> %Run ch11-2-2a.py
[0. 0.]
[[0. 0.]
 [0. 0.]]
```

♀ 建立元素值都是 1 的陣列：**ch11-2-2b.py**

NumPy 的 ones() 方法可以產生指定個數元素值都是 1 的一維和二維陣列，如下所示：

```
e = np.ones(2)
print(e)
f = np.ones((2,2))
print(f)
```

上述第 1 個 ones() 方法產生 2 個元素值是 1 的一維陣列，第 2 個是 2 X 2 的二維陣列，元素值都是 1，其執行結果如下所示：

```
>>> %Run ch11-2-2b.py
  [1. 1.]
  [[1. 1.]
   [1. 1.]]
```

♀ 建立元素值都是固定值的陣列：**ch11-2-2c.py**

NumPy 的 full() 方法可以建立填入指定元素值的一維和二維陣列，如下所示：

```
g = np.full(2, 8)
print(g)
h = np.full((2,2), 7)
print(h)
```

上述第 1 個 full() 方法的第 1 個參數值 2，可以產生 2 個元素，元素值是第 2 個參數值 8，這是一維陣列，第 2 個 full() 方法的第 1 個參數是元組，即建立 2 X 2 的二維陣列，元素值都是第 2 個參數值 7，其執行結果如下所示：

```
>>> %Run ch11-2-2c.py
  [8 8]
  [[7 7]
   [7 7]]
```

♀ 建立指定形狀的 0 或 1 的陣列：**ch11-2-2d.py**

NumPy 的 zeros_like() 和 ones_like() 方法可以依據參數的陣列形狀，產生相同尺寸元素值都是 0 或 1 的陣列，如下所示：

```
i = np.array([[1,2,3],[4,5,6]])
j = np.zeros_like(i)
print(j)
k = np.ones_like(i)
print(k)
```

上述程式碼建立 2 X 3 陣列 i 後，呼叫 zeros_like() 方法產生與參數陣列 i 相同形狀的二維陣列，只是元素值都是 0，ones_like() 方法的元素值都是 1（empty_like() 方法是建立相同形狀的空陣列），其執行結果如下所示：

```
>>> %Run ch11-2-2d.py

[[0 0 0]
 [0 0 0]]
[[1 1 1]
 [1 1 1]]
```

產生對角線都是 1 個二維陣列：**ch11-2-2e.py**

NumPy 的 eye() 方法可以產生對角線都是 1 個二維陣列，如下所示：

```
l = np.eye(3)
print(l)
m = np.eye(3, k=1)
print(m)
```

上述第 1 個 eye() 方法產生對角線是 1 個二維陣列，第 2 個 eye() 方法指定開始索引參數 k 的值是 1，所以從第 2 個元素開始的斜角元素都是 1，其執行結果如下所示：

```
>>> %Run ch11-2-2e.py

[[1. 0. 0.]
 [0. 1. 0.]
 [0. 0. 1.]]
[[0. 1. 0.]
 [0. 0. 1.]
 [0. 0. 0.]]
```

11-2-3 陣列屬性

NumPy 陣列是物件，提供相關屬性來顯示陣列的資訊，其相關屬性的說明，如下表所示：

屬性	說明
dtype	陣列元素的資料型態，整數 int32/64 或浮點數 float32/64 等
size	陣列的元素總數
shape	N X M 陣列的形狀（Shape）
itemsize	陣列元素佔用的位元組數
ndim	幾維陣列，一維是 1；二維是 2
nbytes	整個陣列佔用的位元組數

　　請使用上表屬性顯示 NumPy 陣列的相關屬性值（Python 程式：ch11-2-3.py），如下所示：

```
a = np.array([[1,2,3],[4,5,6]])
print(a.dtype)
print(a.size)
print(a.shape)
print(a.itemsize)
print(a.ndim)
print(a.nbytes)
```

　　上述程式碼建立 2 X 3 的二維陣列後，顯示陣列的各種屬性值，其執行結果如下所示：

```
>>> %Run ch11-2-3.py
 int32
 6
 (2, 3)
 4
 2
 24
```

11-2-4　陣列維度轉換與轉置

　　NumPy 陣列維度轉換就是在改變陣列的形狀（shape 屬性值），轉置主要是針對二維陣列，可以將 X 和 Y 軸對調。

◉ 更改陣列形狀：ch11-2-4.py

　　NumPy 陣列可以使用 reshape() 方法，將一維陣列轉換成指定形狀的二維陣列，如下所示：

```
a = np.arange(12)
print(a)
b = a.reshape((3, 4))
print(b)
c = a.reshape((4, 3))
print(c)
```

　　上述程式碼首先建立 0~11 元素值的一維陣列後，呼叫 2 次 reshape() 方法，可以分別轉換成參數 3 X 4 和 4 X 3 元組的二維陣列，其執行結果如下所示：

```
>>> %Run ch11-2-4.py
[ 0  1  2  3  4  5  6  7  8  9 10 11]
[[ 0  1  2  3]
 [ 4  5  6  7]
 [ 8  9 10 11]]
[[ 0  1  2]
 [ 3  4  5]
 [ 6  7  8]
 [ 9 10 11]]
```

🔘 轉置二維陣列：ch11-2-4a.py

如果是二維陣列，NumPy 還可以使用 .T 屬性或 transpose() 方法來交換陣列維度，即 X 軸和 Y 軸交換，如下所示：

```
d = np.array([[1,2],[3,4],[5,6]])
print(d)
e = d.T
print(e)
f = d.transpose()
print(f)
```

上述程式碼建立 3 X 2 的二維陣列 d 後，分別使用 .T 和 transpose() 方法交換 2 個維度成為 2 X 3，也可以使用 np.transpose(d) 方法，其執行結果如下所示：

```
>>> %Run ch11-2-4a.py
[[1 2]
 [3 4]
 [5 6]]
[[1 3 5]
 [2 4 6]]
[[1 3 5]
 [2 4 6]]
```

11-2-5　走訪 NumPy 陣列的元素

NumPy 陣列的元素走訪如同走訪 Python 串列的項目，可以使用 for 迴圈走訪 NumPy 陣列的每一個元素。

🔘 走訪一維陣列的元素：ch11-2-5.py

在 Python 程式建立一維 NumPy 陣列後，使用 for 迴圈走訪一維陣列的每一個元素，如下所示：

```
a = np.array([1, 2, 3, 4, 5])
for ele in a:
    print(ele, end=" ")
```

```
>>> %Run ch11-2-5.py
  1 2 3 4 5
```

📍 走訪二維陣列的元素：**ch11-2-5a.py**

在 Python 程式建立 NumPy 二維陣列後，首先使用 for 迴圈走訪二維陣列的每一列，如下所示：

```
b = np.array([[1, 2], [3, 4], [5, 6]])
for ele in b:
    print(ele, end=" ")
print()
```

然後，使用 for 巢狀迴圈走訪二維陣列的每一個元素，在外層 for 迴圈顯示每一列的一維陣列，第 2 個是內層 for 迴圈，可以顯示二維陣列的每一個元素，如下所示：

```
for ele in b:
    for item in ele:
        print(item, end=" ")
```

```
>>> %Run ch11-2-5a.py
  [1 2] [3 4] [5 6]
   1 2 3 4 5 6
```

11-2-6 　使用亂數函數產生陣列元素值

NumPy 的 random 子模組提供多種方法來產生亂數，可以產生一整個陣列元素值的亂數值，相關方法的說明如下表所示：

方法	說明
seed(int)	指定亂數的種子數，這是整數值，同一個種子數會產生相同的亂數序列
random()	產生 0.0~1.0 之間的亂數
randint(min,max,size)	產生 min~max 之間的整數亂數，不含 max，size 參數是陣列尺寸或形狀
rand(row,col)	產生亂數值的陣列，第 1 個參數是一維陣列的尺寸，第 2 個參數是二維陣列的列與欄
randn(row,col)	類似 rand() 方法，可以產生標準常態分配的樣本資料

⬤ 使用亂數產生整數和浮點數的陣列：ch11-2-6.py

NumPy 可以使用 random 模組的 rand() 方法來產生浮點數陣列值，randint() 方法是產生整數值的陣列，如下所示：

```
a = np.random.rand(5)
print(a)
b = np.random.rand(3, 2)
print(b)
```

上述程式碼呼叫 2 次 rand() 方法，第 1 次是 5 個元素的一維陣列，第 2 次是 3 X 2 的二維陣列，元素值是 0~1 之間的浮點數，其執行結果如下所示：

```
>>> %Run ch11-2-6.py
 [0.15068008 0.55958409 0.96530945 0.25066791 0.5911256 ]
 [[0.31892686 0.66390543]
  [0.76544669 0.50777231]
  [0.50501888 0.24836009]]
```

⬤ 使用亂數產生指定尺寸和形狀的陣列：ch11-2-6a.py

NumPy 的 randint() 方法可以使用 size 屬性指定產生 5 個元素的一維陣列，或形狀元組來產生 2 X 3 的二維陣列（size 屬性值是元組），元素值是 5~9 之間的整數，如下所示：

```
c = np.random.randint(5, 10, size=5)
print(c)
d = np.random.randint(5, 10, size=(2,3))
print(d)
```

```
>>> %Run ch11-2-6a.py
 [6 8 5 7 6]
 [[7 8 6]
  [7 7 7]]
```

11-3　一維陣列：向量

向量就是 NumPy 一維陣列，可以使用切割和索引來取出元素，或進行向量運算。

11-3-1　向量運算

向量與純量和向量與向量可以執行加、減、乘和除的四則運算，2 個向量還可以執行點積運算。

向量與純量的四則運算：**ch11-3-1.py**

向量與純量（Scalar）可以進行加、減、乘和除的四則運算，純量是一個數值。以加法為例，例如：向量 a 有 a1, a2, a3 個元素，純量是 s，如下圖所示：

$$a = [a1, a2, a3]$$
$$s = 5$$
$$c = a + s = [a1 + s, a2 + s, a3 + s]$$

$$a = [1, 2, 3]$$
$$s = 5$$
$$c = a + s = [1 + 5, 2 + 5, 3 + 5]$$

上述加法運算過程產生向量 c，其元素是向量 a 的元素加上純量 s，首先建立向量 a 和純量 s，如下所示：

```
c = np.random.randint(5, 10, size=5)
print(c)
d = np.random.randint(5, 10, size=(2,3))
print(d)
```

```
>>> %Run ch11-3-1.py
 [1 2 3]
 5
```

上述變數 a 是 NumPy 一維陣列的向量；變數 s 是純量值 5。向量與純量適用 +、-、* 和 / 運算了的四則運算，如下所示：

```
c = a + s
print(c)
c = a - s
print(c)
c = a * s
print(c)
c = a / s
print(c)
```

```
[6 7 8]
[-4 -3 -2]
[ 5 10 15]
[0.2 0.4 0.6]
```

NumPy 陣列也可以使用 np.add()、np.subtract()、np.multiply() 和 np.divide() 方法的加、減、乘和除來執行四則運算，如下所示：

```
c = np.add(a, s)
print(c)
```

```
[6 7 8]
```

⦿ 向量與向量的四則運算：**ch11-3-1a.py**

對於長度相同的 2 個向量，對應的向量元素也可以執行加、減、乘和除的四則運算來產生相同長度的向量。以加法為例，例如：向量 a 有 a1, a2, a3 個元素，s 有 s1, s2, s3，如下圖所示：

$$a = [a1, a2, a3] \qquad\qquad a = [1, 2, 3]$$
$$s = [s1, s2, s3] \qquad\qquad s = [4, 5, 6]$$
$$c = a + s = [a1+s1, a2+s2, a3+s3] \qquad c = a + s = [1+4, 2+5, 3+6]$$

上述加法運算過程產生向量 c，其元素是向量 a 的元素加上向量 s 的元素，首先建立向量 a 和向量 s，如下所示：

```
a = np.array([1, 2, 3])
print(a)
s = np.array([4, 5, 6])
print(s)
```

```
>>> %Run ch11-3-1a.py
[1 2 3]
[4 5 6]
```

上述變數 a 和 s 是 NumPy 一維陣列的向量，一樣可以使用 +、-、* 和 / 運算子進行向量與向量的四則運算，如下所示：

```
c = a + s
print(c)
c = a - s
print(c)
c = a * s
print(c)
c = a / s
print(c)
```

```
[5 7 9]
[-3 -3 -3]
[ 4 10 18]
[0.25 0.4  0.5 ]
```

⦿ 向量的點積運算：**ch11-3-1b.py**

點積運算（Dot Product）是兩個向量對應元素的乘積和，例如：使用和之前相同的 2 個向量，如下圖所示：

$$a = [a1, a2, a3]$$
$$s = [s1, s2, s3]$$
$$c = a \bullet s = a1 \times s1 + a2 \times s2 + a3 \times s3$$

上述向量 a 和 s 的點積運算結果是一個純量，如下所示：

```
a = np.array([1, 2, 3])
print(a)
s = np.array([4, 5, 6])
print(s)
print("-----------------")
c = a.dot(s)
print(c)
```

上述變數 a 和 s 是 NumPy 一維陣列的向量，a . s 點積運算是 dot() 方法，其執行的運算式如下所示：

```
1*4 + 2*5 + 3*6 = 32
```

上述運算結果值 32 是點積運算的結果，如下所示：

```
>>> %Run ch11-3-1b.py
[1 2 3]
[4 5 6]
-----------------
32
```

11-3-2　切割一維陣列的元素

NumPy 陣列一樣可以使用 Python 串列的切割運算子來切割一維陣列的元素。在切割運算子共有 3 個參數，其語法如下所示：

```
array[start:end:step]
```

上述「:」冒號分隔的值是 start 至 end 的範圍，step 是增量。在本節使用的範例 NumPy 陣列，如下所示：

```
a = np.array([1, 2, 3, 4, 5, 6, 7, 8, 9])
```

```
[1 2 3 4 5 6 7 8 9]
```

使用切割運算子：ch11-3-2.py

在 NumPy 陣列使用切割運算子，其索引範圍依序是：1,2、0,1,2,3 和 3,4,5,6,7,8，如下所示：

```
b = a[1:3]
print(b)
c = a[:4]
print(c)
d = a[3:]
print(d)
```

>>> %Run ch11-3-2.py

```
[2 3]
[1 2 3 4]
[4 5 6 7 8 9]
```

在切割運算子使用增量：ch11-3-2a.py

在 NumPy 陣列使用切割運算子，其索引範圍依序是；2,5,8、0,2,4,6,8 和 8,7,6,5,4,3,2,1,0，如下所示：

```
b = a[2:9:3]
print(b,)
c = a[::2]
print(c)
d = a[::-1]
print(d)
```

>>> %Run ch11-3-2a.py

```
[3 6 9]
[1 3 5 7 9]
[9 8 7 6 5 4 3 2 1]
```

 ## 11-4　二維陣列：矩陣

矩陣就是 NumPy 二維陣列，一樣可以使用切割和索引來取出元素，或進行矩陣運算。

11-4-1　矩陣運算

如同向量運算，矩陣與純量和矩陣與矩陣也可以執行加、減、乘和除四則運算，和 2 個矩陣的點積運算。

📍 矩陣與純量的四則運算：ch11-4-1.py

矩陣與純量（Scalar）可以進行加、減、乘和除的四則運算，純量是一個數值。以加法為例，例如：矩陣 a 有 a1~a6 個元素，純量是 s，如下圖所示：

$$a = \begin{bmatrix} a1, a2, a3 \\ a4, a5, a6 \end{bmatrix} \qquad\qquad a = \begin{bmatrix} 1, 2, 3 \\ 4, 5, 6 \end{bmatrix}$$

$$s = 5 \qquad\qquad\qquad\qquad\qquad s = 5$$

$$c = a + s = \begin{bmatrix} a1+s, a2+s, a3+s \\ a4+s, a5+s, a6+s \end{bmatrix} \qquad c = a + s = \begin{bmatrix} 1+5, 2+5, 3+5 \\ 4+5, 5+5, 6+5 \end{bmatrix}$$

上述加法運算過程產生矩陣 c，其元素是矩陣 a 的元素加上純量 s，首先建立矩陣 a 和純量 s，如下所示：

```python
a = np.array([[1,2,3],[4,5,6]])
print(a)
s = 5
print(s)
```

```
>>> %Run ch11-4-1.py
 [[1 2 3]
  [4 5 6]]
 5
```

上述變數 a 是 NumPy 二維陣列的矩陣；變數 s 是純量值 5。矩陣與純量適用 +、-、* 和 / 運算子的四則運算，如下所示：

```python
c = a + s
print(c)
c = a - s
print(c)
c = a * s
print(c)
c = a / s
print(c)
```

```
[[ 6  7  8]
 [ 9 10 11]]
[[-4 -3 -2]
 [-1  0  1]]
[[ 5 10 15]
 [20 25 30]]
[[0.2 0.4 0.6]
 [0.8 1.  1.2]]
```

⬛ 矩陣與矩陣的四則運算：**ch11-4-1a.py**

　　如果有相同形狀的 2 個矩陣，對應的矩陣元素也可以執行加、減、乘和除的四則運算來產生相同形狀的矩陣。以加法為例，例如：矩陣 a 有 a1~a4 個元素，s 有 s1~s4，如下圖所示：

$$a = \begin{bmatrix} a1, a2 \\ a3, a4 \end{bmatrix} \qquad a = \begin{bmatrix} 1,2 \\ 3,4 \end{bmatrix}$$

$$s = \begin{bmatrix} s1, s2 \\ s3, s4 \end{bmatrix} \qquad s = \begin{bmatrix} 5,6 \\ 7,8 \end{bmatrix}$$

$$c = a + s = \begin{bmatrix} a1+s1, a2+s2 \\ a3+s3, a4+s4 \end{bmatrix} \qquad c = a + s = \begin{bmatrix} 1+5, 2+6 \\ 3+7, 4+8 \end{bmatrix}$$

　　上述加法運算過程產生矩陣 c，其元素是矩陣 a 的元素加上矩陣 s 的對應元素，首先建立矩陣 a 和矩陣 s，如下所示：

```
a = np.array([[1,2],[3,4]])
print(a)
s = np.array([[5,6],[7,8]])
print(s)
```

```
>>> %Run ch11-4-1a.py
 [[1 2]
  [3 4]]
 [[5 6]
  [7 8]]
```

　　上述變數 a 和 s 是 NumPy 二維陣列的矩陣，一樣是使用 +、-、* 和 / 運算子進行矩陣與矩陣的四則運算，如下所示：

```
c = a + s
print(c)
c = a - s
print(c)
c = a * s
print(c)
c = a / s
print(c)
```

```
[[ 6  8]
 [10 12]]
[[-4 -4]
 [-4 -4]]
[[ 5 12]
 [21 32]]
[[0.2        0.33333333]
 [0.42857143 0.5       ]]
```

📍 矩陣的點積運算：ch11-4-1b.py

點積運算（Dot Product）是兩個矩陣對應元素的列和行乘積和，例如：使用和之前相同的 2 個矩陣，如下圖所示：

$$a = \begin{bmatrix} a1, a2 \\ a3, a4 \end{bmatrix}$$

$$s = \begin{bmatrix} s1, s2 \\ s3, s4 \end{bmatrix}$$

$$c = a \bullet s = \begin{bmatrix} a1*s1 + a2*s3, a1*s2 + a2*s4 \\ a3*s1 + a4*s3, a3*s2 + a4*s4 \end{bmatrix}$$

上述矩陣 a 和 s 點積運算的結果是另一個矩陣，如下所示：

```
a = np.array([[1,2],[3,4]])
print(a)
s = np.array([[5,6],[7,8]])
print(s)
print("-------------------")
c = a.dot(s)
print(c)
```

```
>>> %Run ch11-4-1b.py

 [[1 2]
  [3 4]]
 [[5 6]
  [7 8]]
 -------------------
 [[19 22]
  [43 50]]
```

上述變數 a 和 s 是 NumPy 二維陣列的矩陣，點積運算是 dot() 方法，其執行的運算式如下圖所示：

$$\begin{bmatrix} 1 \times 5 + 2 \times 7, 1 \times 6 + 2 \times 8 \\ 3 \times 5 + 4 \times 7, 3 \times 6 + 4 \times 8 \end{bmatrix}$$

11-4-2　切割二維陣列的元素

NumPy 二維陣列一樣可以使用切割運算子，從原始陣列切割出所需的子陣列，其語法如下所示：

```
array[start:end:step, start1:end1:step1 ]
```

上述語法因為有 2 個索引，分別都可以指定開始、結束（不包含結束本身）和增量。在本節使用的範例 NumPy 陣列（Python 程式：ch11-4-2.py），如下所示：

```
a = np.arange(11,36)
a = a.reshape(5,5)
print(a)
```

```
>>> %Run ch11-4-2.py
[[11 12 13 14 15]
 [16 17 18 19 20]
 [21 22 23 24 25]
 [26 27 28 29 30]
 [31 32 33 34 35]]
```

上述程式碼建立一維陣列 11~35 後，使用 reshape() 方法轉換成二維陣列 5 X 5。在這一節我們準備切割的二維陣列圖例，如右圖所示：

右述二維陣列在 [,] 切割語法的「,」符號前是切割列的一維陣列（直的索引）；在之後是欄的一維陣列（橫的索引）。一些切割運算子範例，如下所示：

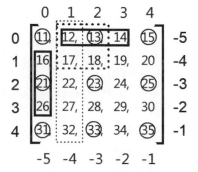

▷ 切割範例 1：二維陣列的列索引是 0,0,0；欄索引是 1,2,3，可以取出 [0,1]、[0,2] 和 [0,3] 的 3 個元素，如下所示：

```
b = a[0, 1:4]
print(b)
```

```
[12 13 14]
```

▷ 切割範例 2：二維陣列的列索引是 1,2,3；欄索引是 0,0,0，可以取出 [1,0]、[2,0] 和 [3,0] 的 3 個元素，如下所示：

```
b = a[1:4, 0]
print(b)
```

```
[16 21 26]
```

▷ 切割範例 3：二維陣列的列索引是 0,1；欄索引是 1,2，可以取出 [0,1]、[0,2]、[1,1] 和 [1,2] 的 4 個元素，如下所示：

```
b = a[:2, 1:3]
print(b)
```

```
[[12 13]
 [17 18]]
```

▷ 切割範例 4：二維陣列的列索引是 0,1,2,3,4；欄索引是 1,1,1,1，可以取出 [0,1]、[1,1]、[2,1]、[3,1] 和 [4,1] 的 5 個元素，如下所示：

```
b = a[:,1]
print(b)
```

```
[12 17 22 27 32]
```

▷ 切割範例 5：二維陣列的列索引是 0,2,4；欄索引是 0,2,4，可以取出 [0,0]、[0,2]、[0,4]、[2,0]、[2,2]、[2,4]、[4,0]、[4,2] 和 [4,4] 的 9 個元素，如下所示：

```
b = a[::2, ::2]
print(b)
```

```
[[11 13 15]
 [21 23 25]
 [31 33 35]]
```

11-5 使用進階索引取出元素

NumPy 的花式索引（Fancy Indexing）是一種進階索引，可以使用整數值串列的索引，或布林值遮罩索引來取出 NumPy 陣列元素。

♦ 使用整數值串列的索引：ch11-5.py

NumPy 陣列不只可以使用整數值的索引來取出指定值，還可以給一個索引值串列，從 NumPy 陣列取出這些索引值的元素來建立成新陣列，如下所示：

```
a = np.array([1, 2, 3, 4, 5, 6, 7, 8, 9])
print(a)
print("------------------")
b = a[[1, 3, 5, 7]]
print(b)
```

上述程式碼的變數 a 是 NumPy 一維陣列，使用索引值串列 [1, 3, 5, 7] 從陣列 a 取出索引 1、3、5、7 來建立新陣列 b，即 [2 4 6 8]，其執行結果如下所示：

```
>>> %Run ch11-5.py
 [1 2 3 4 5 6 7 8 9]
 ------------------
 [2 4 6 8]
```

使用 range() 函數產生索引串列：ch11-5a.py

基本上，我們也可以使用 range() 函數來產生索引值串列 [0, 1, 2, 3, 4, 5]，然後從陣列 a 取出索引值串列的 6 個元素，如下所示：

```
a = np.array([1, 2, 3, 4, 5, 6, 7, 8, 9])
print(a)
print("------------------")
b = a[range(6)]
print(b)
```

```
>>> %Run ch11-5a.py
[1 2 3 4 5 6 7 8 9]
------------------
[1 2 3 4 5 6]
```

使用索引值串列更改元素值：ch11-5b.py

索引值串列不只可以取出元素，還可以更改元素值，例如：使用 [2, 6] 同時選擇 2 個元素，和將這 2 個選擇元素值都指定成新值 10，如下所示：

```
a = np.array([1, 2, 3, 4, 5, 6, 7, 8, 9])
print(a)
print("------------------")
a[[2, 6]] = 10
print(a)
```

```
>>> %Run ch11-5b.py
[1 2 3 4 5 6 7 8 9]
-------------------
[ 1  2 10  4  5  6 10  8  9]
```

使用二維陣列的整數串列索引：ch11-5c.py

如果是 NumPy 二維陣列，我們一樣可以使用二維陣列的整數串列索引，從二維陣列 a 選取指定的元素，如下所示：

```
a = np.array([[1,2,3],[4,5,6],[7,8,9]])
print(a)
print("------------------")
b = a[[0,1,2],[0,1,0]]
print(b)
```

上述程式碼使用串列指定二維陣列的 2 個索引值，可以取得索引 [0,0][1,1][2,0]，執行結果是：[1 5 7]，如下所示：

```
>>> %Run ch11-5c.py
[[1 2 3]
 [4 5 6]
 [7 8 9]]
------------------
[1 5 7]
```

另一種方式，可以直接使用二維索引串列選擇 3 個陣列元素來建立新陣列，如下所示：

```
b = np.array([a[0,0],a[1,1],a[2,0]])
print(b)
```

```
[1 5 7]
```

◉ 使用一維陣列的布林值遮罩索引：**ch11-5d.py**

NumPy 陣列還可以使用相同大小的布林值陣列，如果元素值是 True，表示選擇對應元素；反之 False，就是不選擇此元素，如下所示：

```
a = np.array([1, 2, 3, 4, 5, 6])
mask - (a % 2 -- 0)
print(mask)
```

上述程式碼的 mask 變數是布林值陣列，其條件 a % 2 == 0 可以建立元素值整除 2 時為 True；否則為 False，其執行結果如下所示：

```
>>> %Run ch11-5d.py
[False  True False  True False  True]
```

然後使用布林值陣列從陣列 a 選出所需的元素，如下所示：

```
print(a)
print("------------------")
b = a[mask]
print(b)
```

```
[1 2 3 4 5 6]
------------------
[2 4 6]
```

同理，布林值陣列也可以用來更改陣列元素值，如下所示：

```
print(a)
print("------------------")
a[a % 2 == 0] = -1
print(a)
```

上述程式碼選取的是偶數元素，所以將這些元素指定成 -1，其執行結果如下所示：

```
[1 2 3 4 5 6]
------------------
[ 1 -1  3 -1  5 -1]
```

使用二維陣列的布林值遮罩索引：**ch11-5e.py**

二維陣列的布林值索引，首先建立 3 X 2 的二維陣列 b，如下所示：

```
a = np.array([[1,2],[3,4],[5,6]])
print(a)
```

```
>>> %Run ch11-5e.py
[[1 2]
 [3 4]
 [5 6]]
```

然後建立對應 mask 變數的布林值陣列，條件是 a > 2，可以建立元素值大於 2 為 True；否則為 False 的二維陣列，最後使用布林值陣列 mask 選出所需的元素，如下所示：

```
mask = (a > 2)
print(mask)
print("------------------")
b = a[mask]
print(b)
```

```
[[False False]
 [ True  True]
 [ True  True]]
------------------
[3 4 5 6]
```

11-6　陣列的常用操作與廣播

在這一節我們準備說明 NumPy 常用的陣列操作和廣播機制，可以讓不同形狀的陣列執行所需的數學運算。

11-6-1　陣列形狀與內容操作

陣列形狀操作是將二維改成一維陣列的平坦化，或是擴充和刪除陣列維度來更改形狀，當然，我們也可以複製、連接和填滿陣列內容。

📍 陣列平坦化：**ch11-6-1.py**

平坦化陣列可以將二維陣列平坦化成一維陣列,在 NumPy 是使用 flatten() 方法來執行平坦化陣列,如下所示:

```python
a = np.array([1, 2, 3, 4, 5, 6, 7, 8, 9])
b = a.reshape((3, 3))
print(b)
c = b.flatten()
print(c)
```

上述程式碼使用 reshape() 方法建立二維陣列 b 後,呼叫陣列 b 的 flatten() 方法,其執行結果如下所示:

```
>>> %Run ch11-6-1.py
[[1 2 3]
 [4 5 6]
 [7 8 9]]
[1 2 3 4 5 6 7 8 9]
```

陣列平坦化除了使用 flatten() 方法,也可以使用 ravel() 方法,將二維陣列平坦化成一維陣列,如下所示:

```python
c = b.ravel()
print(c)
c = np.ravel(b)
print(c)
```

上述程式碼呼叫陣列 b 的 ravel() 方法,或使用 NumPy 的 np.ravel() 方法 (在 Python 方法都有 2 種寫法) 來轉換成一維陣列。

📍 新增陣列的維度:**ch11-6-1a.py**

NumPy 陣列的索引可以使用 np.newaxis 物件來新增陣列的維度,如下所示:

```python
a = np.array([1,2,3])
print(a)
print("------------------")
b = a[:, np.newaxis]
print(b)
print("------------------")
print(b.shape)
```

上述程式碼建立一維陣列 a 後，使用 np.newaxis 物件新增第 2 個維度，可以改成形狀 (3, 1)；即 3 X 1，其執行結果如下所示：

```
>>> %Run ch11-6-1a.py
 [1 2 3]
------------------
[[1]
 [2]
 [3]]
------------------
 (3, 1)
```

然後，改成 (1, 3)；即 1 X 3，如下所示：

```
b = a[np.newaxis, :]
print(b)
print("------------------")
print(b.shape)
```

```
[[1 2 3]]
------------------
 (1, 3)
```

陣列複製和填滿值：ch11-6-1b.py

NumPy 陣列可以使用 copy() 方法複製出 1 個內容完全相同的全新陣列 b，和使用 fill() 方法指定陣列元素成為單一值，如下所示：

```
a = np.array([1, 2, 3, 4, 5])
b = a.copy()
print(b)
print("------------------")
b.fill(4)
print(b)
```

上述程式碼在複製陣列 a 後，將陣列元素值都填成 4，其執行結果如下所示：

```
>>> %Run ch11-6-1b.py
 [1 2 3 4 5]
------------------
 [4 4 4 4 4]
```

連接多個二維陣列：ch11-6-1c.py

在使用 np.concatenate() 方法連接多個二維陣列時，可以指定參數 axis 軸的連接方向，參數值 0 是直向（預設值），可以連接在目前二維陣列的下方，如下所示：

```
a = np.array([[1,2],[3,4]])
b = np.array([[5,6],[7,8]])
c = np.concatenate((a,b), axis=0)
print(c)
```

上述程式碼建立 2 個二維陣列後，呼叫 np.concatenate() 方法來上下連接 2 個陣列，其執行結果如下所示：

```
>>> %Run ch11-6-1c.py

  [[1 2]
   [3 4]
   [5 6]
   [7 8]]
```

當參數 axis 軸的值是 1 時，這是橫向，可以將每一個陣列連接在目前陣列的右方，如下所示：

```
c = np.concatenate((a,b), axis=1)
print(c)
```

```
  [[1 2 5 6]
   [3 4 7 8]]
```

擴充與刪除陣列的維度：ch11-6-1d.py

因為機器學習的輸入資料和回傳結果都是 NumPy 多維陣列，有時我們需要擴充陣列維度來符合輸入資料的形狀，或刪除陣列維度來方便存取資料。在 NumPy 擴充維度是使用 np.expand_dims() 方法，如下所示：

```
a = np.array([[1, 2, 3, 4, 5, 6, 7, 8]])
b = a.reshape(2, 4)
print(b.shape)
c = np.expand_dims(b, axis=0)
d = np.expand_dims(b, axis=1)
print(c.shape, d.shape)
```

上述程式碼使用 reshape() 方法建立二維陣列 (2, 4) 後，呼叫 2 次 np.expand_dims() 方法擴充維度，axis 參數指定擴充哪一維（從 0 開始），其執行結果可以看到增加的維度 1 是在第 1 個（axis=0）和第 2 個（axis=1），如下所示：

```
>>> %Run ch11-6-1d.py

  (2, 4)
  (1, 2, 4) (2, 1, 4)
```

刪除陣列維度是使用 np.squeeze() 方法，可以刪除陣列 shape 屬性值是 1 的維度，如下所示：

```
e = np.squeeze(c)
f = np.squeeze(d)
print(e.shape, f.shape)
```

上述程式碼刪除陣列 c 和 d 中 shape 屬性值是 1 的維度，其執行結果的 shape 屬性值都成為 (2, 4)。

取得陣列最大 / 最小值和索引：ch11-6-1e.py

NumPy 陣列可以使用 np.max() 方法取得陣列最大元素值；np.min() 方法取得最小值，如果欲取得陣列哪一個索引值是最大值或最小值，請使用 np.argmax() 和 np.argmin() 方法，如下所示：

```
a = np.array([[11, 22, 13, 74, 35, 6, 27, 18]])
min_value = np.min(a)
max_value = np.max(a)
print(min_value, max_value)
print("------------------")
min_idx = np.argmin(a)
max_idx = np.argmax(a)
print(min_idx, max_idx)
```

上述程式碼的執行結果可以顯示陣列的最小值和最大值，然後是最小值和最大值的索引值，其執行結果如下所示：

```
>>> %Run ch11-6-1e.py
 6 74
------------------
 5 3
```

11-6-2　陣列廣播

「廣播」（Broadcasting）可以讓不同形狀的陣列執行數學運算，因為數學運算大都需要使用 2 個陣列相對應的元素，NumPy 會自動擴充 2 個陣列成為相同形狀，以便進行對應元素的數學運算。

Numpy 陣列廣播

當運算是一個小陣列和一個大陣列時，沒有廣播機制，就需要自行先複製小陣列元素，擴充成與大陣列相同形狀後，才能執行 2 個陣列的數學運算，NumPy 廣播可以自動擴充小陣列來執行運算，而不用自行撰寫 Python 程式碼來擴充陣列，如下圖所示：

上述圖例的灰色部分是 NumPy 廣播機制自動產生的陣列元素。

🔾 使用廣播執行陣列相加運算：**ch11-6-2.py**

NumPy 廣播可以計算二維陣列和一維陣列的加法運算，首先建立 1 個二維和 1 個一維陣列，如下所示：

```
a = np.array([[1,2,3],[4,5,6],[7,8,9],[10,11,12]])
print(a)
print("a 形狀: " + str(a.shape))
b = np.array([1,0,1])
print(b)
print("b 形狀: " + str(b.shape))
```

上述程式碼建立二維陣列 a（型狀 4 X 3）和一維陣列 b（尺寸 3 個元素），其執行結果如下所示：

```
>>> %Run ch11-6-2.py

[[ 1  2  3]
 [ 4  5  6]
 [ 7  8  9]
 [10 11 12]]
a 形狀: (4, 3)
[1 0 1]
b 形狀: (3,)
```

然後，我們就可以執行 **a + b** 的加法運算，如下所示：

```
c = a + b
print(c)
```

```
[[ 2  2  4]
 [ 5  5  7]
 [ 8  8 10]
 [11 11 13]]
```

上述加法運算因為一維陣列 b 的形狀不同，NumPy 廣播先擴充一維陣列 b 成為 4 X 3 形狀的二維陣列後，再來與陣列 a 進行加法運算，如下圖所示：

上述陣列 a 的形狀（Shape）是 (4, 3)，陣列 b 是 (3,)，因為廣播機制，陣列 b 先增加維度成為 (1, 3) 後，再自動複製每一列成為形狀 (4, 3) 後，才執行 2 個二維陣列的加法運算。

NumPy 陣列廣播的使用規則

原本當 2 個 NumPy 陣列的形狀不同時，元素對元素的運算是無法執行，NumPy 廣播可以讓較小陣列擴充成大型陣列的相同形狀來進行元素對元素的運算。廣播二個陣列的規則說明，如下所示：

▷ 如果兩個陣列是不同等級的陣列（ndim 屬性值不同），就追加較低等級陣列的形狀（Shape）為「1」，例如：a 是 (4, 3)，b 是 (3,)，第 1 步是將一維陣列 b 增加成 (1, 3) 的二維陣列。

▷ 陣列形狀在每一個維度（Dimension）的尺寸是 2 個輸入陣列在該維度的最大值，所以，在廣播後，2 個陣列的形狀是 2 個輸入陣列的最大形狀。例如：a 是 (4, 3)，b 是 (1, 3)，最大值是 (4, 3)，所以最後陣列 b 會廣播成 (4, 3)。

▷ 當陣列有任何一個維度的尺寸是「1」，其他陣列的尺寸大於「1」，則尺寸「1」的陣列就會沿著此維度複製擴充陣列尺寸，例如：b 陣列形狀是 (1, 3)，第 1 維是「1」，所以沿著第 1 維從 1 擴充成 4，即 (4, 3)。

請注意！兩個陣列需要是「相容的」（Compatible），NumPy 才會自動使用廣播進行數學運算。陣列符合相容可廣播的條件，如下所示：

▷ 兩個陣列擁有相同形狀（Shape）。

▷ 兩個陣列擁有相同維度，而且每一個維度的尺寸是相同的，或此維度的尺寸是「1」。

▷ 如果兩個陣列的維度不同，較少維度的陣列就會改變形狀，追加維度尺寸為「1」，以便兩個陣列可以擁有相同的維度。

學習評量

1. 請說明什麼是 Python 資料科學套件？NumPy 陣列和 Python 串列的差異為何？

2. 請使用圖例說明什麼是向量？什麼是矩陣？

3. 請舉例說明向量和矩陣運算有哪些？

4. 請舉例說明 NumPy 的廣播（Broadcasting）機制？

5. 請寫出 Python 程式可以使用串列建立 NumPy 陣列，其輸出結果如下所示：

```
串列：[12.23, 13.32, 100, 36.32]
一維陣列：[ 12.23  13.32 100.    36.32]
```

6. 請寫出 Python 程式建立 3 X 3 矩陣，其值是從 2~10，其輸出結果如下所示：

```
[[2 3 4]
[5 6 7]
[8 9 10]]
```

7. 現在有一個二維 NumPy 陣列，請寫出 Python 程式依序取出陣列的每一列，如下所示：

```
[[0 1]
[2 3]
[4 5]]
```

8. 請寫出 Python 程式建立 (3, 4) 形狀的陣列，然後將每一個元素乘以 3 後，顯示新陣列的內容。

iPAS巨量資料分析模擬試題

( ) 1. 下列 Python 程式碼在建立 NumPy 陣列 x 後，請問 4*x 是什麼意義？

```
import numpy as np
x = numpy.array([[1, 3],[2, 4]])
```

(A) x*x*x*x

(B) 4 乘以每 1 個元素

(C) 4 乘以第 1 行的元素

(D) 4 乘以第 3 行的元素。

(　) 2. 下列 Python 程式碼在建立 NumPy 陣列 x 後，請問哪一個程式碼的執行結果是正確的？

```
import numpy as np
x = np.array([1, 2, 3, 4], [5, 6, 7, 8])
```

(A) x.ndim 執行結果：4

(B) x.size 執行結果為：6

(C) x.reshape(-1, 2).shape 執行結果：(4, 2)

(D) x.T.ndim 執行結果：4。

(　) 3. 請問下列 Python 程式碼的執行結果是哪一個？

```
import numpy as np
data = np.arange(20, dtype='int32').reshape((5,4))
x = data[:, :-1]
print(x)
```

(A)
```
[[ 0  1  2  3  4]
 [ 5  6  7  8  9]
 [10 11 12 13 14]
 [15 16 17 18 19]]
```

(B)
```
[[ 0  1  2  3]
 [ 5  6  7  8]
 [10 11 12 13]
 [15 16 17 18]]
```

(C)
```
[[ 0  1  2  3]
 [ 4  5  6  7]
 [ 8  9 10 11]
 [12 13 14 15]
 [16 17 18 19]]
```

(D)
```
[[ 0  1  2]
 [ 4  5  6]
 [ 8  9 10]
 [12 13 14]
 [16 17 18]]
```

(　) 4. NumPy 可以使用 np.mean() 方法計算平均值，其參數 axis 是方向，值 1 是沿水平方向計算平均，請問下列 Python 程式碼的執行結果是哪一個？

```
import numpy as np
x = np.array([[1, 2, np.nan], [4, 5, 6]])
out = np.mean(x, axis=1)
print(out)
```

(A) nan　　(B) [2.5, 3.5, nan]　　(C) 3　　(D) [nan 5.]。

CHAPTER

12

Matplotlib資料視覺化

本章內容

12-1 資料視覺化與 Matplotlib 套件

Matplotlib 是類似 GNUplot 圖表函式庫的 Python 套件，這是開放原始碼、跨平台和支援多種常用圖表繪製，可以輕鬆產生高品質且多種不同格式的輸出圖檔。（本章視覺化圖檔，請見範例檔的「課本圖片」）

12-1-1 認識資料視覺化

「資料視覺化」（Data Visualization）是使用圖形化工具（例如：各式圖表等）運用視覺方式來呈現從大數據萃取出的有用資料，簡單來說，資料視覺化可以將複雜資料使用圖形抽象化成易於吸收的內容，讓我們透過圖形或圖表，更容易識別出資料中的模式（Patterns）、趨勢（Trends）和關聯性（Relationships）。

事實上，資料視覺化已經深入日常生活中，無時無刻你都可以在雜誌報紙、新聞媒體、學術報告和公共交通指示等發現資料視覺化的圖形和圖表。實務上，在進行資料視覺化時需要考量三個要點，如下所示：

▷ 資料的正確性：不能為了視覺化和視覺化，資料在使用圖形抽象化後，仍然需要保有資料的正確性。

▷ 閱讀者的閱讀動機：資料視覺化的目的是為了讓閱讀者快速了解和吸收，如何引起閱讀者的動機，讓閱讀者能夠突破心理障礙，理解不熟悉領域的資訊，這就是視覺化需要考量的重點。

▷ 傳遞有效率的資訊：資訊不只需要正確，還需要有效，資料視覺化可以讓閱讀者短時間理解圖表和留下印象，才是真正有效率的傳遞資訊。

● 說明 ●

資訊圖表（Infographic）是另一個常聽到的名詞，資訊圖表和資料視覺化的目的相同，都是使用圖形化方式來簡化複雜資訊。不過，兩者之間有些不一樣，資料視覺化是客觀的圖形化資料呈現，資訊圖表則是主觀呈現創作者的觀點、故事，並且使用更多圖形化方式來呈現，所以需要相當的繪圖功力。

12-1-2 資料視覺化的基本圖表

資料視覺化的主要目的是讓閱讀者能夠快速消化吸收資料，包含趨勢、異常值和關聯性等，因為閱讀者並不會花太多時間來消化吸收一張視覺化圖表，我們需要選擇最佳的圖表來建立最有效的資料視覺化。資料視覺化的基本圖表，如下所示：

♥ 散佈圖（**Scatter Plots**）

　　散佈圖（Scatter Plots）是二個變數分別為垂直 Y 軸和水平的 X 軸座標來繪出資料點，可以顯示一個變數受另一個變數的影響程度，也就是識別出兩個變數之間的關係，例如：使用房間數為 X 軸，房價為 Y 軸繪製的散佈圖，可以看出房間數與房價之間的關係，如右圖所示：

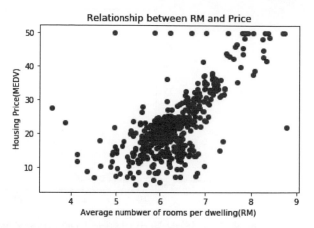

　　上述圖表可以看出房間數愈多（面積大），房價也愈高，不只如此，散佈圖還可以顯示資料的分佈，我們可以發現上方有很多異常點。

　　散佈圖另一個功能是顯示分群結果，例如：使用鳶尾花的花萼（Sepal）和花瓣（Petal）的長和寬為座標 (x, y) 的散佈圖，如下圖所示：

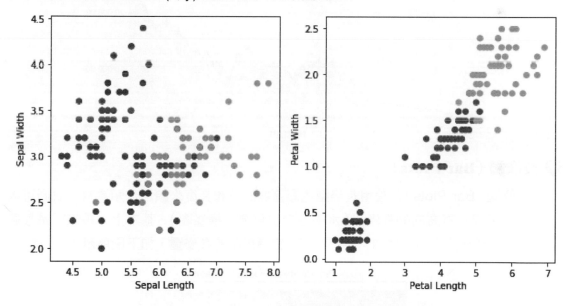

　　上述散佈圖已經顯示分類的線索，在右邊的圖可以看出紅色點的花瓣（Petal）比較小，綠色點是中等尺寸，最大的是黃色點，這就是三種鳶尾花的分類。

♥ 折線圖（**Line Plots**）

　　折線圖（Line Plots）是我們最常使用的圖表，這是使用一序列資料點的標記，使用直線連接各標記建立的圖表，如下圖所示：

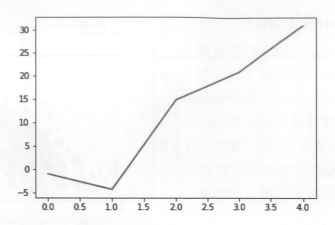

一般來說，折線圖可以顯示以時間為 X 軸的趨勢（Trends），例如：股票的 K 線圖，或美國道瓊工業指數的走勢圖，如下圖所示：

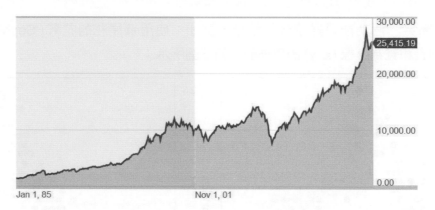

長條圖（Bar Plots）

長條圖（Bar Plots）是使用長條型色彩區塊的高和長度來顯示分類資料，我們可以顯示成水平或垂直方向的長條圖（水平方向也可稱為橫條圖）。基本上，長條圖是最適合用來比較或排序資料，例如：各種程式語言使用率的長條圖，如下圖所示：

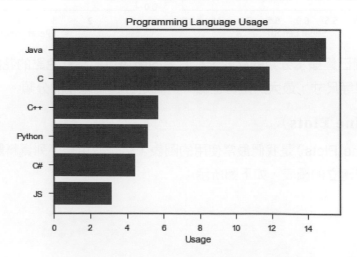

上述長條圖可以看出 Java 語言的使用率最高；JavaScript（JS）語言的使用率最低。再看一個例子，例如：2017~2018 金州勇士隊球員陣容，各位置球員數的長條圖，如下圖所示：

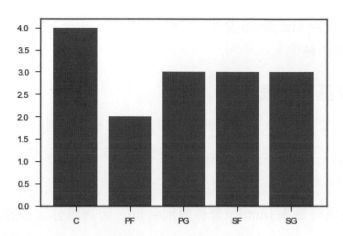

上述長條圖顯示中鋒（C）人數最多，強力前鋒（PF）人數最少。

🔾 派圖（Pie Plots）

派圖（Pie Plots）也稱為圓餅圖（Circle Plots），這是使用一個圓形來表示統計資料的圖表，如同在切一個圓形蛋糕，可以使用不同切片大小來標示資料比例，或成分。例如：各種程式語言使用率的派圖，如右圖所示：

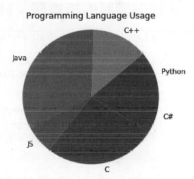

12-1-3　安裝 Matplotlib 和設定中文字型

在 Python 開發環境安裝 Matplotlib 套件的命令列指令（Anaconda 預設安裝），如下所示：

pip install matplotlib==3.8.2 Enter

當成功安裝 Matplotlib 套件後，在 Python 程式可以匯入 Matplotlib 套件的 pyplot 模組和指定別名 plt，如下所示：

```
import matplotlib.pyplot as plt
```

如果 Matplotlib 圖表需要顯示中文字時，Python 程式在匯入 pyplot 模組後，需要新增下列程式碼來設定中文字型，如下所示：

```
plt.rcParams['font.sans-serif'] = ['Microsoft JhengHei']
plt.rcParams['axes.unicode_minus'] = False
...
```

12-2 使用 Matplotlib 繪製圖表

Python 可以使用 Matplotlib 套件執行資料視覺化，也就是使用各種圖表來探索資料和呈現資料的分析結果。

12-2-1　繪製基本圖表

在 Python 程式需要匯入 Matplotlib 套件的 pyplot 模組，別名 plt，如下所示：

```
import matplotlib.pyplot as plt
import numpy as np
```

上述程式碼同時匯入 NumPy 套件的別名 np，因為部分圖表的資料來源是使用 NumPy 陣列。

繪製簡單的折線圖：ch12-2-1.py

Matplotlib 可以使用 Python 串列繪出第 1 個折線圖（Line Plots），如下所示：

```
import matplotlib.pyplot as plt

data = [-2, -4.5, 13, 22, 33]
plt.plot(data)
plt.show()
```

上述程式碼因為是使用串列，所以沒有匯入 NumPy，在建立 data 串列的 5 個項目後，這是 y 軸，然後呼叫 plot() 方法繪出圖表，參數只有 1 個 data，即 y 軸，x 軸預設是索引值 0.0,1.0,2.0,3.0,4.0（即資料個數），最後呼叫 show() 方法顯示圖表，其執行結果如下圖所示：

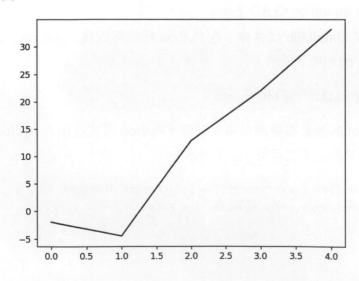

繪製不同線條樣式和色彩的折線圖：**ch12-2-1a.py**

請修改折線圖的線條外觀，改為藍色虛線，和加上圓形標記，如下所示：

```python
import matplotlib.pyplot as plt

data = [-2, -4.5, 13, 22, 33]
plt.plot(data, "o--b")
plt.show()
```

上述 plot() 方法的第 2 個參數字串 "o--b" 指定線條外觀，在第 12-2-2 節有進一步的符號字元說明，其執行結果可以看到線條成為藍色虛線，如下圖所示：

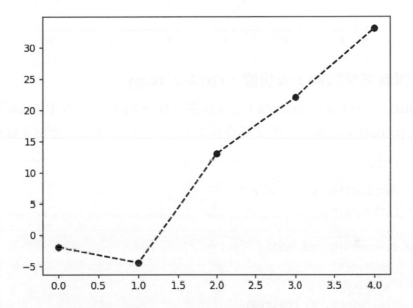

繪製每日攝氏溫度的折線圖：**ch12-2-1b.py**

目前繪製的圖表只提供 y 軸資料，當然我們可以提供完整 x 和 y 軸資料來繪製每日攝氏溫度的折線圖，如下所示：

```python
days = range(1, 7)
celsius = [25.6, 22.2, 18.6, 29.4, 27.2, 31.5]
plt.plot(days, celsius)
plt.show()
```

上述程式碼建立 days（日數）和 celsius（攝氏溫度）串列，days 是 x 軸；celsius 是 y 軸，plot() 方法的 2 個參數依序是 x 軸和 y 軸，其執行結果如下圖所示：

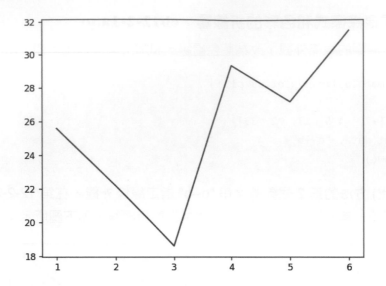

❑ 使用 2 個資料集繪製 2 條折線：ch12-2-1c.py

Matplotlib 的資料集（Datasets）也可以使用 NumPy 陣列，在 Python 程式是使用 np.sin() 和 np.cos() 方法來建立的 2 個資料集，可以在同一張圖表繪出 2 條折線，如下所示：

```python
import matplotlib.pyplot as plt
import numpy as np

x = np.linspace(0, 10, 50)
sinus = np.sin(x)
cosinus = np.cos(x)
plt.plot(x, sinus, x, cosinus)
plt.show()
```

上述程式碼呼叫 np.linspace() 方法產生一序列線性平均分佈的資料，其語法如下：

```python
np.linspace(start, stop, num=50)
```

上述方法是從參數 start 到 stop 的範圍之間平均產生 num 個樣本資料，預設值是 50 個，即從值 0 至 10 平均產生 50 個資料，這是 x 軸，y 軸是 sin() 和 cos() 三角函數值的 2 個資料集。

在 plot() 方法的參數有 2 組，依序是第 1 條線的 x 軸和 y 軸，和第 2 條線 x 軸和 y 軸，所以繪出 2 條線，其執行結果如下圖所示：

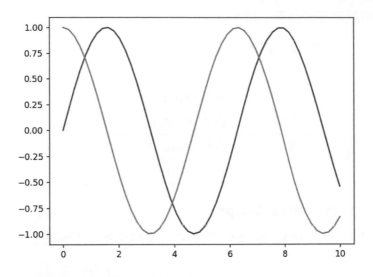

12-2-2　更改線條的外觀

　　在 Matplotlib 的 plot() 方法提供參數來更改線條外觀，可以使用不同字元來代表不同色彩、線型和標記符號。常用色彩字元的說明，如下表所示：

色彩字元	說明
"b"	藍色（Blue）
"g"	綠色（Green）
"r"	紅色（Red）
"c"	青色（Cyan）
"m"	洋紅色（Magenta）
"y"	黃色（Yellow）
"k"	黑色（Black）
"w"	白色（White）

常用線型字元的說明，如下表所示：

線型字元	說明
"-"	實線（Solid Line）
"--"	短劃虛線（Dashed Line）
"."	點虛線（Dotted Line）
"-:"	短劃點虛線（Dash-dotted Line）

常用標記符號字元的說明，如下表所示：

標記符號字元	說明
"."	點（Point）
","	像素（Pixel）
"o"	圓形（Circle）
"s"	方形（Square）
"^"	三角形（Triangle）

♀ 更改線條的外觀：**ch12-2-2.py**

請修改 Python 程式 ch12-2-1b.py 的圖表，替線條指定不同的色彩、線型和標記符號，如下所示：

```
days = range(1, 7)
celsius = [25.6, 22.2, 18.6, 29.4, 27.2, 31.5]
plt.plot(days, celsius, "r-o")
plt.show()
```

上述 plot() 方法的第 3 個參數是樣式字串，字元依序是色彩、線型和標記，可以顯示紅色實線加圓形標記符號的折線，其執行結果如下圖所示：

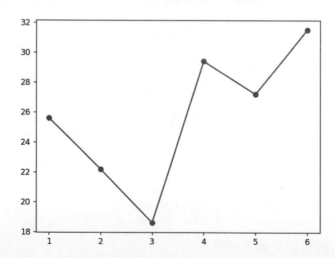

♀ 顯示圖表的格線：**ch12-2-2a.py**

Matplotlib 可以使用 grid() 方法切換顯示圖表的水平和垂直格線（參數值 True 是顯示），如下所示：

```
days = range(1, 7)
celsius = [25.6, 22.2, 18.6, 29.4, 27.2, 31.5]
plt.plot(days, celsius, "r-o")
plt.grid(True)
plt.show()
```

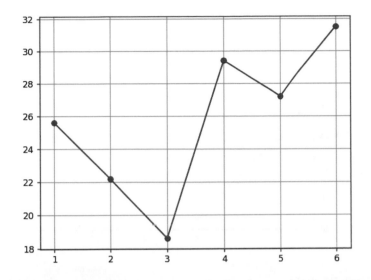

12-2-3　顯示標題和軸標籤

　　在 Matplotlib 圖表上有 x 和 y 軸，在 x 和 y 軸分別可以加上標籤的說明文字，或是替整張圖表新增位在上方的圖表標題文字。

　　請注意！如果圖表的標籤或標題文字有使用中文內容，Python 程式在匯入 pyplot 模組後，需要設定使用中文字型，如下所示：

```
plt.rcParams['font.sans-serif'] = ['Microsoft JhengHei']
plt.rcParams['axes.unicode_minus'] = False
...
```

◉ 顯示 x 和 y 軸的說明標籤：ch12-2-3.py

　　在 Matplotlib 的 x 軸是使用 xlabel() 方法指定標籤 " 日數 " 和 ylabel() 方法是指定 y 軸標籤 " 攝氏溫度 "，參數值就是標籤文字的字串，如下所示：

```
import matplotlib.pyplot as plt
plt.rcParams['font.sans-serif'] = ['Microsoft JhengHei']
plt.rcParams['axes.unicode_minus'] = False

days = range(1, 7)
celsius = [25.6, 22.2, 18.6, 29.4, 27.2, 31.5]
plt.plot(days, celsius, "g--s")
plt.xlabel("日數")
plt.ylabel("攝氏溫度")
plt.show()
```

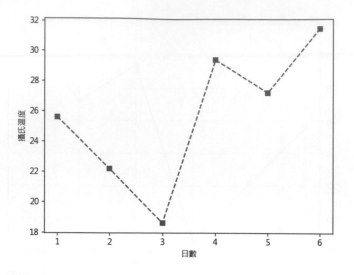

顯示圖表的標題文字：ch12-2-3a.py

Matplotlib 是使用 title() 方法來指定圖表標題文字 "Sin 和 Cos 波形 "，如下所示：

```python
import matplotlib.pyplot as plt
import numpy as np
plt.rcParams['font.sans-serif'] = ['Microsoft JhengHei']
plt.rcParams['axes.unicode_minus'] = False

x = np.linspace(0, 10, 50)
sinus = np.sin(x)
cosinus = np.cos(x)
plt.plot(x, sinus, "r-o",
         x, cosinus, "g--")
plt.xlabel("徑度")
plt.ylabel("振幅")
plt.title("Sin 和 Cos 波形")
plt.show()
```

上述 plot() 方法的 6 個參數分成兩組的 2 條線，第 3 和第 6 個是樣式字串，第 1 個字串是紅色實線加圓形標記符號，第 2 個是綠色虛線，其執行結果如右圖所示：

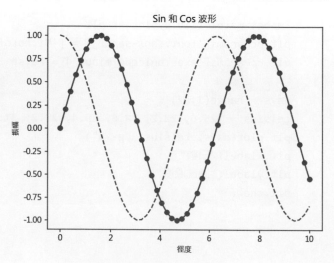

12-2-4　顯示圖例

如果在同一張圖表是繪出多條線，Matplotlib 可以顯示圖例（Legend）來標示每一條線所屬的資料集。

📍 **在圖表顯示圖例：ch12-2-4.py**

在 Matplotlib 圖表顯示圖例，可以標示 2 條線分別是 sin(x) 和 cos(x) 三角函數，如下所示：

```python
x = np.linspace(0, 10, 50)
sinus = np.sin(x)
cosinus = np.cos(x)
plt.plot(x, sinus, "r-o", label="sin(x)")
plt.plot(x, cosinus, "g--", label="cos(x)")
plt.legend()
plt.show()
```

上述程式碼改用 2 個 plot() 方法來分別繪出 2 條線（因為參數很多，建議每一條線使用 1 個 plot() 方法來繪製），然後在 plot() 方法使用 label 參數指定每一條線的標籤說明，和呼叫 legend() 方法顯示圖例（預設位在左下角），其執行結果如下圖所示：

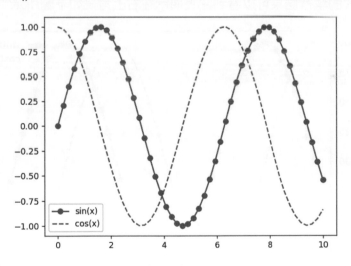

📍 **在圖表的指定位置顯示圖例：ch12-2-4a.py**

在 legend() 方法可以使用 loc 參數指定圖例的顯示位置（預設值是 3 左下角），如下所示：

```python
plt.legend(loc=1)
```

上述程式碼指定 loc 參數值 1 的位置值，參數值也可以使用位置字串 "upper right"（右上角），如下所示：

```python
plt.legend(loc="upper right")
```

關於 loc 參數值的位置字串和整數值，其說明如下表所示：

字串值	整數值	說明
'best'	0	最佳位置
'upper right'	1	右上角
'upper left'	2	左上角
'lower left'	3	左下角
'lower right'	4	右下角
'right'	5	右邊
'center left'	6	左邊中間
'center right'	7	右邊中間
'lower center'	8	下方中間
'upper center'	9	上方中間
'center'	10	中間

Python 程式的執行結果可以看到圖表顯示在右上角，如下圖所示：

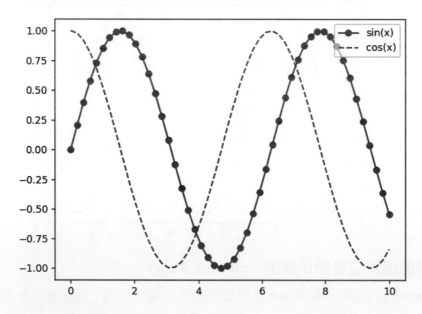

12-2-5　指定軸的範圍

Matplotlib 套件預設自動使用資料集來判斷 x 和 y 軸的範圍，以便顯示 x 和 y 軸尺規的刻度，當然，我們可以自行指定 x 和 y 軸的範圍。

顯示軸的範圍：**ch12-2-5.py**

Matplotlib 可以使用 axis() 方法顯示 Matplotlib 自動計算出的軸範圍，如下所示：

```
days = range(1, 7)
celsius = [25.6, 22.2, 18.6, 29.4, 27.2, 31.5]
plt.plot(days, celsius, "g--s")
plt.title(plt.axis())
plt.show()
```

上述程式碼是在圖表標題文字顯示軸範圍 (0.75, 6.25, 17.9, 31.1)，軸範圍依序是 x 軸最小值、x 軸最大值、y 軸最小值和 y 軸最大值，其執行結果如下圖所示：

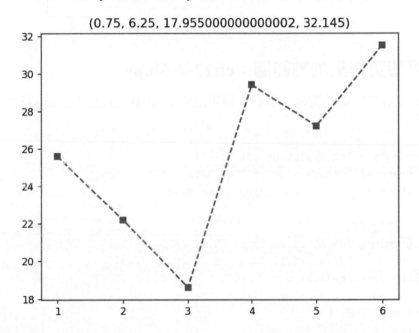

指定軸的自訂範圍：**ch12-2-5a.py**

如果覺得自動計算出的軸範圍並不符合預期，我們可以使用 axis() 方法自行指定 x 和 y 軸的範圍，如下所示：

```
days = range(1, 7)
celsius = [25.6, 22.2, 18.6, 29.4, 27.2, 31.5]
plt.plot(days, celsius, "g--s")
xmin, xmax, ymin, ymax = 0.5, 6.5, 15, 32.5
plt.axis([xmin, xmax, ymin, ymax])
plt.show()
```

上述 axis() 方法的參數是範圍串列，依序是 x 軸的最小值、x 軸的最大值、y 軸的最小值和 y 軸的最大值，其執行結果如下圖所示：

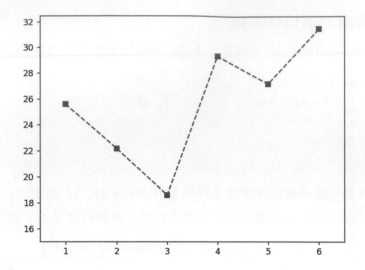

📍 指定多個資料集的軸範圍：ch12-2-5b.py

如果是多個資料集的圖表，我們一樣可以使用 axis() 方法來指定自訂的 x 和 y 軸範圍，如下所示：

```python
import matplotlib.pyplot as plt
plt.rcParams['font.sans-serif'] = ['Microsoft JhengHei']
plt.rcParams['axes.unicode_minus'] = False

days = range(1, 7)
celsius_min = [25.6, 23.2, 18.5, 28.3, 26.5, 30.5]
celsius_max = [27.6, 26.1, 22.5, 30.4, 29.5, 31.5]
plt.plot(days, celsius_min, "r-o",
         days, celsius_max, "g--o")
plt.xlabel("日數")
plt.ylabel("攝氏溫度")
plt.axis([0.5, 6.5, 15, 35])
plt.show()
```

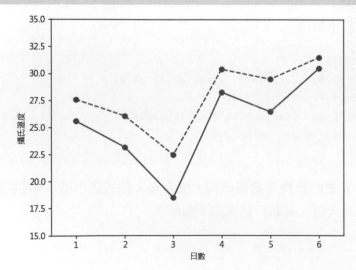

12-3 散佈圖、長條圖、直方圖和派圖

Matplotlib 支援繪製各種類型圖表，除了第 12-2 節的折線圖（Line Plots，或稱線圖）外，還支援散佈圖（Scatter Plots）、長條圖（Bar Plots）、直方圖（Histograms）和派圖（Pie Plots）等。

12-3-1 散佈圖

「散佈圖」（Scatter Plots）是使用垂直 y 軸和水平 x 軸來繪出資料點，可以顯示一個變數受另一個變數的影響程度。

📍 繪製 Sin() 三角函數的散佈圖：ch12-3-1.py

Matplotlib 是呼叫 scatter() 方法繪製散佈圖，散佈圖就是點的集合，在各點之間沒有連線，例如：將 y=sin(x) 建立成散佈圖，如下所示：

```python
import matplotlib.pyplot as plt
import numpy as np

x = np.linspace(0, 2*np.pi, 50)
y = np.sin(x)
plt.scatter(x, y)
plt.show()
```

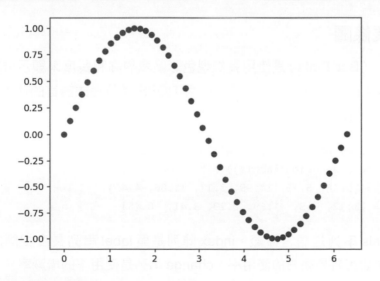

📍 繪製色彩地圖散佈圖：ch12-3-1a.py

色彩地圖散佈圖（Color Map Scatter Plot）是使用亂數來產生 (x, y) 座標、尺寸和色彩，同時顯示圖表的色彩列，如下所示：

```
x = np.random.rand(1000)
y = np.random.rand(1000)
size = np.random.rand(1000) * 50
color = np.random.rand(1000)
plt.scatter(x, y, size, color)
plt.colorbar()
plt.show()
```

上述程式碼依序使用亂數產生 x 和 y 座標陣列、尺寸、色彩後，呼叫 scatter() 方法繪出散佈圖，第 3 個參數是點尺寸的陣列，第 4 個是色彩陣列，colorbar() 方法顯示右邊的色彩列，其執行結果如下圖所示：

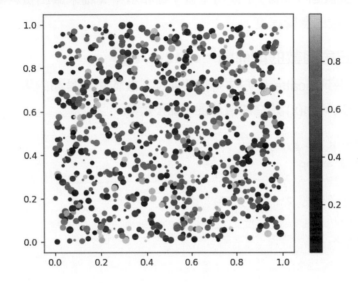

12-3-2 長條圖

「長條圖」（Bar Plots）是使用長條型色彩區塊的高和長度來顯示分類資料，分為水平或垂直方向的長條圖。在這一節是使用 TIOBE 常用程式語言的使用率來繪製長條圖，首先建立 4 個串列和 NumPy 陣列，如下所示：

```
labels = ["Python","C++","Java","JS","C","C#"]
index = np.arange(len(labels))
ratings = [5.16, 5.73, 14.99, 3.17, 11.86, 4.45]
change = [1.12, 0.3, -1.69, 0.29, 3.41, -0.45]
```

上述 labels 串列是語言標籤，index 陣列是與 label 串列長度相同的索引陣列，ratings 串列是對應各種語言的使用率，change 串列是使用率的增減率。

🔍 常用程式語言使用率的長條圖：ch12-3-2.py

Matplotlib 是呼叫 bar() 方法繪製長條圖，第 1 個參數是 x 軸的 index 索引陣列，第 2 個 y 軸資料是 ratings 使用率，如下所示：

```
import matplotlib.pyplot as plt
import numpy as np
plt.rcParams['font.sans-serif'] = ['Microsoft JhengHei']
plt.rcParams['axes.unicode_minus'] = False

labels = ["Python","C++","Java","JS","C","C#"]
index = np.arange(len(labels))
ratings = [5.16, 5.73, 14.99, 3.17, 11.86, 4.45]
change = [1.12, 0.3, -1.69, 0.29, 3.41, -0.45]

plt.bar(index, ratings)
plt.xticks(index, labels)
plt.ylabel("使用率")
plt.title("程式語言的使用率")
plt.show()
```

上述程式碼呼叫 xticks() 方法顯示 x 軸的尺規，第 1 個參數是索引陣列，對應第 2 個 labels 串列的標籤，然後是 y 軸標籤，和標題文字，其執行結果預設是垂直顯示長條圖，如下圖所示：

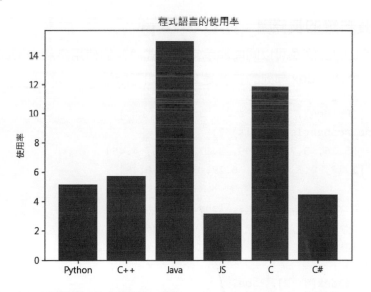

常用程式語言使用率的水平長條圖：ch12-3-2a.py

Matplotlib 只需改用 barh() 方法，就可以繪製成水平長條圖，如下所示：

```
...
plt.barh(index, ratings)
plt.yticks(index, labels)
plt.xlabel("使用率")
plt.title("程式語言的使用率")
plt.show()
```

上述 barh() 方法參數和 bar() 方法相同，因為 x 和 y 軸交換，所以呼叫 yticks() 方法指定 y 軸的語言標籤，xlabel() 方法顯示 x 軸的標籤文字，其執行結果如下圖所示：

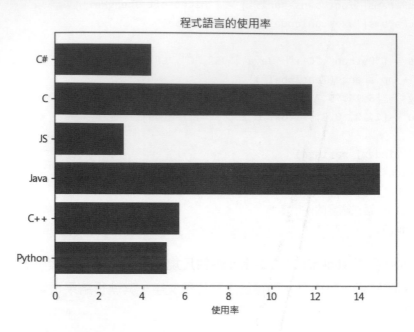

📍 繪製 2 個資料集的長條圖：ch12-3-2b.py

在 Matplotlib 的長條圖可以同時顯示常用程式語言的使用率和增減率，因為同時顯示 2 個資料集，所以 index 陣列的長度是 2 倍，如下所示：

```python
labels = ["Python","C++","Java","JS","C","C#"]
index = np.arange(len(labels)*2)
ratings = [5.16, 5.73, 14.99, 3.17, 11.86, 4.45]
change = [1.12, 0.3, -1.69, 0.29, 3.41, -0.45]

plt.bar(index[0::2], ratings, label="rating")
plt.bar(index[1::2], change, label="change",
        color="r")
plt.legend()
plt.xticks(index[0::2], labels)
plt.ylabel("使用率")
plt.title("程式語言的使用率")
plt.show()
```

上述程式碼呼叫 2 次 bar() 方法，第 1 次是繪在偶數索引 index[0::2]；第 2 次是繪在奇數索引 index[1::2]，因為有呼叫 legend() 方法顯示圖例，所以新增 label 參數，color 屬性值是色彩，然後呼叫 xticks() 方法將標籤顯示在偶數索引，其執行結果如下圖所示：

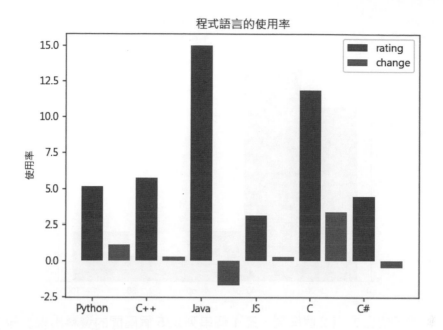

12-3-3　直方圖

　　直方圖（HIstograms）是用來顯示數值資料的分佈，一種次數分配表，可以使用長方形面積顯示變數出現的頻率，寬度是分割區間。

📍 顯示直方圖的區間和出現次數：ch12-3-3.py

　　Matplotlib 是呼叫 hist() 方法繪製直方圖，Python 程式是使用整數串列（共 21 個元素）顯示直方圖的區間和出現次數（即每一個區間的次數分配表），如下所示：

```python
import matplotlib.pyplot as plt
import numpy as np
plt.rcParams['font.sans-serif'] = ['Microsoft JhengHei']
plt.rcParams['axes.unicode_minus'] = False

x = [21,42,23,4,5,26,77,88,9,10,31,32,33,
     34,35,36,37,18,49,50,100]
num_bins = 5
n, bins, patches = plt.hist(x, num_bins)
plt.title("出現次數:" + str(n) +
          "\n區間值:" + str(bins))
plt.show()
```

　　上述 hist() 方法的第 1 個參數是資料串列或 NumPy 陣列，第 2 個參數是分割成幾個區間，以此例是 5 個，方法可以回傳各區間的出現次數 n，和分割 5 個區間的值 bins，這是顯示在圖表的標題文字，其執行結果如下圖所示：

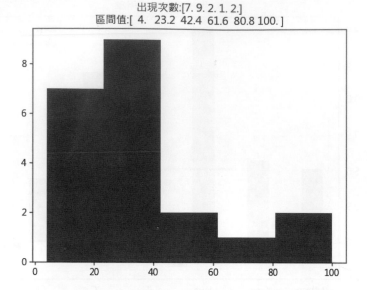

在上述圖表的上方有 2 個串列，第 1 個串列是 5 個區間的資料出現次數，第 2 個是從資料值 4~100 平均分割成 5 個區間的範圍值，第 1 個是 4~23.2 出現 7 次；第 2 個是 23.2~42.4 出現 9 次；第 3 個是 42.4~61.6 出現 2 次；第 4 個是 61.6~80.0 出現 1 次；最後是 80.8~100 出現 2 次。

顯示常態分配的直方圖：ch12-3-3a.py

在使用 NumPy 的 randn() 亂數方法產生標準常態分配的樣本資料（共 1000 個）後，即可顯示常態分配（Normal Distribution）的直方圖，如下所示：

—● 說明 ●—

常態分配是統計學一個非常重要的機率分配，經常使用在自然和社會科學用來代表一個隨機變數，配合平均數和標準差，可以進行精確的描述和推論。

```
x = np.random.randn(1000)
num_bins = 50
plt.hist(x, num_bins)
plt.show()
```

上述程式碼呼叫 random.randn() 方法產生 1000 個樣本資料後，此時 hist() 方法的第 1 個參數就是 NumPy 陣列，第 2 個參數分割成 50 個區間，其執行結果如下圖所示：

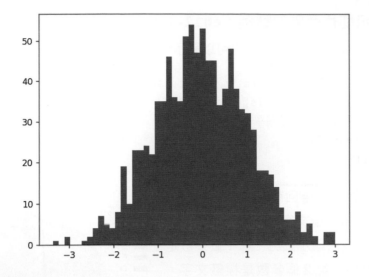

12-3-4　派圖

　　派圖（Pie Plots）也稱為圓餅圖（Circle Plots），這是使用完整圓形來表示統計資料的圖表，如同切圓形蛋糕，以不同切片大小來標示資料的比例。

　　在這一節也是使用 TIOBE 常用程式語言的使用率來繪製派圖，首先建立 2 個串列，labels 串列是語言標籤；ratings 串列是對應各種語言的使用率，如下所示：

```
labels = ["Python","C++","Java","JS","C","C#"]
ratings = [5.16, 5.73, 14.99, 3.17, 11.00, 4.45]
```

📍 常用程式語言使用率的派圖：ch12-3-4.py

　　請將第 12-3-2 節常用程式語言的使用率改繪製成派圖，如下所示：

```
plt.pie(ratings, labels=labels)
plt.title("程式語言的使用率")
plt.axis("equal")
plt.show()
```

　　上述程式碼呼叫 pie() 方法繪製派圖，第 1 個參數是使用率（需是整數），labels 參數指定標籤文字，axis() 方法的參數值 "equal" 是正圓，其執行結果如右圖所示：

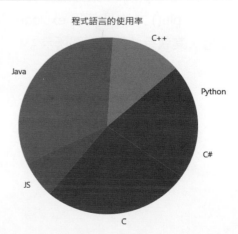

📍 在派圖顯示切片色彩的圖例：**ch12-3-4a.py**

同樣的，在 Matplotlib 的派圖也可以顯示切片色彩的圖例，如下所示：

```
patches, texts = plt.pie(ratings, labels=labels)
plt.legend(patches, labels, loc="best")
plt.title("程式語言的使用率")
plt.axis("equal")
plt.show()
```

上述 pie() 方法取得回傳值的 patches 色
塊物件，texts 是各標籤文字的座標和字串，然
後使用 legend() 方法顯示圖例，第 1 個參數是
patches 色塊物件，第 2 個參數是標籤文字，
loc 參數值 "best" 是最佳顯示位置，其執行結
果如右圖所示：

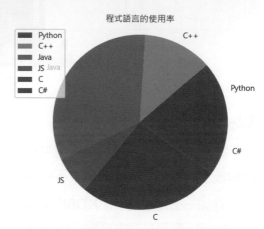

📍 在派圖顯示突增切片：**ch12-3-4b.py**

在 pie() 方法可以使用 explode 參數指定各切片的突增程度，我們首先需要針對每
一片切片指定突增值的 explode 元組，如下所示：

```
explode = (0, 0, 0.15, 0, 0.15, 0)
patches, texts = plt.pie(ratings, labels=labels,
                         explode=explode)
plt.legend(patches, labels, loc="best")
plt.title("程式語言的使用率")
plt.axis("equal")
plt.show()
```

上述 explode 元組就是對應各切片的突增
值，在 pie() 方法是使用 explode 參數指定突
增值，其執行結果如右圖所示：

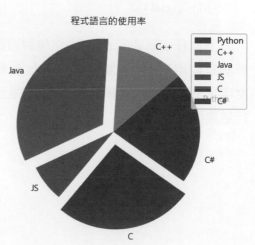

12-4 子圖表

子圖表（Subplots）是在同一張圖表上顯示多張圖，在 Matplotlib 是使用表格方式來分割繪圖區域，可以指定圖表繪在哪一個表格的儲存格。subplot() 方法的語法，如下所示：

```
plt.subplot(num_rows, num_cols, plot_num)
```

上述方法的前 2 個參數是分割繪圖區域成為幾列（Rows）和幾欄（Columns）的表格，最後 1 個參數是顯示第幾張圖表，其值是從 1 至最大儲存格數的 num_rows*num_cols，繪製方向是先水平再垂直。

繪製 2 張垂直排列的子圖表：ch12-4.py

垂直排列 2 張圖表需要建立 2 X 1 表格，即 2 列和 1 欄，第 1 列的編號是 1，依序的第 2 列是 2，只需使用 subplot() 方法即可在指定儲存格繪製子圖表，如下所示：

```
x = np.linspace(0, 10, 50)
sinus = np.sin(x)
cosinus = np.cos(x)
plt.subplot(2, 1, 1)
plt.plot(x, sinus, "r-o")
plt.subplot(2, 1, 2)
plt.plot(x, cosinus, "g--")
plt.show()
```

上述程式碼呼叫 2 次 subplot() 方法，第 1 次的參數是 2, 1, 1，即繪在 2 X 1 表格（前 2 個參數）的第 1 列（第 3 個參數），第 2 次的參數是 2, 1, 2，即 2 X 1 表格的第 2 列，其執行結果如下圖所示：

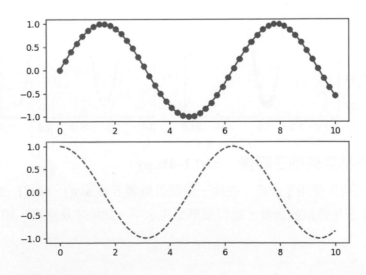

請注意！如果 subplot() 方法的 3 個參數值都小於 10，可以使用 1 個整數值的參數代替 3 個整數值的參數值，原來的第 1 個參數值是百進位值；第 2 個參數值是十進位值；最後是個位值，以本節範例來說，參數 2,1,1 和 2,1,2 分別是 211 和 212，如下所示：

```
plt.subplot(211)
...
plt.subplot(212)
```

繪製 2 張水平排列的子圖表：ch12-4a.py

水平排列 2 張圖表需要建立 1 X 2 表格，即 1 列和 2 欄，第 1 欄編號是 1，依序的第 2 欄是 2，只需使用 subplot() 方法即可在指定儲存格繪製子圖表，如下所示：

```
x = np.linspace(0, 10, 50)
plt.subplot(1, 2, 1)
plt.plot(x, np.sin(x), "r-o")
plt.subplot(1, 2, 2)
plt.plot(x, np.cos(x), "g--")
plt.show()
```

上述程式碼呼叫 2 次 subplot() 方法，第 1 次呼叫的參數是 1, 2, 1，即繪在 1 X 2 表格的第 1 欄，第 2 次的參數是 1, 2, 2，即 1 X 2 表格的第 2 欄，其執行結果如下圖所示：

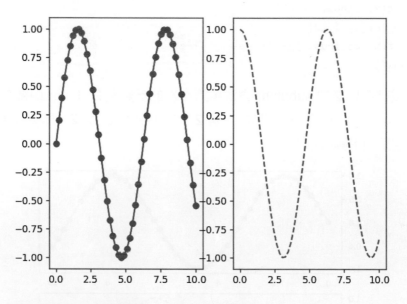

繪製 6 張表格排列的子圖表：ch12-4b.py

Python 程式可以使用子圖表，在同一張圖表繪製 6 張 sin()、cos()、tan()、sinh()、cosh() 和 tanh() 三角函數的圖表，繪製順序是先水平，然後才是垂直，如下所示：

```
x = np.linspace(0, 10, 50)
plt.subplot(231)
plt.plot(x, np.sin(x))
plt.subplot(232)
plt.plot(x, np.cos(x))
plt.subplot(233)
plt.plot(x, np.tan(x))
plt.subplot(234)
plt.plot(x, np.sinh(x))
plt.subplot(235)
plt.plot(x, np.cosh(x))
plt.subplot(236)
plt.plot(x, np.tanh(x))
plt.show()
```

　　上述程式碼呼叫 6 次 subplot() 方法繪出 6 張圖表，第 1 張是 2, 3, 1，即繪在 2 X 3 表格的第 1 欄，第 2 張的參數是 2, 3, 2，即 2 X 3 表格的第 2 欄，第 3 張是第 3 欄，然後是第 2 列的第 1~3 欄，其執行結果如下圖所示：

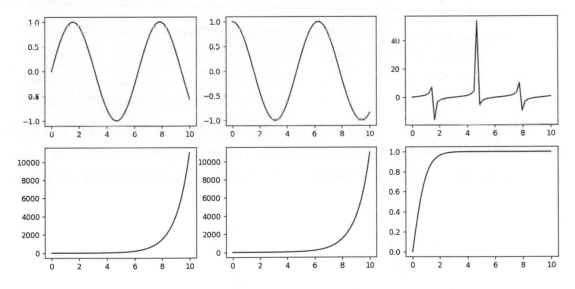

12-5　多軸圖表

　　一般來說，在同一張圖表繪出 2 條線，這些線是共用 x 和 y 軸，如果 y 軸的 2 個資料集的值範圍差很多時，可以建立多軸圖表來共用 x 軸，但 y 軸依資料集顯示不同範圍的刻度。

在這一節準備使用 sin() 和 sinh() 三角函數來繪製多軸圖表，首先建立 2 個 NumPy 陣列，如下所示：

```
x = np.linspace(0, 10, 50)
sinus = np.sin(x)
sinhs = np.sinh(x)
```

📍 繪製多軸圖表共用 x 軸的 2 個資料集：ch12-5.py

因為三角函數 sin() 和 sinh() 的值範圍差很大，當使用 Matplotlib 同時繪出這 2 個三角函數，就需要建立多軸圖表來共用 x 軸，如下所示：

```
import matplotlib.pyplot as plt
import numpy as np

x = np.linspace(0, 10, 50)
sinus = np.sin(x)
sinhs = np.sinh(x)

fig, ax = plt.subplots()
ax.plot(x, sinus, "r-o")
ax2 = ax.twinx()
ax2.plot(x, sinhs, "g--")
plt.show()
```

上述程式碼在第 1 次呼叫 subplots() 方法時取得回傳值，需要使用 ax 建立複製的 x 軸，即呼叫 ax.twinx() 方法建立第 2 軸 ax2，所以，是在 ax 軸繪製 sin() 函數；ax2 軸繪製 sinh() 函數，執行結果可以看到左右分別有 2 個 y 軸的不同刻度範圍，其執行結果如下圖所示：

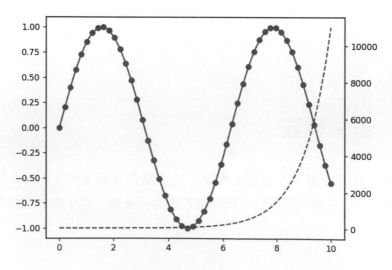

○ 顯示共用 **x** 軸多軸圖表的標籤文字：**ch12-5a.py**

在多軸圖表共有 2 個 y 軸，但是共用同 1 個 x 軸，不同於 12-2-3 節，我們需要使用 set_xlabel() 和 set_ylabel() 方法來顯示軸的標籤文字，如下所示：

```
fig, ax = plt.subplots()
ax.plot(x, sinus, "r-o")
ax.set_xlabel("x", color="green")
ax.set_ylabel("Sin(x)", color="red")
ax2 = ax.twinx()
ax2.plot(x, sinhs, "g--")
ax2.set_ylabel("Sinh(x)", color="blue")
plt.show()
```

上述程式碼的 ax 軸分別呼叫 set_xlabel() 和 set_ylabel() 方法顯示 x 和 y 軸的標籤文字，因為共用同一個 x 軸，所以 ax2 只需呼叫 set_ylabel() 方法顯示 y 軸的標籤文字，color 參數是文字色彩，其執行結果如下圖所示：

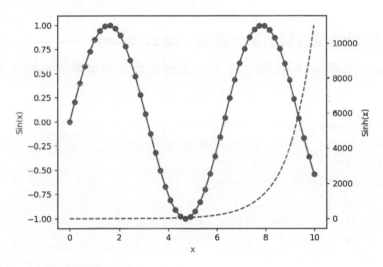

○ 顯示共用 **x** 軸多軸圖表的圖例：**ch12-5b.py**

Matplotlib 一樣可以在共用 x 軸的多軸圖表顯示圖例，因為共有 2 個軸，所以需要分別顯示圖例，如下所示：

```
fig, ax = plt.subplots()
ax.plot(x, sinus, "r-o", label="Sin(x)")
ax.set_xlabel("x", color="green")
ax.set_ylabel("Sin(x)", color="red")
ax.legend(loc="best")
ax2 = ax.twinx()
ax2.plot(x, sinhs, "g--", label="Sinh(x)")
ax2.set_ylabel("Cos(x)", color="blue")
ax2.legend(loc="best")
plt.show()
```

上述程式碼分別呼叫 ax.legend() 和 ax2.legend() 方法顯示 2 條線的圖例，因為呼叫 2 次，所以是分開顯示的 2 個圖例，其執行結果如下圖所示：

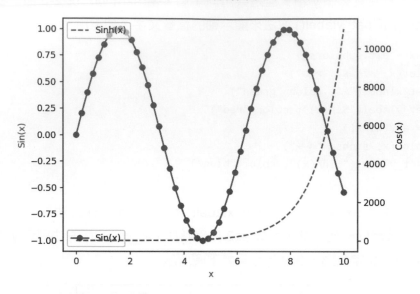

📍 在共用 x 軸多軸圖表顯示單一圖例：ch12-5c.py

Python 程式是修改 ch12-5b.py，將 2 個圖例的 2 條線顯示在同一個圖例，如下所示：

```
fig, ax = plt.subplots()
lns1 = ax.plot(x, sinus, "r-o", label="Sin(x)")
ax.set_xlabel("x", color="green")
ax.set_ylabel("Sin(x)", color="red")
ax2 = ax.twinx()
lns2 = ax2.plot(x, sinhs, "g--", label="Sinh(x)")
ax2.set_ylabel("Sinh(x)", color="blue")
# 自行建立圖例來顯示所有標籤
lns = lns1 + lns2
labs = [l.get_label() for l in lns]
ax.legend(lns, labs, loc="best")
plt.show()
```

上述程式碼在呼叫 ax.plot() 和 ax2.plot() 方法時分別回傳 lns1 和 lns2 線型，然後自行組合圖例建立 lns 線型；labs 是各線的標籤，這是使用 get_label() 方法取出 2 條線的標籤文字，最後呼叫 ax.legend() 方法，第 1 個參數是線型、第 2 個是標籤，其執行結果如下圖所示：

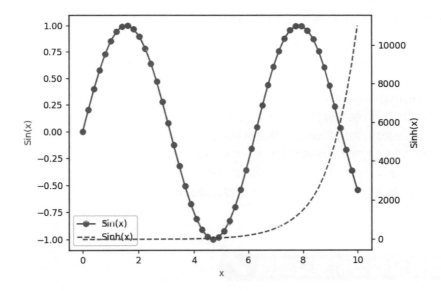

學習評量

1. 請簡單説明什麼是 Matplotlib 套件？何謂資料視覺化？資料視覺化的基本圖表有哪些？

2. 請問在 Matplotlib 套件如何設定顯示中文內容？

3. 請試著列出 Matplotlib 套件可以繪製哪幾種類型的圖表？

4. 請問什麼是散佈圖？什麼是直方圖？

5. 請舉例説明 Matplotlib 套件的子圖？這些子圖是如何排列？

6. X 是 1~50；Y 是 X 值的 3 倍，請寫出 Python 程式繪出一條線的折線圖，標題文字是「繪出一條折線」。

7. 在下方是 2 條線的 X 和 Y 軸座標，請使用 Matplotlib 套件繪出這 2 個資料集的折線圖，並且顯示圖例，如下所示：

```
x1 = [10,20,30]
y1 = [20,40,10]
x2 = [10,20,30]
y2 = [40,10,30]
```

8. 現在有公司 5 天股價的 CSV 資料（一列是一天），請使用 Matplotlib 繪出 5 天股價 Open、High、Low 和 Close 的 4 條折線圖，並且使用不同的線型來繪出，如下所示：

```
Open,High,Low,Close
774.25,776.065002,769.5,772.559998
776.030029,778.710022,772.890015,776.429993
779.309998,782.070007,775.650024,776.469971
779,780.47998,775.539978,776.859985
779.659973,779.659973,770.75,775.080017
```

iPAS巨量資料分析模擬試題

(　) 1. Python 資料視覺化是繪出圖表來進行資料分析，請問下列哪一個並不是我們建立視覺化圖表的目的？
(A) 找尋資料中的模式
(B) 找尋資料中的趨勢
(C) 找尋資料中的關聯性
(D) 找尋資料中的平均數。

(　) 2. 請問下列哪一種資料視覺化圖表，可以用來顯示資料隨著時間變化的趨勢？
(A) 折線圖　(B) 派圖（圓餅圖）　(C) 直方圖　(D) 長條圖。

(　) 3. 請問下列哪一個並不是我們常用的資料視覺化圖表？
(A) 長條圖　(B) 折線圖　(C) 流程圖　(D) 派圖（圓餅圖）。

(　) 4. 請問下列哪一種視覺化圖表最能展現分類資料的總和是 100%？
(A) 派圖（圓餅圖）　(B) 折線圖　(C) 散佈圖　(D) 長條圖。

CHAPTER **13**

使用Pandas掌握
你的資料

🎯 本章內容

 **Pandas 套件的基礎**

Pandas 是一套提供高效能資料分析工具的 Python 套件，這是學習資料科學必學的套件。（本章視覺化圖檔，請見範例檔的「課本圖片」）

13-1-1 認識 Pandas 套件

Pandas 套件是資料處理與分析工具，我們可以將 Pandas 套件視為是一套 Python 程式版的 Excel 試算表工具，透過 Python 程式碼針對表格資料執行試算表的功能。

◉ Pandas 套件簡介

Pandas 套件和貓熊（Panda Bears）並沒有任何關係，這個名稱是源於 "Python and data analysis" and "panel data" 字首的縮寫，Pandas 完整包含 NumPy、SciPy 和 Matplotlab 套件的功能，其主要目的是幫助開發者進行資料處理與分析，因為資料科學有 80% 工作都是在進行資料處理。

◉ 在 Python 開發環境安裝 Pandas 套件

在 Python 開發環境安裝 Pandas 套件的命令列指令（Anaconda 預設安裝），如下所示：

pip install pandas==2.1.4 Enter

當成功安裝 Pandas 套件 2.1.4 版後，在 Python 程式可以匯入 Pandas 套件和指定別名 pd，如下所示：

```
import pandas as pd
```

◉ Pandas 套件的資料結構

Pandas 主要有兩種資料結構 Series 和 DataFrame，如下圖所示：

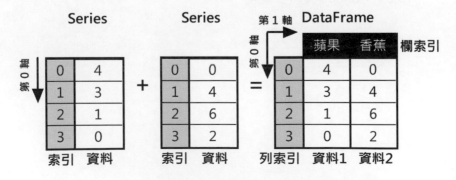

上述 DataFrame 物件就是多個 Series 物件，其簡單說明如下所示：

▷ Series 物件：一個擁有索引的一維陣列，更正確的說，Series 可以視為 2 個陣列的組合，一個是索引；一個是實際資料。

▷ DataFrame 物件：類似試算表的表格資料，這是多個 Series 物件組合成的二維陣列，擁有列索引的每一筆記錄，和欄索引的每一個欄位，其每一欄位允許儲存不同資料型態的資料。

13-1-2　Series 物件

基本上，Pandas 套件關於資料處理與分析的重點是 DataFrame 物件，所以在本章只會簡單說明 Series 物件的使用。

○ 建立 Series 物件：**ch13-1-2.py**

Series 物件可以使用 Python 串列來建立，使用的是 Series() 方法，其參數是串列，如下所示：

```python
import pandas as pd

s = pd.Series([12, 29, 72, 4])
print(s)
```

```
>>> %Run ch13-1-2.py

0    12
1    29
2    72
3     4
dtype: int64
```

上述執行結果的第 1 欄是預設新增的索引（從 0 開始），如果在建立時沒有指定索引，Pandas 會自動建立數字索引，最後是元素的資料型態。

○ 建立自訂索引的 Series 物件：**ch13-1-2a.py**

Series 物件如同 2 個陣列，一個是索引；一個是資料，所以可以使用 2 個 Python 串列來建立 Series 物件，在 Series() 方法的第 1 個參數是資料串列，然後使用 index 參數指定索引串列，如下所示：

```python
import pandas as pd

fruits = ["蘋果", "橘子", "梨子"]
quantities = [15, 33, 45]
s = pd.Series(quantities, index=fruits)
print(s)
```

```
>>> %Run ch13-1-2a.py
蘋果      15
橘子      33
梨子      45
dtype: int64
```

上述執行結果的索引是自訂串列。然後使用 index 屬性取得索引；values 屬性可以取得資料，如下所示：

```
print(s.index)
print(s.values)
```

```
Index(['蘋果', '橘子', '梨子'], dtype='object')
[15 33 45]
```

◉ 使用索引取出資料和執行運算：**ch13-1-2b.py**

在建立 Series 物件後，就可以使用索引值來取出資料，如下所示：

```
fruits = ["蘋果", "橘子", "梨子"]
quantities = [15, 33, 45]
s = pd.Series(quantities, index=fruits)
print(s)
print("------------------")
print(s["橘子"])
```

上述程式碼建立 Series 物件 s 後，即可取出索引值 " 橘子 " 的資料 33，其執行結果如下所示：

```
>>> %Run ch13-1-2b.py
蘋果      15
橘子      33
梨子      45
dtype: int64
------------------
33
```

如同 NumPy 陣列，我們一樣可以使用索引串列，一次就取出多筆資料，如下所示：

```
print(s[["橘子","梨子"]])
```

上述程式碼取出索引值 " 橘子 " 和 " 梨子 " 的 2 個資料，其執行結果如下所示：

```
橘子      33
梨子      45
dtype: int64
```

Series 物件也可以作為運算元來執行四則運算，如下所示：

```
print((s+2)*3)
```

上述程式碼是執行 Series 物件的四則運算，其執行結果可以看到值是加 2 後，再乘以 3，如下所示：

```
蘋果      51
橘子     105
梨子     141
dtype: int64
```

 ## 13-2　DataFrame 的基本使用

DataFrame 物件是 Pandas 套件最重要的資料結構，我們執行資料處理與分析都是圍繞在 DataFrame 物件。

13-2-1　建立 DataFrame 物件

DataFrame 物件的結構類似表格或 Excel 試算表，包含排序欄位，其每一個欄位是固定資料型態，但是不同欄位，可以是不同資料型態。

♀ 使用 Python 字典建立 DataFrame 物件：ch13-2-1.py

DataFrame 物件是擁有列索引和欄索引的表格，首先建立 3 個元素的 fruits 字典，鍵是字串；值是串列，然後呼叫 pd.DataFrame() 方法建立 DataFrame 物件，如下所示：

```python
import pandas as pd

fruits = {"蘋果": [4, 3, 1, 0],
          "香蕉": [0, 4, 6, 2],
          "橘子": [1, 5, 2, 4]}
df = pd.DataFrame(fruits)
print(df)
```

```
>>> %Run ch13-2-1.py
   蘋果  香蕉  橘子
0   4   0   1
1   3   4   5
2   1   6   2
3   0   2   4
```

上述執行結果的第一列是欄索引，每一列的第 1 個欄位是自動產生的數字列索引（從 0 開始）。因為 Pandas 物件就是表格資料，所以我們可以呼叫 to_html() 方法輸出成 HTML 表格，其參數就是 HTML 檔案名稱字串，如下所示：

```python
df.to_html("ch13-2-1.html")
```

	蘋果	香蕉	橘子
0	4	0	1
1	3	4	5
2	1	6	2
3	0	2	4

● 使用自訂列索引建立 DataFrame 物件：ch13-2-1a.py

如果沒有指明列索引，Pandas 預設替 DataFrame 物件產生數字列索引（從 0 開始），當然我們可以自行使用 cites 串列來建立自訂列索引，共有 4 個元素，對應 4 筆資料，如下所示：

```
fruits = {"蘋果": [4, 3, 1, 0],
          "香蕉": [0, 4, 6, 2],
          "橘子": [1, 5, 2, 4]}
cites = ["台北","新北","台中","高雄"]
df = pd.DataFrame(fruits, index=cites)
print(df)
```

上述 DataFrame() 方法使用 index 參數指定使用的自訂列索引，可以看到第 1 欄的標籤就是自訂列索引，其執行結果如右圖所示：

	蘋果	香蕉	橘子
台北	4	0	1
新北	3	4	5
台中	1	6	2
高雄	0	2	4

● 重新指定欄位順序：ch13-2-1b.py

在建立 DataFrame 物件時，可以使用 columns 參數重新指定欄位順序的欄索引，將原來蘋果、香蕉、橘子順序改為香蕉、橘子、蘋果，如下所示：

```
fruits = {"蘋果": [4, 3, 1, 0],
          "香蕉": [0, 4, 6, 2],
          "橘子": [1, 5, 2, 4]}
cites = ["台北","新北","台中","高雄"]
df = pd.DataFrame(fruits,
                  columns=["香蕉","橘子","蘋果"],
                  index=cites)
print(df)
```

	香蕉	橘子	蘋果
台北	0	1	4
新北	4	5	3
台中	6	2	1
高雄	2	4	0

更改列索引和欄索引：ch13-2-1c.py

在建立 DataFrame 物件 df 後，我們可以使用 columns 屬性來重新指定欄索引，index 屬性就是更改列索引，如下所示：

```python
df.columns = ["banana", "orange", "apple"]
cites[2] = "桃園"
df.index = cites
print(df)
```

上述程式碼的 columns 屬性指定英文的欄索引，在更改 cites 串列的第 3 個元素後，重新指定列索引，其執行結果如右圖所示：

	banana	orange	apple
台北	4	0	1
新北	3	4	5
桃園	1	6	2
高雄	0	2	4

轉置 DataFrame 物件：ch13-2-1d.py

如果需要，我們可以使用 .T 屬性轉置 DataFrame 物件，即將欄變列；列成欄，如下所示：

```python
df = df.T
print(df)
```

上述程式碼轉置 DataFrame 物件 df，其執行結果可以看到 2 個軸交換，如右圖所示：

	台北	新北	桃園	高雄
banana	4	3	1	0
orange	0	4	6	2
apple	1	5	2	4

13-2-2　匯入與匯出 DataFrame 物件

Pandas 套件可以匯入和匯出多種格式檔案至 DataFrame 物件。匯出 DataFrame 物件 df 至檔案的相關方法說明，如下表所示：

方法	說明
df.to_csv(filename)	匯出成 CSV 格式的檔案
df.to_json(filename)	匯出成 JSON 格式的檔案
df.to_html(filename)	匯出成 HTML 表格標籤的檔案
df.to_excel(filename)	匯出成 Excel 檔案

Pandas 匯入檔案內容成為 DataFrame 物件 df 的相關方法，如下表所示：

方法	說明
pd.read_csv(filename)	匯入 CSV 格式的檔案
pd.read_json(filename)	匯入 JSON 格式的檔案
pd.read_html(filename)	匯入 HTML 檔案，Pandas 會抽出 <table> 表格標籤的資料
pd.read_excel(filename)	匯入 Excel 檔案

◉ 匯出 DataFrame 物件至檔案：ch13-2-2.py

Pandas 可以使用 df.to_csv() 和 df.to_json() 方法，將 DataFrame 物件 df 匯出成 CSV 和 JSON 檔案，如下所示：

```
df.to_csv("fruits.csv", index=False,
          encoding="utf8")
```

上述程式碼首先使用 to_csv() 方法匯出 CSV 檔案，第 1 個參數字串是檔名，index 參數值決定是否寫入列索引，預設值 True 是寫入；False 是不寫入，encoding 是編碼。然後使用 to_json() 方法匯出成 JSON 格式檔案，如下所示：

```
df.to_json("fruits.json")
```

上述方法的參數字串是檔名。其執行結果可以在 Python 程式的相同目錄看到 2 個檔案：fruits.csv 和 fruits.json。

◉ 匯入檔案成為 DataFrame 物件：ch13-2-2a.py

在成功匯出 fruits.csv 和 fruits.json 檔案後，我們就可以呼叫 pd.read_csv() 和 pd.read_json() 方法來匯入檔案資料成為 DataFrame 物件，如下所示：

```
df = pd.read_csv("fruits.csv", encoding="utf8")
df2 = pd.read_json("fruits.json")
```

13-2-3　顯示 DataFrame 資訊與取出資料

在建立或匯入檔案成為 DataFrame 物件後，就可以使用相關方法和屬性來顯示 DataFrame 物件的基本資訊和取出所需的資料。在本節的 Python 程式範例都是使用相同 DataFrame 物件 df，共有 6 筆記錄，如右圖所示：

	蘋果	香蕉	橘子
0	4	0	1
1	3	4	5
2	1	6	2
3	0	2	4
4	2	1	3
5	3	5	3

顯示前幾筆記錄：ch13-2-3.py

為了方便說明，筆者採用 SQL 資料庫的術語，DataFrame 物件的每一列是一筆記錄，每一欄是此記錄的欄位，我們可以使用 head() 方法顯示前幾筆記錄，預設是前 5 筆，如下所示：

```
df2 = df.head()
print(df2)
```

	蘋果	香蕉	橘子
0	4	0	1
1	3	4	5
2	1	6	2
3	0	2	4
4	2	1	3

在 head() 方法可以指定參數值的個數，3 表示只顯示前 3 筆記錄，如下所示：

```
df3 = df.head(3)
print(df3)
```

	蘋果	香蕉	橘子
0	4	0	1
1	3	4	5
2	1	6	2

顯示最後幾筆記錄：ch13-2-3a.py

DataFrame 物件可以使用 tail() 方法顯示最後幾筆記錄，預設也是 5 筆，如下所示：

```
df2 = df.tail()
print(df2)
```

	蘋果	香蕉	橘子
1	3	4	5
2	1	6	2
3	0	2	4
4	2	1	3
5	3	5	3

在 tail() 方法一樣可以指定參數值的個數，值 2 表示顯示後 2 筆記錄，如下所示：

```
df3 = df.tail(2)
print(df3)
```

	蘋果	香蕉	橘子
4	2	1	3
5	3	5	3

○ 取得 DataFrame 的列索引、欄索引和資料：ch13-2-3b.py

DataFrame 物件可以使用 index、columns 和 values 屬性取得列索引、欄索引和資料 (不含列索引和欄索引)，如下所示：

```
print(df.index)
print("------------------")
print(df.columns)
print("------------------")
print(df.values)
```

```
>>> %Run ch13-2-3b.py
  RangeIndex(start=0, stop=6, step=1)
  ------------------
  Index(['蘋果', '香蕉', '橘子'], dtype='object')
  ------------------
  [[4 0 1]
   [3 4 5]
   [1 6 2]
   [0 2 4]
   [2 1 3]
   [3 5 3]]
```

上述 index 是預設列索引，可以看到是 RangeIndex 索引範圍，然後是 columns 和 values 屬性值。values 屬性值是 2 維巢狀串列，因為是串列，所以可以使用串列方式來取得資料，如下所示：

```
print(df.values[1])
print(df.values[1][2])
```

上述程式碼分別取出第 2 筆記錄，和第 2 筆的第 3 欄資料，其執行結果如下所示：

```
[3 4 5]
5
```

○ 顯示 DataFrame 物件的記錄數與形狀：ch13-2-3c.py

DataFrame 物件可以使用 Python 的 len() 函數來取得記錄數，shape 屬性取得形狀，如下所示：

```
print(len(df))
print("------------------")
print(df.shape)
```

```
>>> %Run ch13-2-3c.py
6
------------------
(6, 3)
```

上述執行結果依序顯示記錄數共 6 筆，其形狀是 (6, 3)。

◉ 顯示 DataFrame 物件的摘要資訊：ch13-2-3d.py

DataFrame 物件可以使用 info() 方法顯示摘要資訊，如下所示：

```
print(df.info())
```

```
>>> %Run ch13-2-3d.py
<class 'pandas.core.frame.DataFrame'>
RangeIndex: 6 entries, 0 to 5
Data columns (total 3 columns):
 #   Column   Non-Null Count   Dtype
---  ------   --------------   -----
 0   蘋果        6 non-null      int64
 1   香蕉        6 non-null      int64
 2   橘子        6 non-null      int64
dtypes: int64(3)
memory usage: 272.0 bytes
None
```

上述執行結果依序是 DataFrame 物件的欄索引、記錄數和各欄位的非 NULL 值，資料型態和使用的記憶體數量。

13-2-4　走訪 DataFrame 物件

DataFrame 物件是一種類似表格的試算表物件，如同關聯式資料庫的資料表，其每一列就是一筆記錄，我們可以使用 for 迴圈走訪 DataFrame 物件的每一筆記錄。

◉ 走訪 DataFrame 物件的每一筆記錄：ch13-2-4.py

在 DataFrame 物件可以使用 for 迴圈配合 iterrows() 方法來走訪每一筆記錄，如下所示：

```
for index, row in df.iterrows():
    print(index, row["蘋果"], row["香蕉"],
          row["橘子"])
```

上述 for 迴圈是呼叫 iterrows() 方法取出記錄，變數 index 是列索引，row 是每一列的記錄，其執行結果可以顯示列索引和每一筆記錄，如下所示：

```
>>> %Run ch13-2-4.py
   0 4 0 1
   1 3 4 5
   2 1 6 2
   3 0 2 4
   4 2 1 3
   5 3 5 3
```

◉ 走訪 DataFrame 物件 values 屬性值的串列：ch13-2-4a.py

因為 df.values 屬性值就是 DataFrame 物件的二維巢狀串列，所以，我們可以使用 for 迴圈走訪巢狀串列來顯示每一列的記錄，如下所示：

```
for row in df.values:
    print(row)
```

```
>>> %Run ch13-2-4a.py
[4 0 1]
[3 4 5]
[1 6 2]
[0 2 4]
[2 1 3]
[3 5 3]
```

13-3 選擇、篩選與排序資料

DataFrame 物件可以執行基本資料處理的選取資料、篩選資料和排序資料。在本節的 Python 範例都是使用相同 DataFrame 物件 df，和指定自訂列索引 ordinals 串列（Python 程式：ch13-3.py），如下所示：

```
products = {"channel": ["網路","網路","電視","電視","郵購","郵購"],
            "company": ["EHS","Momo","EHS","Viva","Momo","EHS"],
            "sales":   [11.22,23.50,12.99,15.95,25.75,11.55]}
ordinals = ["A","B","C","D","E","F"]
df = pd.DataFrame(products, index=ordinals)
print(df)
```

	channel	company	sales
A	網路	EHS	11.22
B	網路	Momo	23.50
C	電視	EHS	12.99
D	電視	Viva	15.95
E	郵購	Momo	25.75
F	郵購	EHS	11.55

13-3-1　選取資料

DataFrame 物件可以使用索引或欄位名稱屬性來選取指定欄位或記錄，也可以使用標籤或位置的 loc 和 iloc 索引器（Indexer）來選取所需資料。

📍 使用欄索引選取單一或多個欄位：ch13-3-1.py

DataFrame 物件可以直接使用欄索引，或欄索引串列來選取單一欄位的 Series 物件或多個欄位的 DataFrame 物件，如下所示：

```
df2 = df["sales"].head(3)
print(df2)
```

上述程式碼取得 "sales" 單一欄位後，呼叫 head(3) 方法顯示前 3 筆，其執行結果是單一欄位的 Series 物件，如下所示：

```
>>> %Run ch13-3-1.py
A    11.22
B    23.50
C    12.99
Name: sales, dtype: float64
```

DataFrame 也可以使用物件屬性 sales 來選取相同欄位（也支援中文欄索引的屬性名稱），如下所示：

```
df3 = df.sales.head(3)
print(df3)
```

當然，我們也可以使用欄索引串列來同時選取多個欄位，如下所示：

```
df4 = df[["channel","company"]].head(3)
print(df4)
```

上述程式碼選取 "channel" 和 "company" 兩個欄位的前 3 筆，其執行結果如右圖所示：

	channel	company
A	網路	EHS
B	網路	Momo
C	電視	EHS

📍 使用列索引選取特定範圍的記錄：ch13-3-1a.py

對於 DataFrame 物件每一列的記錄來說，我可以使用從 0 開始的列索引值，或使用自訂列索引名稱來選取特定範圍的記錄，首先是預設數字索引的範圍，如下所示：

```
df2 = df[0:2]
print(df2)
```

上述列索引值範圍如同串列的分割運算子，可以選
取第 1~2 筆記錄，但不含索引值 2 的第 3 筆，其執行結
果如右圖所示：

	channel	company	sales
A	網路	EHS	11.22
B	網路	Momo	23.50

　　如果是使用自訂列索引的名稱，例如：索引 "C" 到 "E" 範圍，就會包含最後一筆，
即 "E"，如下所示：

```
df3 = df["C":"E"]
print(df3)
```

	channel	company	sales
C	電視	EHS	12.99
D	電視	Viva	15.95
E	郵購	Momo	25.75

📍 使用 loc 索引器選取資料：ch13-3-1b.py

　　因為 DataFrame 物件就是二維表格，loc 索引器可以使用列索引和欄索引定位資
料，取出 DataFrame 物件的部分資料，其語法如下所示：

```
df.loc[列索引]
df.loc[[列索引1, 列索引2,…]]
```

　　上述語法的第 1 個是單一列索引，第 2 個是列索引串列，可以分別取出單筆或多筆
記錄。然後使用「,」符號定位儲存格，可以是記錄的列索引或列索引串列，如下所示：

```
df.loc[列索引, 欄索引]
df.loc[[列索引1, 列索引2,…], [欄索引1, 欄索引2…]]
```

　　最後 3 個是使用「:」切割列索引範圍，在「,」之後可以是欄索引，或欄索引串列，
也一樣可以使用「:」來切割欄索引範圍，如下所示：

```
df.loc[列索引1:列索引2, 欄索引]
df.loc[列索引1:列索引2, [欄索引1, 欄索引2…]]
df.loc[列索引1:列索引2, 欄索引1:欄索引2]
```

　　首先使用 loc 索引器以列索引選取指定記錄，如下所示：

```
df2 = df.loc["B"]
print(df2)
```

　　上述程式碼選取列索引 "B" 的第 2 筆記錄，可以看到執行結果的單筆記錄，這是
Series 物件，如下所示：

```
>>> %Run ch13-3-1b.py
channel        網路
company        Momo
sales          23.5
Name: B, dtype: object
```

然後，選取 "channel" 和 "sales" 欄索引串列的 2 欄和所有記錄，如下所示：

```
df3 = df.loc[:, ["channel","sales"]]
print(df3)
```

上述程式碼第 1 個 loc 的「,」符號前是「:」，並沒有前後列索引，選取的是所有記錄，「,」符號後是欄索引串列，其執行結果如右圖所示：

	channel	sales
A	網路	11.22
B	網路	23.50
C	電視	12.99
D	電視	15.95
E	郵購	25.75
F	郵購	11.55

接著，使用列索引和欄索引串列，只選取 "C" 和 "E" 共 2 筆記錄的 2 個欄位，如下所示：

```
df4 = df.loc[["C","E"], ["channel","sales"]]
print(df4)
```

	channel	sales
C	電視	12.99
E	郵購	25.75

DataFrame 物件的 loc 索引器可以結合列索引和欄索引來選取單筆或指定範圍的記錄，首先選取第 3 筆記錄的 2 個欄位，這是 Series 物件如下所示：

```
df5 = df.loc["C", ["channel","sales"]]
print(df5)
```

```
channel        電視
sales          12.99
Name: C, dtype: object
```

然後在「,」前選取第 3~5 筆記錄，在之後是選 2 個欄位，如下所示：

```
df6 = df.loc["C":"E", ["channel","sales"]]
print(df6)
```

	channel	sales
C	電視	12.99
D	電視	15.95
E	郵購	25.75

DataFrame 物件的 loc 索引器除了使用 [,] 定位外，也可以使用 2 個 [][]，第 1 個 [] 是記錄的列索引；第 2 個 [] 是欄位的欄索引，單一記錄和單一欄位就是純量值 11.22，如下所示：

```
df7 = df.loc["A"]["sales"]
print(df7)
```

◉ 使用 iloc 索引器選取資料：ch13-3-1c.py

DataFrame 物件的 iloc 索引器是使用從 0 開始的列 / 欄索引位置值來選取資料，其語法如下所示：

```
df.iloc[列索引位置, 欄索引位置]
```

上述索引位置除單一值外，也可以是「:」範圍，其操作方式就是 Python 切割運算子。第 1 個範例是索引值 3 的第 4 筆記錄，如下所示：

```
df2 = df.iloc[3]
print(df2)
```

```
>>> %Run ch13-3-1c.py
channel          電視
company         Viva
sales          15.95
Name: D, dtype: object
```

第 2 個範例是第 4~5 筆記錄（列索引值 3 和 4，不含 5）的 2 個欄位（欄索引值 1 和 2，不含第 3），如下所示：

```
df3 = df.iloc[3:5, 1:3]
print(df3)
```

	company	sales
D	Viva	15.95
E	Momo	25.75

13-3-2　篩選資料

DataFrame 物件可以使用布林索引的條件和 isin() 方法來篩選資料，也就是使用條件在 DataFrame 物件來選取資料。

⦿ 使用布林條件篩選資料：**ch13-3-2.py**

在 DataFrame 物件可以使用布林條件，只選擇條件成立的記錄資料，如下所示：

```
df2 = df[df.sales > 15]
print(df2)
```

上述程式碼篩選 sales 欄位值大於 15 的記錄資料（df.sales 也可用 df["sales"]），其執行結果如右圖所示：

	channel	company	sales
B	網路	Momo	23.50
D	電視	Viva	15.95
E	郵購	Momo	25.75

⦿ 使用 isin() 方法來篩選資料：**ch13-3-2a.py**

DataFrame 物件的 isin() 方法是檢查欄位值是否在串列中，可以篩選出串列中的記錄資料，如下所示：

```
df2 = df[df["company"].isin(["Momo","Viva"])]
print(df2)
```

上述程式碼可以篩選 "company" 欄位值在 isin() 方法的參數串列中，其執行結果只有 "Momo" 和 "Viva" 兩家公司，如右圖所示：

	channel	company	sales
B	網路	Momo	23.50
D	電視	Viva	15.95
E	郵購	Momo	25.75

⦿ 使用多個條件來篩選資料：**ch13-3-2b.py**

在布林索引可以使用多個條件，例如：sales 大於 15，且小於 25，這是使用「&」的 And 邏輯運算子，如下所示：

```
df2 = df[(df.sales > 15) & (df.sales < 25)]
print(df2)
```

	channel	company	sales
B	網路	Momo	23.50
D	電視	Viva	15.95

13-3-3　排序資料

DataFrame 物件可以呼叫 sort_values() 和 sort_index() 方法來排序資料。

📍 使用指定欄位來排序記錄資料：ch13-3-3.py

DataFrame 物件可以呼叫 sort_values() 方法，指定特定欄索引來排序記錄資料，如下所示：

```
df2 = df.sort_values("sales", ascending=False)
print(df2)
```

上述 sort_values() 方法指定排序欄位是第 1 個參數 "sales" 欄索引，排序方式是從大到小（ascending=False），其執行結果如右圖所示：

	channel	company	sales
E	郵購	Momo	25.75
B	網路	Momo	23.50
D	電視	Viva	15.95
C	電視	EHS	12.99
F	郵購	EHS	11.55
A	網路	EHS	11.22

如果需要，還可以同時指定多個排序欄位，如下所示：

```
df3 = df.sort_values(["company","sales"], ascending=True)
print(df3)
```

上述 sort_values() 方法是群組排序，首先排序 "company" 欄位，依序是 EHS、Momo 和 Viva，然後是 "sales" 欄位，因為 ascending=True 所以是從小到大排序（請看 EHS 部分），其執行結果如右圖所示：

	channel	company	sales
A	網路	EHS	11.22
F	郵購	EHS	11.55
C	電視	EHS	12.99
B	網路	Momo	23.50
E	郵購	Momo	25.75
D	電視	Viva	15.95

📍 使用列索引來排序記錄資料：ch13-3-3a.py

DataFrame 物件可以使用 set_index() 方法指定列索引是存在欄位後，即可呼叫 sort_index() 方法排序目前的列索引，可以看到列索引從大至小排序，因為 axis 屬性值是 0，如下所示：

```
df.set_index("sales", inplace=True)
df2 = df.sort_index(axis=0, ascending=False)
print(df2)
```

上述 set_index() 方法指定列索引是 "sales" 欄位，inplace=True 參數是直接取代目前的 DataFrame 物件 df，其執行結果如下圖所示：

	channel	company
sales		
25.75	郵購	Momo
23.50	網路	Momo
15.95	電視	Viva
12.99	電視	EHS
11.55	郵購	EHS
11.22	網路	EHS

當指定欄位為列索引後，我們可以使用 reset_index() 方法重設成預設數字列索引，和使用預設數字列索引來從大至小進行排序，如下所示：

```
df.reset_index(inplace=True)
df3 = df.sort_index(ascending=False)
print(df3)
```

	sales	channel	company
5	11.55	郵購	EHS
4	25.75	郵購	Momo
3	15.95	電視	Viva
2	12.99	電視	EHS
1	23.50	網路	Momo
0	11.22	網路	EHS

13-4 新增、更新、刪除與合併資料

DataFrame 物件如同關聯式資料庫的資料表，我們一樣可以新增、更新和刪除整筆記錄或指定欄位值，在本節範例主要是使用和第 13-3 節相同的 DataFrame 物件。

13-4-1　更新資料

DataFrame 物件可以更新特定位置的純量值、單筆記錄和整個欄位。

更新純量值：ch13-4-1.py

當使用 loc 或 iloc 索引器選取 DataFrame 物件的資料後，就可以更新這些選取的資料，如下所示：

```
df.loc["A", "sales"] = 9.6
df.iloc[1,2] = 22.01
print(df.head(2))
```

上述程式碼選取第 1 筆記錄的 "sales" 欄位，將值改成 9.6，然後是選取第 2 筆記錄的第 3 個欄位，改為 22.01，其執行結果只顯示前 2 筆記錄資料，如右圖所示：

	channel	company	sales
A	網路	EHS	9.60
B	網路	Momo	22.01

更新單筆記錄：ch13-4-1a.py

在使用 Python 串列建立新記錄後，就可以選取欲取代的記錄來取代成新記錄，如下所示：

```
r = ["郵購", "Viva", 18.9]
df.loc["C"] = r
print(df.head(3))
```

上述程式碼建立 Python 串列 r 後，使用 loc 索引器選取第 3 筆記錄後，即可以指定敘述更改第 3 筆記錄，其執行結果如下圖所示：

	channel	company	sales
A	網路	EHS	11.22
B	網路	Momo	23.50
C	郵購	Viva	18.90

更新整個欄位：ch13-4-1b.py

同樣，我們可以建立 Python 串列來更新整個欄位，如下所示：

```
s = [10, 20, 30, 40, 50, 60]
df.loc[ : , "sales"] = s
print(df.head())
```

上述程式碼建立 Python 串列 s 後，使用 loc 索引器選取整個 "sales" 欄位，然後以指定敘述來更改整個 "sales" 欄位值，其執行結果如右圖所示：

	channel	company	sales
A	網路	EHS	10.0
B	網路	Momo	20.0
C	電視	EHS	30.0
D	電視	Viva	40.0
E	郵購	Momo	50.0

13-4-2　刪除資料

在 DataFrame 物件刪除純量值就是刪除指定記錄的欄位值，將它改為 None，刪除記錄和欄位都是使用 drop() 方法。

● 刪除純量值：ch13-4-2.py

如同更新純量值，刪除只是將資料指定成 None（或 NumPy 套件的 np.nan），如下所示：

```
df.loc["A", "sales"] = None
df.iloc[1,2] = None
print(df.head(3))
```

上述程式碼首先選取第 1 筆記錄的 "sales" 欄位，然後將值改成 None，然後是第 2 筆的 "sales" 欄位也改為 None，其執行結果可以看到值已經改成 NaN，如右圖所示：

	channel	company	sales
A	網路	EHS	NaN
B	網路	Momo	NaN
C	電視	EHS	12.99

● 刪除單筆和多筆記錄：ch13-4-2a.py

DataFrame 物件可以使用 drop() 方法來刪除記錄，其參數是列索引或列索引值，如果是列索引串列，就是刪除多筆。首先是刪除第 2 筆和第 4 筆的 "B" 和 "D"，如下所示：

```
df2 = df.drop(["B", "D"])        # 2,4 筆
print(df2.head())
```

	channel	company	sales
A	網路	EHS	11.22
C	電視	EHS	12.99
E	郵購	Momo	25.75
F	郵購	EHS	11.55

然後使用 index[[2,3]] 刪除第 3 筆和第 4 筆，如下所示：

```
df3 = df.drop(df.index[[2,3]]) # 3,4 筆
print(df3.head())
```

	channel	company	sales
A	網路	EHS	11.22
B	網路	Momo	23.50
E	郵購	Momo	25.75
F	郵購	EHS	11.55

🔎 刪除整個欄位：ch13-4-2b.py

刪除欄位也是使用 drop() 方法，只需要指定 axis 參數值是 1，例如：刪除整個 "sales" 欄位，如下所示：

```
df2 = df.drop(["sales"], axis=1)
print(df2.head(3))
```

	channel	company
A	網路	EHS
B	網路	Momo
C	電視	EHS

13-4-3　新增資料

在 DataFrame 物件新增資料就是新增記錄，或修改結構來新增欄位。

🔎 新增一筆記錄：ch13-4-3.py

在 DataFrame 物件新增記錄（列）只需指定一個不存在的列索引，就可以新增記錄，如下所示：

```
df.loc["H"] = ["網路", "Viva", 16.5]
print(df.tail(3))
```

上述程式碼使用 loc 定位 "H" 列索引，因為此列索引並不存在，所以就是新增 Python 串列的一筆記錄，其執行結果可以在最後看到新增的記錄，如下圖所示：

	channel	company	sales
E	郵購	Momo	25.75
F	郵購	EHS	11.55
H	網路	Viva	16.50

新增記錄也可以建立 Series 物件後，使用 _append() 方法（在前方有「_」底線）來新增記錄，如下所示：

```
s = pd.Series({"channel":"郵購","company":"Viva",
               "sales": 9.8})
df2 = df._append(s, ignore_index=True)
print(df2.tail(3))
```

上述程式碼建立 Series 物件後，使用 _append() 方法新增記錄，ignore_index 參數值 True 表示忽略列索引，其執行結果就是新增索引值 7，如右圖所示：

	channel	company	sales
5	郵購	EHS	11.55
6	網路	Viva	16.50
7	郵購	Viva	9.80

新增整個欄位：ch13-4-3a.py

在 DataFrame 物件只需指定一個不存在的欄索引，就可以新增欄位，我們可以使用 Series 物件或 NumPy 陣列來建立欄位值，如下所示：

```
lst = []
for n in range(len(df)):
    lst.append(np.random.randint(6000, 9000))
df["quantity"] = pd.Series(lst).values
print(df.head())
```

上述程式碼新增 "quantity" 欄位，欄位值是 Series 物件的 values 屬性值，其執行結果如右圖所示：

	channel	company	sales	quantity
A	網路	EHS	11.22	7736
B	網路	Momo	23.50	6137
C	電視	EHS	12.99	7691
D	電視	Viva	15.95	7812
E	郵購	Momo	25.75	6215

　　然後使用 loc 索引器，在「,」符號後是新增欄位 "items"，欄位值是 NumPy 陣列，如下所示：

```
df.loc[:,"items"] = np.random.randint(100, 120, size=len(df))
print(df.head())
```

	channel	company	sales	quantity	items
A	網路	EHS	11.22	7736	107
B	網路	Momo	23.50	6137	119
C	電視	EHS	12.99	7691	105
D	電視	Viva	15.95	7812	115
E	郵購	Momo	25.75	6215	117

13-4-4　連接與合併資料

　　DataFrame 物件可以使用 concat() 方法連接多個 DataFrame 物件，或呼叫 merge() 方法來合併 2 個 DataFrame 物件。

⦿ 連接多個 DataFrame 物件：ch13-4-4.py

　　DataFrame 物件可以使用 concat() 方法連接多個 DataFrame 物件，Python 程式首先使用亂數建立測試所需的 2 個 DataFrame 物件 df1 和 df2，如下所示：

```
import pandas as pd
from numpy.random import randint

df1 = pd.DataFrame(randint(5,10,size=(3,4)),
                   columns=["a","b","c","d"])
df2 = pd.DataFrame(randint(5,10,size=(3,3)),
                   columns=["b","d","a"])
```

　　上述程式碼建立整數亂數值的 2 個 DataFrame 物件，df1 是右圖 (左)；df2 是右圖 (右)：

	a	b	c	d
0	7	8	8	5
1	8	7	5	8
2	6	9	8	9

	b	d	a
0	6	5	6
1	8	9	5
2	5	9	9

　　上述 2 個 DataFrame 物件的形狀分別是 (3, 4) 和 (3, 3)，接著，呼叫 concat() 方法連接 2 個 DataFrame 物件 df1 和 df2，如下所示：

```
df3 = pd.concat([df1,df2], ignore_index=True)
print(df3)
```

　　上述 cancat() 方法的第 1 個參數是 DataFrame 物件串列，以此例有 2 個，也可以連接更多個，參數 ignore_index=True 是忽略列索引，所以列索引重新從 0 到 5，其執行結果如右圖所示：

	a	b	c	d
0	7	5	7.0	9
1	8	9	6.0	7
2	8	8	8.0	6
3	6	6	NaN	5
4	5	8	NaN	9
5	9	5	NaN	9

　　上述連接結果的後 3 筆記錄，其欄位 "c" 都是 NaN，因為 df2 沒有欄位 "c"。在 concat() 方法預設是使用上下方向來連接資料，即連接記錄，當指定 axis 參數值是 1，就可以改為左右方向連接欄位，如下所示：

```
df4 = pd.concat([df1,df2], axis=1)
print(df4)
```

	a	b	c	d	b	d	a
0	7	5	7	9	6	5	6
1	8	9	6	7	8	9	5
2	8	8	8	6	5	9	9

合併 2 個 DataFrame 物件：ch13-4-4a.py

　　DataFrame 物件的 merge() 方法可以左右合併 2 個 DataFrame 物件（類比 SQL 語言的合併查詢）。Python 程式首先建立測試的 2 個 DataFrame 物件 df1 和 df2，如下所示：

```
df1 = pd.DataFrame({"key":["a","b","c"],
                    "data1":range(3)})
df2 = pd.DataFrame({"key":["a","b","b"],
                    "data2":range(3)})
```

　　上述程式碼建立 2 個 DataFrame 物件，df1 是下圖（左）；df2 是下圖（右），如下圖所示：

	key	data1
0	a	0
1	b	1
2	c	2

	key	data2
0	a	0
1	b	1
2	b	2

上述 2 個 DataFrame 物件的形狀都是 (3, 2)，然後呼叫 merge() 方法連接 2 個 DataFrame 物件 df1 和 df2，如下所示：

```
df3 = pd.merge(df1, df2)
print(df3)
print("-----------------")
df4 = pd.merge(df2, df1)
print(df4)
```

上述程式碼第 1 次呼叫 merge() 方法的第 1 個參數是上述 df1，第 2 個參數是 df2，預設使用同名 "key" 欄位進行合併，此欄位就是合併欄位，預設是內部合併 inner（右圖上），第 2 次的參數相反是 df2 和 df1 的內部合併（右圖下），如右圖所示：

	key	data1	data2
0	a	0	0
1	b	1	1
2	b	1	2

在 merge() 方法的內部合併是 2 個合併欄位 "key" 值都存在的記錄資料，例如：df1 的 "key" 欄位值是 "a"，合併 df2 同 "key" 欄位值 "a"，所以 data2 是 0；"b" 是 1 和 2，因為 df2 的 "key" 欄位沒有欄位值 "c"，所以合併後並沒有此欄位值。

	key	data2	data1
0	a	0	0
1	b	1	1
2	b	2	1

基本上，合併 2 個 DataFrame 物件有多種方式，在 merge() 方法可以使用 how 參數來指定內部合併 inner、左外部合併 left（取回左邊 DataFrame 的全部記錄）、右外部合併 right（取回右邊 DataFrame 的全部記錄）和全外部合併 outer（取回兩邊 DataFrame 的全部記錄），如下所示：

```
df5 = pd.merge(df2, df1, how="right")
print(df5)
```

上述 merge() 方法的 how 參數值是 right 右外部合併，可以取回右邊 DataFrame 物件 df1 的所有記錄，所以有欄位值 "c"，其執行結果如右圖所示：

	key	data2	data1
0	a	0.0	0
1	b	1.0	1
2	b	2.0	1
3	c	NaN	2

13-5 群組、樞紐分析與統計函數

DataFrame 物件可以使用群組資料來進行資料統計、建立樞紐分析表和執行相關統計函數來計算統計資料。

13-5-1　群組

「群組」（Grouping）是將資料依條件分類成群組後，再套用相關方法在各群組來取得所需的統計資料。在本節的 Python 程式首先使用字典建立測試的 DataFrame 物件，如下所示：

```
df = pd.DataFrame({"名稱" : ["客戶A", "客戶B", "客戶A", "客戶B",
                            "客戶A", "客戶B", "客戶A", "客戶A"],
                   "編號" : ["訂單1", "訂單1", "訂單2", "訂單3",
                            "訂單2", "訂單2", "訂單1", "訂單3"],
                   "數量" : np.random.randint(1,5,size=8),
                   "售價" : np.random.randint(150,500,size=8)})
print(df)
```

上述程式碼建立 DataFrame 物件 df，如下圖所示：

	名稱	編號	數量	售價
0	客戶A	訂單1	3	372
1	客戶B	訂單1	4	405
2	客戶A	訂單2	2	301
3	客戶B	訂單3	1	476
4	客戶A	訂單2	1	319
5	客戶B	訂單2	4	426
6	客戶A	訂單1	3	486
7	客戶A	訂單3	1	214

上述名稱和編號欄位都有重複資料，我們可以分別使用這些欄位來群組記錄。

使用單一欄位來群組資料：ch13-5-1.py

DataFrame 物件在使用 groupby() 方法群組欄位後，呼叫 sum() 方法計算欄位值的總和，如下所示：

```
df2 = df[["名稱", "數量", "售價"]].groupby("名稱").sum()
print(df2)
```

上述程式碼先取出 3 個欄位後，呼叫 groupby() 方法使用參數 " 名稱 " 欄位來群組資料，然後呼叫 sum() 方法計算總計，可以計算 " 數量 " 和 " 售價 " 兩個整數欄位的總計，其執行結果如右圖所示：

名稱	數量	售價
客戶A	10	1692
客戶B	9	1307

使用多欄位來群組資料：ch13-5-1a.py

群組欄位也可以有多個，在此範例是使用 " 名稱 " 和 " 編號 " 欄位串列來群組資料，可以看到總計的是每一位客戶，相同編號的 2 個欄位值總和，如下所示：

```
df2 = df.groupby(["名稱","編號"]).sum()
print(df2)
```

名稱	編號	數量	售價
客戶A	訂單1	3	813
	訂單2	6	765
	訂單3	2	185
客戶B	訂單1	1	340
	訂單2	3	284
	訂單3	2	196

13-5-2　樞紐分析表

DataFrame 物件可以呼叫 pivot_table() 方法來建立樞紐分析表。Python 程式：ch13-5-2.py 首先在第 13-4 節的 DataFrame 物件新增 "score" 欄位，如下所示：

```
score = [4, 3, 5, 7, 5, 8]
df["score"] = score
print(df.head())
```

	channel	company	sales	score
A	網路	EHS	11.22	4
B	網路	Momo	23.50	3
C	電視	EHS	12.99	5
D	電視	Viva	15.95	7
E	郵購	Momo	25.75	5

然後使用 pivot_table() 方法以欄位值為欄索引來重塑 DataFrame 物件的形狀，也就是建立樞紐分析表，如下所示：

```
pivot_tb = df.pivot_table(index='channel',
                          columns='company',
                          values='sales')
print(pivot_tb)
```

　　上述 pivot_table() 方法的 index 參數是列索引的欄位，columns 參數是欄索引的欄位，values 參數是轉換成樞紐分析表的欄位值，其執行結果如右圖所示：

company channel	EHS	Momo	Viva
網路	11.22	23.50	NaN
郵購	11.55	25.75	NaN
電視	12.99	NaN	15.95

同理，我們也可以改用 "score" 欄位，如下所示：

```
pivot_tb2 = df.pivot_table(index='channel',
                           columns='company',
                           values='score')
print(pivot_tb2)
```

company channel	EHS	Momo	Viva
網路	4.0	3.0	NaN
郵購	8.0	5.0	NaN
電視	5.0	NaN	7.0

13-5-3　統計的相關方法

　　Pandas 套件可以使用 describe() 方法顯示指定欄位的統計資料描述，或在欄位套用方法來計算所需的統計資料。本節的 Python 程式是使用和第 13-4 節相同的 DataFrame 物件。

📍 Pandas 套件的 describe() 方法：ch13-5-3.py

　　Pandas 套件可以使用 describe() 方法顯示 DataFrame 物件指定欄位，或 Series 物件的統計資料描述，如下所示：

```
print(df["sales"].describe())
```

```
>>> %Run ch13-5-3.py
 count    6.000000
 mean    16.826667
 std      6.307547
 min     11.220000
 25%     11.910000
 50%     14.470000
 75%     21.612500
 max     25.750000
 Name: sales, dtype: float64
```

上述描述資料依序是資料長度、平均值、標準差、最小值、25%、50%（中位數）、75% 和最大值。

Pandas 套件的統計方法：ch13-5-3a.py

Pandas 套件支援統計的相關方法，其說明如下表所示：

方法	說明
count()	非 NaN 值計數
mode()	眾數
median()	中位數
quantile()	四分位數，分別是 quantile(q=0.25)、quantile(q=0.5)、quantile(q=0.75)
mean()	平均數
max()	最大值
min()	最小值
sum()	總和
var()	變異數
std()	標準差
cov()	共變異數
corr()	相關係數
cumsum()	累積總和
cumprod()	累積乘積

Python 程式是在指定欄位來執行上表的統計方法，如下所示：

```python
print("計數:", df["sales"].count())
print("中位數:", df["sales"].median())
print("平均數:", df["sales"].mean())
print("最大值:", df["sales"].max())
print("最小值:", df["sales"].min())
```

```
>>> %Run ch13-5-3a.py
計數: 6
中位數: 14.469999999999999
平均數: 16.826666666666664
最大值: 25.75
最小值: 11.22
```

13-6　Pandas 資料視覺化

因為 Pandas 套件已經整合第 12 章 Matplotlib 套件的圖表繪製功能,所以資料視覺化可以使用 Series 或 DataFrame 物件的 plot() 方法。

♀ 繪製長條圖:ch13-6.py

長條圖(Bar Plots)是使用長條型色彩區塊的高和長度來視覺化顯示資料的量,用來顯示分類資料和分類摘要資訊,依方向可以分成水平或垂直長條圖兩種。

Python 程式只需建立 DataFrame 或 Series 物件,就可以使用 plot() 方法繪製長條圖,例如:NBA 金州勇士隊各位置平均得分和籃板的長條圖,如下所示:

```
df = pd.read_csv("GSW_players_stats_2017_18.csv")
df["位置"] = df["Pos"]
df_grouped = df.groupby("位置")
points = df_grouped["PTS/G"].mean()
rebounds = df_grouped["TRD"].mean()
data = pd.DataFrame()
data["得分"] = points
data["籃板"] = rebounds
```

上述程式碼首先新增中文欄名的 " 位置 " 欄位後,使用群組計算各位置的得分和籃板平均,這是 Series 物件 points 和 rebounds,然後使用這 2 個 Series 物件建立 DataFrame 物件 data 來繪製長條圖,如下所示:

```
points.plot(kind="bar")
plt.title("得分")
data.plot(kind="bar")
plt.title("得分與籃板")
plt.show()
```

上述 plot() 方法的 kind 參數指定 "bar" 長條圖("barh" 是水平長條圖),points 是 Series 物件,data 是 DataFrame 物件,然後使用 Matplotlib 的 title() 方法指定圖表的標題文字,其執行結果如下圖所示:

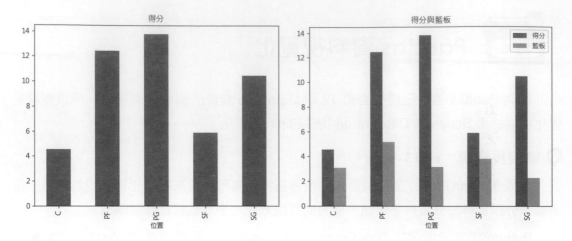

繪製直方圖：ch13-6a.py

　　直方圖（Histograms）可以用來觀察數值資料的分佈，這是使用長方形面積來顯示變數出現的頻率，寬度是分割區間。Python 程式是使用 Pandas 繪製 2018 年 NBA 年薪前 100 位球員的直方圖，如下所示：

```
df = pd.read_csv("NBA_salary_rankings_2018.csv")
num_bins = 15
df["salary"].plot(kind="hist", bins=num_bins)
plt.ylabel("頻率")
plt.xlabel("薪水")
plt.title("NBA年薪前100位球員的直方圖")
plt.show()
```

　　上述 plot() 方法指定 kind 參數值 "hist" 直方圖，bins 參數是分割區間，其執行結果如下圖所示：

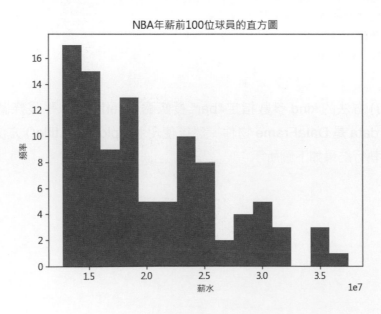

繪製箱形圖：ch13-6b.py

箱形圖（Box Plots）是一種顯示數值資料分佈的圖表，使用方形箱子來清楚顯示各群組資料的最小值、前 25%、中間值、前 75% 和最大值。Python 程式是使用 Pandas 繪製 2018 年 NBA 前 100 名依位置年薪分佈的箱形圖，如下所示：

```python
df = pd.read_csv("NBA_salary_rankings_2018.csv")
df["位置"] = df["pos"]
df.boxplot(column="salary",
           by="位置",
           figsize=(6,5))
plt.xticks(rotation=25)
plt.title("NBA前100名依位置年薪分佈的箱形圖")
plt.suptitle('')
plt.show()
```

上述程式碼新增中文欄位 " 位置 " 後，呼叫 boxplot() 方法繪製箱形圖，參數 column 是欄位名稱或名稱串列，參數 by 是群組欄位，以此例就是使用 " 位置 " 欄位的 5 個位置，figsize 參數是指定圖形尺寸的元組，在使用 title() 方法顯示標題文字後，呼叫 suptitle() 方法刪除預設的標題文字，其執行結果如右圖所示：

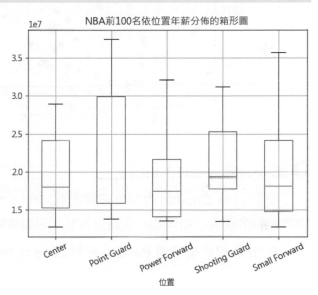

繪製散佈圖：ch13-6c.py

散佈圖（Scatter Plots）是用二個變數分別是垂直 y 軸和水平的 x 軸座標來繪出資料點，可以顯示一個變數受到另一個變數的影響程度，也就是識別出兩個變數之間的關係。Python 程式是使用 Pandas 繪製 2018 年 NBA 球員薪水和得分的散佈圖，如下所示：

```python
df = pd.read_csv("NBA_players_salary_stats_2018.csv")
df.plot(kind="scatter", x="PTS", y="salary",
        title="NBA球員的薪水和得分的散佈圖")
plt.ylabel("薪水")
plt.xlabel("得分")
plt.show()
```

上述程式碼使用 plot() 方法繪出散佈圖，參數 kind 是 "scatter"，x 參數是 x 軸的欄位名稱；y 參數是 y 軸，title 參數是標題文字，其執行結果如下圖所示：

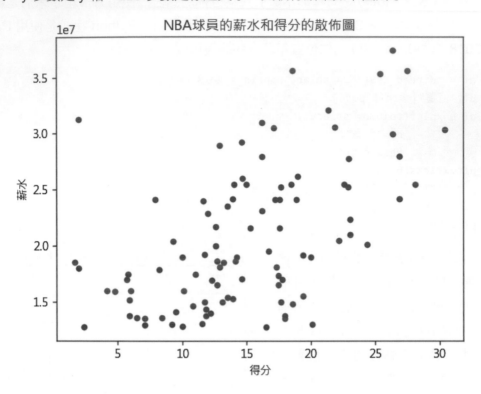

繪製派圖：ch13-6d.py

派圖（Pie Charts）也稱為圓餅圖（Circle Charts），這是使用一個完整圓形來表示統計資料的圖表，如同切一個圓形蛋糕，可以使用不同的切片大小來標示資料的比例。

Python 程式是使用 Pandas 繪製 2018 年 NBA 金州勇士隊的球員陣容派圖，如下所示：

```
df = pd.read_csv("GSW_players_stats_2017_18.csv")
df["位置"] = df["Pos"]
df_grouped = df.groupby("位置")
position = df_grouped["位置"].count()
explode = (0, 0, 0.2, 0, 0.2)
position.plot(kind="pie",
              figsize=(6, 6),
              explode=explode,
              title="NBA金州勇士隊的球員陣容")
plt.legend(position.index, loc="best")
plt.show()
```

上述 explode 串列是對應各切片的突增值，plot() 方法是使用 kind 參數指定 "pie" 派圖，figsize 屬性指定尺寸長寬相同，這是正圓，explode 參數就是突增值，其執行結果如下圖所示：

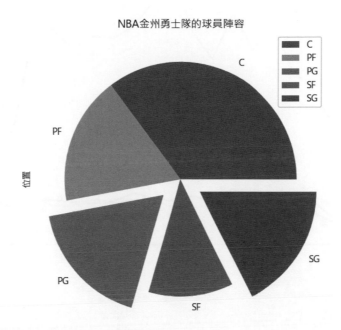

繪製折線圖：ch13-6e.py

折線圖（Line Plots）是最常使用的圖表，這是使用一序列資料點的標記，和直線連接各標記來建立圖表，一般來說，折線圖可以顯示以時間為 x 軸的趨勢（Trends）。

Python 程式是使用 Pandas 繪製 Kobe Bryant 生涯得分、助攻和籃板的折線圖，如下所示：

```
df = pd.read_csv("Kobe_stats.csv")
data = pd.DataFrame()
data["球季"] = pd.to_datetime(df["Season"])
data["得分"] = df["PTS"]
data["助攻"] = df["AST"]
data["籃板"] = df["TRB"]
data = data.set_index("球季")
data.plot(kind="line")
plt.title("Kobe Bryant生涯球員統計資料")
plt.show()
```

上述程式碼建立 DataFrame 物件 data 只保留 CSV 檔案的 "Season"、"PTS"、"AST" 和 "TRB" 欄位，plot() 方法是使用 kind 參數指定 "line" 折線圖，其執行結果如下圖所示：

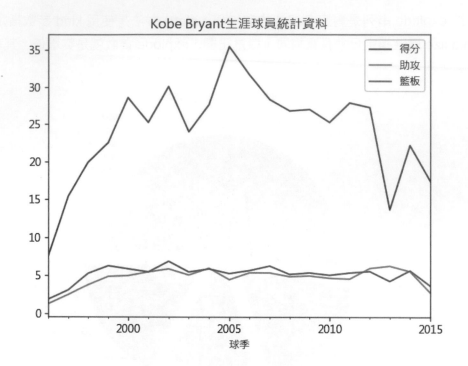

學習評量

1. 請說明什麼是 Pandas 套件？Pandas 套件的 Series 和 DataFrame 物件？

2. 請問 DataFrame 物件可以匯入和匯出成為哪幾種格式的檔案？DataFrame 物件是如何走訪每一筆記錄？

3. 請問如何從 DataFrame 物件選出所需欄或列？DataFrame 物件如何篩選和排序資料？多個 DataFrame 物件是如何連接與合併？

4. 請寫出 Python 程式建立 Series 物件，其內容是 1~10 之間的奇數。

5. 請寫出 Python 程式以下列串列建立 2 個 Series 物件，然後計算 2 個 Series 物件的加、減、乘和除的結果，如下所示：

```
[2, 4, 6, 8, 10]
[1, 3, 5, 7, 9]
```

6. 請使用學習評量第 5 題的 2 個串列，分別加上 even 偶數和 odd 奇數的鍵來建立成字典後，使用索引標籤字母 a~e 建立 DataFrame 物件，和顯示前 3 筆資料。

7. 請寫出 Python 程式顯示學習評量第 6 題 DataFrame 物件的摘要資訊。

8. 請建立 Python 程式匯入 dists.csv 檔案建立 DataFrame 物件 df 後，完成下列工作，如下所示：

▷ 顯示 city 和 name 兩個欄位。

▷ 篩選 population 欄位值大於 300000 的記錄資料。

▷ 選出第 4~5 筆記錄的 name 和 population 欄位。

9. 請問 Pandas 如何群組資料和建立樞紐分析表？請問什麼是箱形圖，Pandas 資料視覺化如何繪製箱形圖？

10. 請將第 12 章學習評量 6.~8. 改用 Pandas 資料視覺化來繪製圖表。

iPAS巨量資料分析模擬試題

(　　) 1. 請問下列關於 DataFrame 物件 df 的 Python 程式碼，哪一個是錯誤的？
(A) df.head() 可以取得前 5 筆記錄　　(B) df.shape 可以取得形狀
(C) df.length 可以取得記錄數　　(D) df.info() 可以取得摘要資訊。

(　　) 2. 附圖是 DataFrame 物件 df 的客戶訂單資料，如圖所示：

	名稱	編號	數量	售價
0	客戶A	訂單1	3	372
1	客戶B	訂單1	4	405
2	客戶A	訂單2	2	301
3	客戶B	訂單3	1	476

我們準備使用 Python 程式產生每一位客戶資料的售價總和，和訂單數量計數的群組與摘要報表，請問下列哪一個方法或函數是最「不」可能使用到的？
(A) count()　(B) sum()　(C) type()　(D) groupby()。

(　　) 3. DataFrame 物件 df1 有欄位 a, b, c；df2 有欄位 a, b, d，我們準備串接 2 個 DataFrame 物件 df1 和 df2 的所有記錄，請問下列哪一個 Python 程式碼可以達成？

(A) pd.concat([df1, df2], axis=0)

(B) pd.concat([df1, df2], axis=1)

(C) pd.concat([df1, df2], join='inner')

(D) pd.concat([df1, df2], axis=1, join='outer')。

(　　) 4. DataFrame 物件 df1 和 df2 都擁有同名的 id 和 amount 欄位，我們準備合併這 2 個 DataFrame 物件，和保留所有記錄（包含只出現在任一 DataFrame 物件的記錄），請問下列哪一個 Python 程式碼可以達成（on 參數是合併欄位）？

(A) pd.merge(df1, df2, on='amount', how='outer')

(B) pd.merge(df1, df2, on='amount', how='inner')

(C) pd.merge(df1, df2, on='id', how='inner')

(D) pd.merge(df1, df2, on='id', how='outer')。

CHAPTER **14**

Seaborn進階圖表與
Plotly互動視覺化

本章內容

14-1 Seaborn 基礎與基本使用

Seaborn 是建立在 Matplotlib 套件上的一套資料視覺化函式庫，其主要目的是補足和擴充 Matplotlib 功能，可以讓我們輕鬆結合 DataFrame 物件來繪製各種漂亮的資料視覺化圖表。（本章視覺化圖檔，請見範例檔的「課本圖片」）

14-1-1　認識與安裝 Seaborn 套件

Seaborn 的目的並不是取代 Matplotlib 套件，而是增強 Matplotlib 套件的資料視覺化功能。

📍 認識 Seaborn 套件

Seaborn 是一套功能強大的高階資料視覺化函式庫，因為 Matplotlib 繪製漂亮圖表需要使用大量參數，Seaborn 提供預設佈景（Themes），和緊密整合 DataFrame 物件，可以讓我們更容易繪製各種漂亮圖表。在 Seaborn 繪製圖表的方法分成兩大類，如下所示：

▷ 軸等級的圖表方法（Axes-level Methods）：對應 Matplotlib 圖表方法，可以在指定軸繪製圖表（單一軸），其在各軸的圖表是獨立，並不會影響同一張 Matplotlib 圖形（Figure）上其他軸的子圖表。

▷ 圖形等級的圖表方法（Figure-level Methods）：緊密結合 DataFrame 物件，可以在 Matplotlib 使用分類資料來擴展繪出跨多軸的多張子圖表，和使用 kind 參數指定圖表種類，換句話說，一個圖形等級的方法就能夠支援繪製多種不同圖表。

📍 安裝 Seaborn 套件

在 Python 開發環境安裝 Seaborn 套件的命令列指令（Anaconda 預設安裝），如下所示：

pip install seaborn==0.13.2 Enter

當成功安裝 Seaborn 套件 0.13.2 版後，在 Python 程式可以匯入 Seaborn 套件和指定別名 sns，如下所示：

```
import seaborn as sns
```

14-1-2　使用 Seaborn 繪製圖表

Python 程式可以使用 Seaborn 套件繪製軸等級和圖形等級的圖表。

○ 繪製軸等級的圖表：**ch14-1-2.py**

　　Python 程式是修改第 12-4 節的範例，改用 Seaborn 軸等級的繪圖方法來繪出子圖表。首先匯入相關模組和套件，如下所示：

```python
import matplotlib.pyplot as plt
import seaborn as sns
import math

x = [0,0.5,1,1.5,2,2.5,3,3.5,4,4.5,5,
     5.5,6,6.5,7,7.5,8,8.5,9,9.5,10]
sinus = [math.sin(v) for v in x]
cosinus = [math.cos(v) for v in x]
```

　　上述程式碼使用串列和串列推導建立多組資料後，在下方呼叫 set() 方法使用 Seaborn 預設佈景（因為沒有參數），然後呼叫 subplots() 方法建立 2 個儲存格的圖形，即可分別在 2 個軸繪製了圖表，如下所示：

```python
sns.set()
fig, axes = plt.subplots(1,2, figsize=(6,4))
ax1 = sns.lineplot(x=x, y=sinus, ax=axes[0])
ax2 = sns.scatterplot(x=x, y=cosinus, ax=axes[1])
plt.show()
```

　　上述 lineplot() 方法是折線圖；scatterplot() 方法是散佈圖，方法的回傳值是軸，參數 x 是 x 軸資料；y 是 y 軸資料，參數 ax 指定繪在哪一個軸，最後呼叫 Matplotlib.pyplot 的 show() 方法顯示圖表，其執行結果如下圖所示：

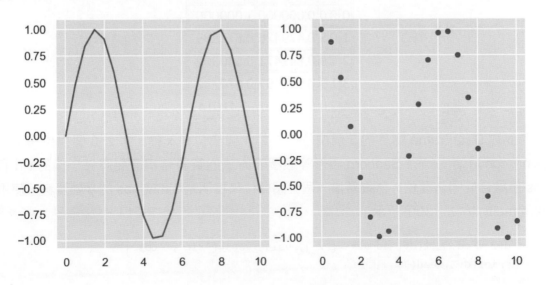

● 繪製圖形等級的圖表：ch14-1-2a.py

Python 程式是使用和 ch14-1-2.py 的相同資料，改用圖形等級的圖表方法來繪製多張子圖表，因為此等級的方法緊密結合 Pandas，我們需要先建立 DataFrame 物件後，再來繪製圖表。首先匯入相關模組與套件，如下所示：

```python
import matplotlib.pyplot as plt
import seaborn as sns
import pandas as pd
import math

x = [0,0.5,1,1.5,2,2.5,3,3.5,4,4.5,5,
     5.5,6,6.5,7,7.5,8,8.5,9,9.5,10]
sinus = [math.sin(v) for v in x]
cosinus = [math.cos(v) for v in x]
```

上述程式碼建立 3 個串列後，將這 3 個串列建立成 DataFrame 物件，如下所示：

```python
df = pd.DataFrame()
df["x"] = x
df["sin"]= sinus
df["cos"] = cosinus
print(df.head())
```

上述程式碼在建立空 DataFrame 物件 df 後，依序新增 "x"、"sin" 和 "cos" 三個欄位，其執行結果如下圖所示：

	x	sin	cos
0	0.0	0.000000	1.000000
1	0.5	0.479426	0.877583
2	1.0	0.841471	0.540302
3	1.5	0.997495	0.070737
4	2.0	0.909297	-0.416147

上述 DataFrame 物件的 3 個欄位中，第 1 個欄位是 x 軸、第 2~3 個欄位是 y 軸（sin、cos），請注意！Seaborn 圖形等級圖表方法的資料結構需要將每一欄的 sin 和 cos 值融合成同一欄位，然後新增一個分類欄位來指明是 sin 或 cos 的 y 軸資料，使用的是 melt() 方法，如下所示：

```python
df2 = pd.melt(df, id_vars=['x'], value_vars=['sin', 'cos'])
print(df2.head())
```

上述 melt() 方法可以建立 df2 物件，參數 id_vars 是 x 軸資料，value_vars 參數指定 sin 和 cos 兩欄串列融合的 y 軸資料，其轉換結果如右圖所示：

	x	variable	value
0	0.0	sin	0.000000
1	0.5	sin	0.479426
2	1.0	sin	0.841471
3	1.5	sin	0.997495
4	2.0	sin	0.909297

上述 variable 欄位是分類欄位，其值是 2 種 y 軸資料的 sin 和 cos，value 欄位就是原來 2 個 y 軸值融合成的欄位。最後我們就是使用 DataFrame 物件 df2 作為資料來源，繪製 Seaborn 圖表，如下所示：

```
sns.set()
sns.relplot(x="x", y="value", kind="scatter", col="variable", data=df2)
plt.show()
```

上述 relplot() 方法是 Seaborn 圖形等級的圖表方法，最後的 data 參數指定 DataFrame 物件，因為已經指定 df2，所以參數 x 和 y 的值就是欄位名稱 "x" 和 "value"，kind 參數指定 "scatter" 散佈圖（預設值，"line" 是折線圖），col 參數指定分類欄位是 "variable"，其執行結果可以繪出 sin 和 cos 分類的 2 張散佈圖，如下圖所示：

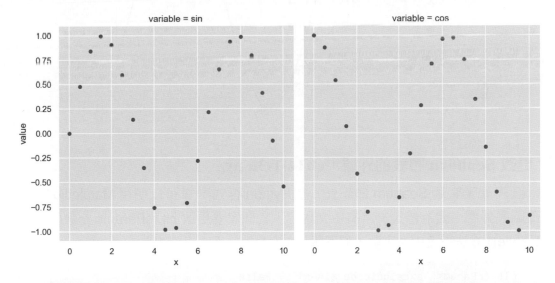

上述圖例可以看出 relplot() 方法自動依據 col 參數的 "variable" 欄位值，將資料繪成 sin 和 cos 共兩張子圖表。

14-1-3　更改 Seaborn 圖表的外觀

Seaborn 圖表在呼叫 set() 方法套用預設佈景後，即可更改 Seaborn 圖表的佈景樣式，或使用 Matplotlib 套件更改軸範圍、顯示標題文字和軸標籤說明文字。

更改 Seaborn 圖表的樣式：ch14-1-3.py

Seaborn 圖表是使用 set_style() 方法指定圖表使用的佈景主題，可用的參數值有：darkgrid（預設值）、whitegrid、dark、white 和 ticks，如下所示：

```
x = [0,0.5,1,1.5,2,2.5,3,3.5,4,4.5,5,
     5.5,6,6.5,7,7.5,8,8.5,9,9.5,10]
sinus = [math.sin(v) for v in x]

sns.set_style("whitegrid")
sns.lineplot(x=x, y=sinus)
plt.show()
```

上述程式碼建立 x 座標和 sin(x) 值的串列後，呼叫 set_style() 方法指定 whitegrid 佈景主題，其執行結果如下圖所示：

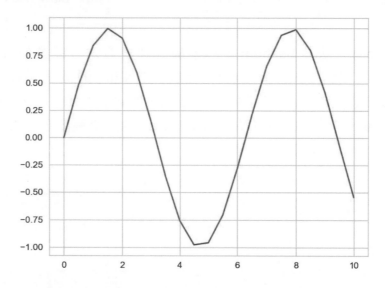

更改 Seaborn 圖表的外觀：ch14-1-3a.py

圖表除了套用 Seaborn 佈景外，在 Python 程式一樣可以使用 Matplotlib 方法來更改圖表外觀，因為標題文字有中文內容，我們需要更改 plt.rcParams 參數值，和在 set_style() 方法指定中文字型，如下所示：

```
plt.rcParams["axes.unicode_minus"] = False
sns.set_style("darkgrid", {"font.sans-serif":['Microsoft JhengHei']})

sns.lineplot(x=x, y=sinus)
plt.title("Sinus三角函數的波型")
plt.xlim(-2, 12)
plt.ylim(-2, 2)
plt.xlabel("x")
plt.ylabel("sin(x)")
plt.show()
```

上述程式碼依序新增標題文字、更改 x 和 y 軸的範圍和加上標籤文字,其執行結果如下圖所示:

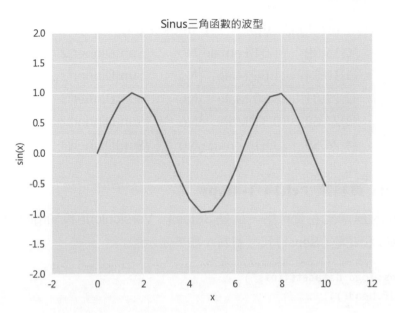

📍 更改 **Seaborn** 圖表的尺寸:**ch14-1-3b.py**

Seaborn 軸等級圖表方法可以使用 Matplotlib 方法來更改圖表尺寸,圖形等級的圖表方法是使用 height 和 aspect 參數,如下所示:

```
sns.relplot(x="x", y="value", kind="scatter", col="variable",
            height=4, aspect=1.2, data=df2)
```

上述 relplot() 方法的 height 參數是圖表的高度,單位英吋,aspect 是長寬比,圖表的寬度就是 height*aspect。

14-1-4　載入 **Seaborn** 內建資料集

在 Seaborn 套件內建一些測試資料集,可以讓我們使用這些資料集來測試 Seaborn 資料視覺化,而這些資料集就是 DataFrame 物件。

📍 小費 **tips** 資料集:**ch14-1-4.py**

Seaborn 內建 tips 小費資料集是帳單金額(total_bill)、小費(tip)、消費日是星期幾(day)、性別(sex)、午餐 / 晚餐時段(time)和是否抽煙(smoker)等資料。Python 程式是使用 load_dataset() 方法來載入 tips 資料集,如下所示:

```
df = sns.load_dataset("tips")
print(df.head())
```

上述程式碼載入參數 "tips" 的 tips 資料集後，因為是 DataFrame 物件，所以可以呼叫 head() 方法顯示前 5 筆，其執行結果如下圖所示：

	total_bill	tip	sex	smoker	day	time	size
0	16.99	1.01	Female	No	Sun	Dinner	2
1	10.34	1.66	Male	No	Sun	Dinner	3
2	21.01	3.50	Male	No	Sun	Dinner	3
3	23.68	3.31	Male	No	Sun	Dinner	2
4	24.59	3.61	Female	No	Sun	Dinner	4

📍 鳶尾花 iris 資料集：ch14-1-4a.py

Seaborn 內建鳶尾花資料集，這是 Setosa、Versicolour 和 Virginica 三類鳶尾花的花瓣（Petal）和花萼（Sepal）尺寸資料，如下所示：

```
df = sns.load_dataset("iris")
print(df.head())
```

上述程式碼匯入 "iris" 鳶尾花資料集後，顯示前 5 筆資料，如下圖所示：

	sepal_length	sepal_width	petal_length	petal_width	species
0	5.1	3.5	1.4	0.2	setosa
1	4.9	3.0	1.4	0.2	setosa
2	4.7	3.2	1.3	0.2	setosa
3	4.6	3.1	1.5	0.2	setosa
4	5.0	3.6	1.4	0.2	setosa

上述 sepal_length 和 sepal_width 欄位分別是花萼（Sepal）的長和寬，單位是公分，petal_length 和 petal_width 是花瓣（Petal）的長和寬，最後的 species 欄位就是三種鳶尾花的分類。

14-2　使用 Seaborn 繪製各種類型的圖表

Seaborn 比起 Matplotlib 支援更多種圖表類型的繪製，在這一節我們準備詳細說明 Seaborn 常用圖表的繪製。

14-2-1　繪製長條圖

Seaborn 可以使用 barplot() 和 countplot() 方法，分別用平均和出現次數來繪製長條圖。

繪製每日帳單金額平均的長條圖：ch14-2-1.py

Python 程式在載入 tips 小費資料集後，使用性別分類來顯示每日帳單金額的平均，如下所示：

```
df = sns.load_dataset("tips")

sns.set()
sns.barplot(x="sex", y="total_bill", hue="day", data=df)
```

上述 barplot() 方法的 x 參數值是 "sex" 分類欄位，參數 hue 的值是第三維的 "day" 欄位，可以使用分類欄位來指定不同色調（Hue），因為 day 欄位有四種資料，所以共有四種色調，其執行結果如下圖所示：

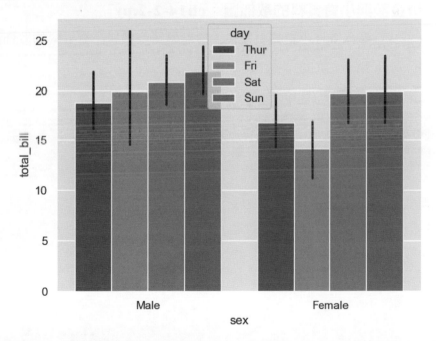

上述圖例可以看到分成 Male 和 Female 兩大類，在兩大類別之中，顯示每日（day）帳單金額（total_bill）的平均。

繪製計算欄位出現次數的長條圖：ch14-2-1a.py

Python 程式除了計算欄位的平均，也可以計算欄位出現的次數，如下所示：

```
sns.countplot(x="sex", hue="sex", data=df)
```

上 述 countplot() 方 法 的 x 參
數值是 "sex" 分類欄位，參數 hue
是使用分類欄位 "sex" 來指定不同
色調（Hue），其執行結果可以顯示
Male 和 Female 各有多少人，如右
圖所示：

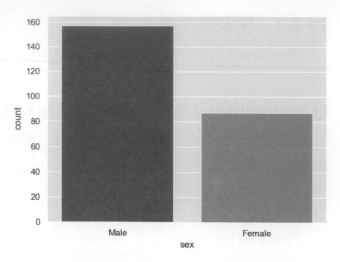

14-2-2　繪製散佈圖

Seaborn 多種方法都支援繪製散佈圖，事實上，其低層都是呼叫軸等級的
scatterplot() 方法，圖形等級 relplot() 方法預設繪製散佈圖，我們還可以使用 stripplot()
方法和 swarmplot() 方法繪製分類散佈圖。

📍 繪製帳單金額與小費資料的散佈圖：**ch14-2-2.py**

Python 程式在載入 tips 小費資料集後，繪製帳單金額與小費資料的散佈圖，如下
所示：

```
df = sns.load_dataset("tips")

sns.set()
sns.relplot(x="total_bill", y="tip", data=df)
plt.show()
```

上述程式碼載入 tips 資料集後，呼
叫 relplot() 方法繪製散佈圖，data 參數是
DataFrame 物件 df，參數 x 和 y 分別是
"total_bill" 帳單金額和 "tip" 小費欄位，其
執行結果如右圖所示：

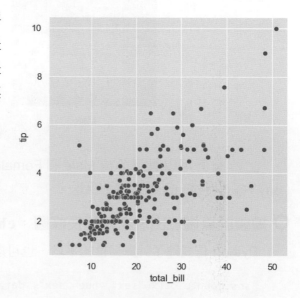

📍 在散佈圖使用第三維的色調語意：ch14-2-2a.py

基本上，散佈圖是使用 2 個資料作為 x 和 y 軸在二維平面繪出點，在 Seaborn 可以增加第三維的色彩欄位，如下所示：

```
sns.relplot(x="total_bill", y="tip", hue="smoker", data=df)
```

上述 hue 參數值是 "smoker" 抽煙欄位，欄位值是分類資料 Yes 或 No，可以看到不同色彩繪出的 2 種資料點，其執行結果如右圖所示：

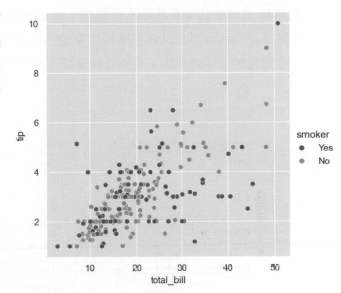

📍 在散佈圖使用不同標記顯示資料點：ch14-2-2b.py

為了強調是否有抽煙，Seaborn 可以使用不同標記樣式來顯示散佈圖的資料點，如下所示：

```
sns.relplot(x="total_bill", y="tip", hue="smoker",
            style="smoker", data=df)
```

上述 style 參數是點樣式，可以看到除了色彩不同，不抽煙的點標記也不同，其執行結果如右圖所示：

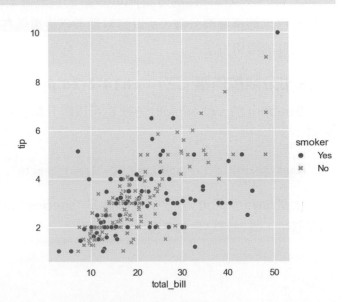

繪製分類散佈圖（一）：ch14-2-2c.py

如果 x 軸是分類資料的欄位，Seaborn 的 stripplot() 方法可以使用 x 軸欄位進行分類，直接繪出 y 軸資料分佈的分類散佈圖（Categorical Scatter Plots），如下所示：

```
sns.stripplot(x="species", y="sepal_length", hue="species", data=df)
```

上述程式碼使用 iris 鳶尾花資料集，stripplot() 方法的 x 參數是 "species" 種類欄位，參數 y 是 "sepal_length" 花萼長度欄位，因為 "species" 欄位是分類資料，可以繪出三種鳶尾花的分類散佈圖，其執行結果如下圖所示：

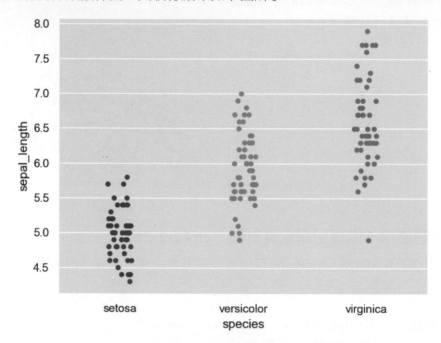

上述分類散佈圖因為方法 jitter 參數的預設值是 True，預設會沿著分類軸隨機水平抖動資料來觀察資料分佈，所以資料點並不會重疊在同一條線上，這是資料視覺化觀察資料密度的常用方法。

繪出分類散佈圖（二）：ch14-2-2d.py

Seaborn 的 swarmplot() 方法也可以將分類資料分散顯示來繪出分類散佈圖，如下所示：

```
sns.swarmplot(x="species", y="sepal_length", hue="species", data=df)
```

上述 swarmplot() 方法的 x 參數是 "species" 欄位，參數 y 是 "sepal_length" 花萼長度欄位，其執行結果如下圖所示：

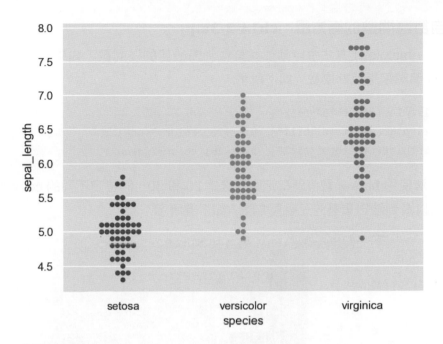

14-2-3　繪製直方圖

在 Seaborn 是使用 histplot() 方法來繪製直方圖（Histogram）。

📍 繪製帳單金額的直方圖：ch14-2-3.py

Python 程式在載入 tips 小費資料集後，繪製帳單金額的直方圖，如下所示：

```
sns.histplot(df["total_bill"])
```

上述 histplot() 方法第 1 個參數是 "total_bill" 帳單金額欄位，其執行結果如下圖所示：

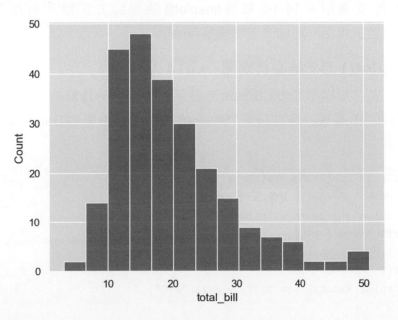

◉ 繪製自訂區間數的直方圖：**ch14-2-3a.py**

基本上，histplot() 方法會自動依據資料判斷最佳的區間數，如果需要，也可以自行使用 bins 參數來指定區間數，如下所示：

```
sns.histplot(df["total_bill"])
sns.histplot(df["total_bill"], bins=20, color="red")
sns.histplot(df["total_bill"], bins=30, color="green")
```

上述方法使用 bins 參數分別指定區間數是 20 和 30，和指定不同的 color 色彩，其執行結果可以看到繪出重疊的三個直方圖，如下圖所示：

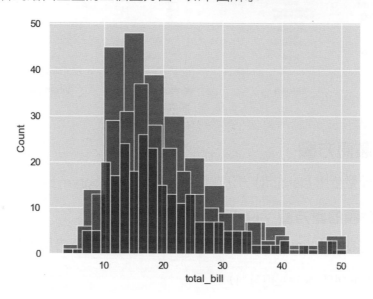

14-2-4　繪製折線圖

Seaborn 可以使用第 14-1-2 節的 lineplot() 軸等級方法繪製折線圖，或使用 relplot() 方法繪製折線圖，其 kind 參數值是 "line"。

◉ 使用 **lineplot()** 方法繪製折線圖：**ch14-2-4.py**

Python 程式可以顯示 Kobe Bryant 生涯平均每場得分趨勢的折線圖，首先載入 "Kobe_stats.csv" 檔案後，建立只有 "Season" 和 "PTS" 兩欄的 DataFrame 物件，如下所示：

```
df = pd.read_csv("Kobe_stats.csv")
data = pd.DataFrame()
data["Season"] = pd.to_datetime(df["Season"])
data["PTS"] = df["PTS"]


sns.set()
sns.lineplot(x=data["Season"], y=data["PTS"])
```

上述 lineplot() 方法的 x 參數是 "Season" 球季欄位；y 參數是 "PTS" 得分欄位，其執行結果如下圖所示：

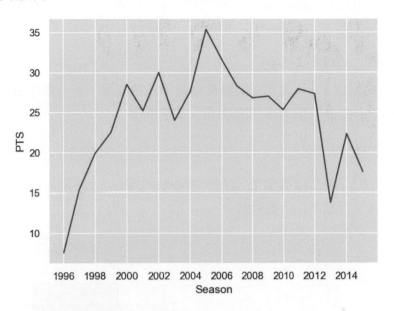

Q 使用 relplot() 方法繪製折線圖：ch14-2-4a.py

Python 程式是修改自 ch14-2-4.py，改用 relplot() 方法繪製 Kobe Bryant 生涯平均每場得分趨勢的折線圖，如下所示：

```
sns.relplot(x="Season", y="PTS", data=data, kind="line")
```

上述 relplot() 方法的 data 參數是新建的 DataFrame 物件 data，x 參數是 "Season" 欄位；y 參數是 "PTS" 欄位，kind 參數是 "line"，其執行結果如下圖所示：

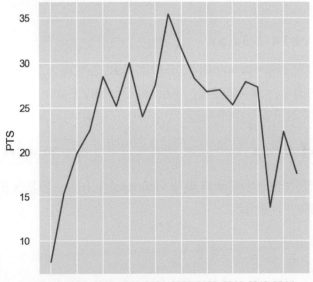

14-2-5　繪製箱型圖和提琴圖

在 Seaborn 是使用 boxplot() 方法繪製箱型圖，violinplot() 方法繪製提琴圖（Violin Plots）。

♀ 繪出箱型圖：ch14-2-5.py

Python 程式是使用 iris 鳶尾花資料集繪製分類箱型圖，可以顯示各群組資料的最小值、前 25%、中間值、前 75% 和最大值，如下所示：

```
sns.boxplot(x="species", y="petal_length", hue="species", data=df)
```

上述 boxplot() 方法的 x 參數是分類的 "species" 欄位；y 參數是群組資料的 "petal_length" 欄位，其執行結果如下圖所示：

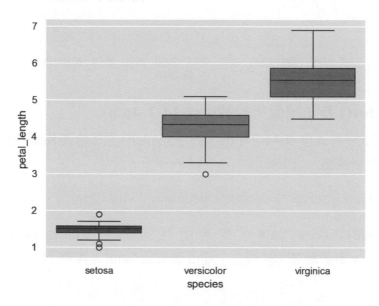

♀ 繪出提琴圖：ch14-2-5a.py

Seaborn 還可以使用 violinplot() 方法繪出分類提琴圖，這是一種結合箱型圖和核密度估計圖 KDE 的圖表，核密度估計（Kernel Density Estimation、KDE）是從樣本資料去估計出母體的機率分配，如下所示：

```
sns.violinplot(x="day", y="total_bill", hue="day", data=df)
```

上述程式碼是使用 tips 小費資料集和 violinplot() 方法，參數 x 的值 "day" 欄位是分類資料，其執行結果如下圖所示：

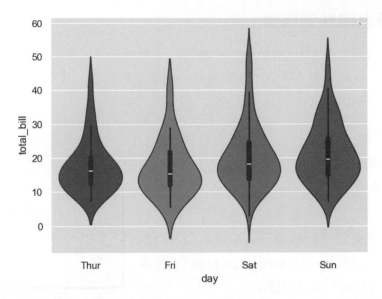

上述圖表顯示每日（day、星期幾）的帳單金額（total_bill），提琴的外形是核密度估計圖，在中間是箱型圖的最小值、前 25%、中間值、前 75% 和最大值。

14-2-6　繪製熱地圖

熱地圖（Heatmap）是使用不同色彩變化來顯示資料的矩陣圖，簡單的說，就是使用不同顏色來呈現不同的數值。Python 程式：ch14-2-6.py 是使用熱地圖來顯示 3 個欄位所計算出的相關係數值，首先取出這 3 個欄位，如下所示：

```
df = sns.load_dataset("tips")
df2 = df[["total_bill", "tip", "size"]]
...
sns.heatmap(df2.corr())
```

上述程式碼呼叫 heatmap()
方法繪製熱地圖，其參數就是使
用第 15-4-2 節的 corr() 方法，可
以計算出 tips 資料集 3 個欄位之
間的相關係數，其執行結果如右
圖所示：

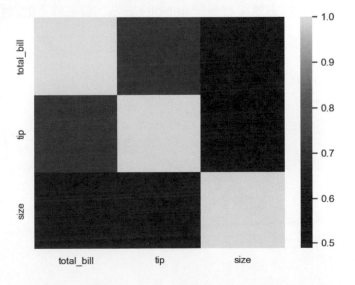

14-2-7　繪出線性迴歸線

統計學的迴歸分析（Regression Analysis）是透過某些已知訊息來預測未知變數，基本上，迴歸分析是一個大家族，包含多種不同的分析模式，其中最簡單的就是「線性迴歸」（Linear Regression）。

🔍 認識迴歸線

基本上，當我們準備預測資料走向時，都會使用散佈圖以圖表方式來呈現資料點，如右圖所示：

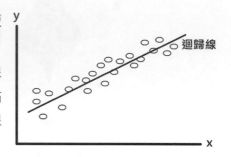

從上述圖例可以看出眾多點是分布在一條直線的周圍，這條線可以使用數學公式來表示和預測點的走向，稱為「迴歸線」（Regression Line），而線性迴歸的基礎就是這一條迴歸線。

🔍 使用 Seaborn 繪出線性迴歸線：ch14-2-7.py

Seaborn 可以使用 regplot() 和 lmplot() 方法來繪出線性迴歸線，如下所示：

```
sns.regplot(x="total_bill", y="tip", data=df)
sns.lmplot(x="total_bill", y="tip", data=df)
```

上述 lmplot() 方法只能使用 DataFrame 物件的資料來源，regplot() 方法支援 Series 物件等其他資料來源（Python 程式：ch14-2-7a.py），如下所示：

```
sns.regplot(x=df["total_bill"], y=df["tip"])
sns.lmplot(x="total_bill", y="tip", data=df)
```

上述 regplot() 方法是使用 Series 物件，lmplot() 方法不允許，其執行結果（左圖是 regplot() 方法；右圖是 lmplot() 方法，位在線下的陰影就是信賴區間）如下圖所示：

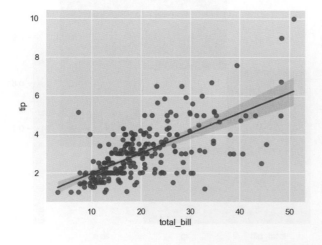
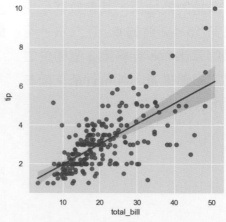

14-3 使用 Seaborn 繪製不同類型組合的圖表

Seaborn 可以同時繪製不同類型圖表組合的多張圖表,即資料集各欄位配對的圖表和多面向的分類型資料圖表。

14-3-1 資料集各欄位配對的圖表

當資料集包含多個數值資料的欄位時,我們可以針對各欄位資料的配對來繪製出多種不同組合的圖表,pairplot() 方法是使用 PairGrid 物件來建立多個不同組合的圖表。

PairGrid 物件可以將資料對應至欄和列分割的多個格子來建立軸(此格子的欄列數相同)後,使用軸等級圖表方法在上/下三角形區域繪出資料分佈,和在對角線繪出指定的圖表。

🔍 鳶尾花資料集各欄位配對的資料分佈:**ch14-3-1.py**

Seaborn 的 pairplot() 方法可以快速繪出各欄位配對的散佈圖,在對角線預設是繪出直方圖,如下所示:

```
sns.pairplot(df)
```

上述 pairplot() 方法的參數是資料集的 DataFrame 物件,其執行結果可以看到 4 X 4 共 16 張子圖表,如下圖所示:

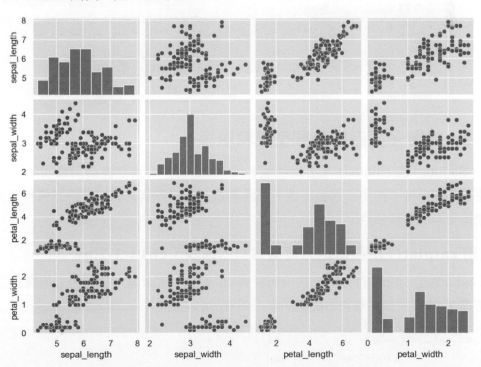

🔘 客製化 pairplot() 方法繪製的圖表：ch14-3-1a.py

Seaborn 的 pairplot() 方法可以指定繪製圖表是 "scatter" 散佈圖或 "req" 迴歸圖，在對角線顯示 "hist" 直方圖或 "kde" 核密度估計圖，如下所示：

```
sns.pairplot(df, kind="scatter", diag_kind="kde",
             hue="species", palette="husl")
```

上述 pairplot() 方法的 kind 參數是 "scatter"；diag_kind 參數的對角線是 "kde"，一樣支援 hue 參數值 "species"，並且指定 palette 調色盤是 "husl"（調色盤值有：deep、muted、bright、pastel、dark、colorblind、coolwarm、hls 和 husl 等），其執行結果如下圖所示：

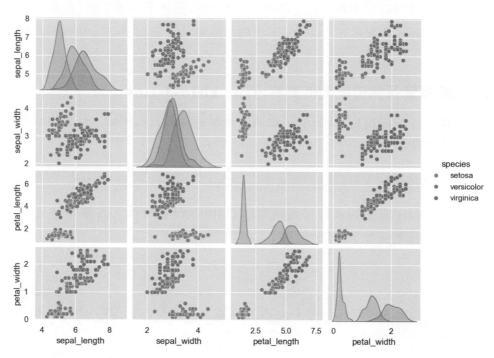

14-3-2　繪製多面向的分類型資料圖表

在 Seaborn 的 catplot() 方法是使用 FacetGrid 物件來建立多面向圖表，可以將資料對應至欄 / 列格子的矩形面板，讓一個圖表馬上成為多個圖表，特別適合用來分析 2 種分類型資料的各種組合。

🔘 使用 catplot() 繪製指定分類型資料的圖表：ch14-3-2.py

Seaborn 的 catplot() 方法如果沒有使用 col 參數，就只是一個通用型的圖表方法，可以使用 kind 參數指定繪製的圖表類型，如下所示：

```
sns.catplot(x="day", y="total_bill", data=df,
            kind="bar", hue="sex")
```

上述 catplot() 方法是使用 tips 小費資料集，kind 參數值 "bar" 指定繪製長條圖，可以使用的參數值有："strip"（預設）、"swarm"、"box"、"violin"、"point"、"bar" 和 "count"，同時使用第三維的 hue 參數，其執行結果如右圖所示：

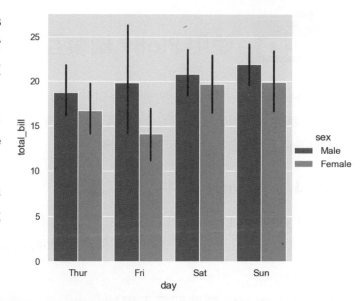

右述圖表因為使用 hue 參數，所以在同一日的星期幾分割成 Male 和 Fcmale 兩個長條圖。

○ 使用 catplot() 建立多面向圖表：ch14-3-2a.py

當 catplot() 方法使用 hue 參數建立第三維時，就是合併多張圖表在同一張圖表來顯示，catplot() 方法可以使用 col 參數建立多面向圖表，馬上幫助我們繪製出多張圖表，如下所示：

```
sns.catplot(x="day", y="total_bill", data=df,
            kind="bar", hue-"day", col-"sex")
```

上述 oatplot() 方法新增 col 參數值是 "sex" 欄位，因為此欄位是分類資料，其值有兩種，所以 catplot() 方法共繪出兩張圖表，分別是 Male 和 Female，其執行結果如下圖所示：

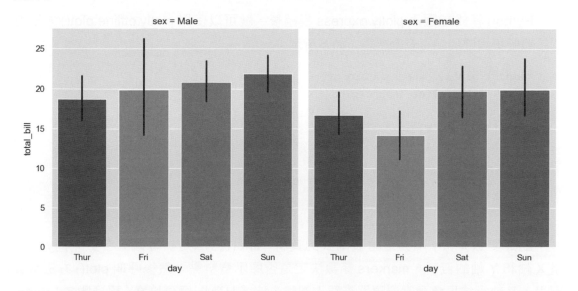

14-4 使用 Plotly 繪製互動圖表

Plotly 是一間加拿大的軟體公司，開發同名 Plotly 互動式圖表工具，提供功能強大的線上圖表、分析和統計工具，這是支援 Python、R、MATLAB、Perl、Julia、Arduino 和 REST 的科學圖形函式庫。

14-4-1 Plotly 套件的基本使用

Python 的 Plotly 套件可以繪製線上或離線版的互動圖表，這是一頁在瀏覽器顯示的網頁圖表，在本章主要是說明如何使用 plotly.express 模組來繪製離線版的網頁互動圖表。

📍 安裝 Plotly 套件和匯入模組

在 Python 開發環境安裝 Plotly 套件的命令列指令（Anaconda 預設安裝），如下所示：

pip install plotly==5.18.0 Enter

當成功安裝 Plotly 套件 5.18.0 版後，在 Python 程式可以匯入相關模組，plot() 方法就是用來繪製離線版的網頁圖表，如下所示：

```
import plotly.express as px
from plotly.offline import plot
```

📍 使用 Plotly 套件繪製簡單的互動圖表：ch14-4-1.py

Python 程式在匯入 plotly.express 模組後，就可以使用 plotly.offline.plot() 方法繪製離線版折線圖的網頁互動圖表，如下所示：

```
import plotly.express as px
from plotly.offline import plot

x = [1, 2, 3, 4]
y = [4, 3, 2, 1]

fig = px.line(x=x, y=y, markers=True)

plot(fig)
```

上述變數 x 和 y 串列是繪製圖表的資料，line() 方法是折線圖，參數 x 和 y 分別是 X 軸和 Y 軸的資料，markers 參數決定是否顯示資料點，然後呼叫 plot() 方法繪製圖表，其執行結果會啟動瀏覽器來載入圖表，這是 HTML 網頁檔案（預設檔名：temp-plot.html），如下圖所示：

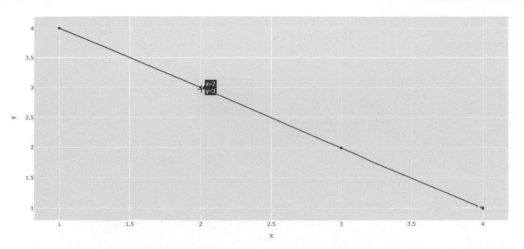

當在上述圖表移動游標至標記，可以顯示座標值的浮動框，在右上方提供工具列圖示，可以下載圖檔、標示放大區域、平移、選取圖表範圍、放大和縮小圖表，讓我們使用多種互動方式來檢視圖表內容。

使用 Pandas 和 Plotly 繪製互動圖表：ch14-4-1a.py

Plotly 的 plotly.express 模組緊密結合 DataFrame 物件，可以使用 DataFrame 物件來繪製圖表，例如：繪製 5 日股價 "stock_price.csv" 檔案的折線圖。在 Python 程式首先匯入相關模組和 Pandas，如下所示：

```
import plotly.express as px
from plotly.offline import plot
import pandas as pd

df = pd.read_csv("stock_price.csv", encoding="utf8")
df["Date"] = pd.to_datetime(df["Date"])
```

上述程式碼讀取 CSV 檔案 "stock_price.csv" 後，將 "Date" 欄位轉換成 datetime 物件，即可在下方呼叫 line() 方法繪製折線圖，如下所示：

```
fig = px.line(df, x="Date", y="Close",
              markers=True,
              title="2022年的5日收盤價",
              labels = {"Date": "2022年",
                        "Close": "收盤價" },
              hover_data=["Open","High","Low","Close"])
plot(fig)
```

上述 line() 方法的第 1 個參數是 DataFrame 物件，參數 x 是 "Date" 日期欄位，參數 y 是 "Close" 收盤價欄位，title 參數是圖表的標題文字，labels 參數是欄位說明文字，hover_data 參數指定當移至資料點上時，使用浮動框顯示的欄位資訊清單，其參數值就是欄位名稱串列。

Python 程式的執行結果可以看到我們繪製的折線圖，和在浮動框顯示多種欄位資料的股價資訊，如下圖所示：

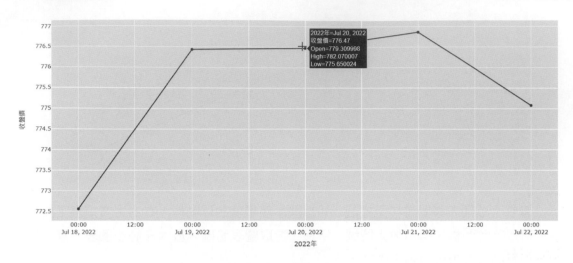

14-4-2 使用 Plotly 套件繪製互動圖表

在了解 Plotly 套件的基本使用後，這一節我們準備說明如何繪製常用的互動圖表。為了方便說明，Python 程式是直接使用 Plotly 內建的 Gapminder、Tips 和 Iris 資料集來繪製互動圖表。

繪製互動長條圖：ch14-4-2.py

Python 程式在載入內建 Gapminder 資料集的 DataFrame 物件後，此資料集是全世界各國人口、預期壽命和 GDP 資料，就可以繪製台灣人口成長的長條圖，如下所示：

```
df = px.data.gapminder()
df_tw = df.query("country == 'Taiwan'")

fig = px.bar(df_tw, x="year", y="pop")
```

上述程式碼呼叫 data.gpminder() 方法載入資料集後，使用 query() 方法篩選資料，以此例是篩選出台灣的資料，就可以使用 bar() 方法繪製長條圖，x 參數是 "year" 年欄位，y 參數是 "pop" 人口欄位，其執行結果如下圖所示：

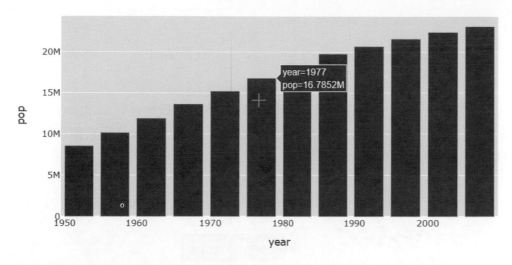

使用第三維數據繪製互動長條圖：**ch14-4-2a.py**

如同 Seaborn，Plotly 支援使用第三維的 color 參數，可以加上預期壽命 "lifeExp"
欄位的數據，如下所示：

```python
fig = px.bar(df_tw, x="year", y="pop",
        color="lifeExp",
        labels={"pop": "台灣人口",
                "year": "年",
                "lifeExp": "預期壽命"},
        height=400)
```

上述 bar() 方法的 color 參數是第三維的 "lifeExp" 預期壽命欄位，labels 參數是標
籤說明文字，height 參數指定圖表高度，其執行結果如下圖所示：

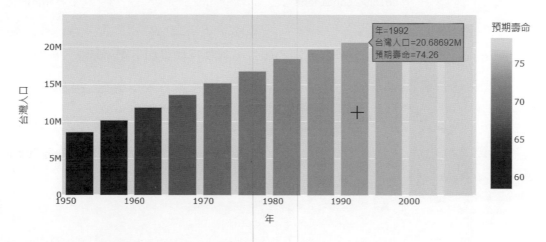

繪製互動散佈圖：**ch14-4-2b.py**

Python 程式在載入內建 Gapminder 資料集後，繪製 2007 年人均 GDP 和預期壽
命的散佈圖，如下所示：

```
df_2007 = df.query("year == 2007")

fig = px.scatter(df_2007, x="gdpPercap", y="lifeExp",
                 height=400)
```

上述程式碼使用 query() 方法篩選出 2007 年的資料後，呼叫 scatter() 方法繪製散佈圖，x 參數是 "gdpPercap" 人均 GDP 欄位，y 參數是 "lifeExp" 預期壽命欄位，其執行結果如下圖所示：

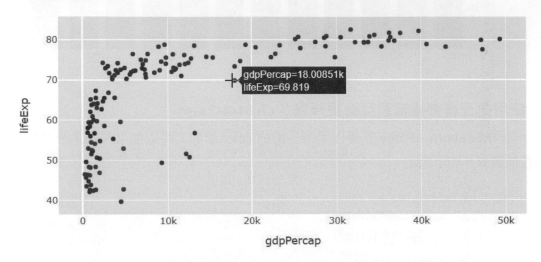

🔴 使用第三維數據繪製互動散佈圖：ch14-4-2c.py

在 Plotly 套件也可以使用第三維數據來繪製散佈圖，即 color 參數值，如下所示：

```
fig = px.scatter(df_2007, x="gdpPercap", y="lifeExp",
                 color="continent",
                 height=400)
```

上述 color 參數是 "continent" 各大洲的欄位，其執行結果如下圖所示：

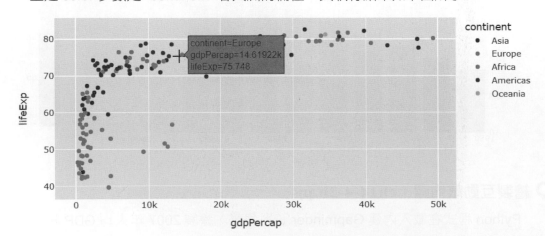

◉ 繪製互動泡泡圖：**ch14-4-2d.py**

泡泡圖（Bubble Plots）是一種擴充版的散佈圖，可以視覺化三個變數之間的關係，新增的變數就是泡泡尺寸的 size 參數，如下所示：

```
fig = px.scatter(df_2007, x="gdpPercap", y="lifeExp",
                 color="continent",
                 size="pop",
                 size_max=60,
                 hover_name="country")
```

上述 size 參數是泡泡尺寸的 "pop" 欄位，size_max 是泡泡的最大尺寸，hover_name 參數指定浮動框上方的標題文字欄位，以此例是 "country" 國家欄位，其執行結果如下圖所示：

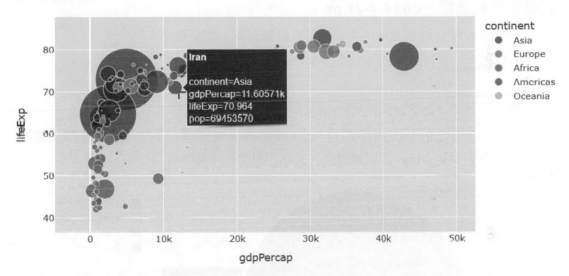

◉ 繪製互動直方圖：**ch14-4-2e.py**

Python 程式是載入 iris 鳶尾花資料集來繪製直方圖，如下所示：

```
df = px.data.iris()

fig = px.histogram(df, x="sepal_length", y="petal_width",
                   height=400)
```

上述 histogram() 方法的 x 參數是 "sepal_length" 花萼長度欄位，y 參數是 "petal_width" 花瓣寬度欄位，其執行結果如下圖所示：

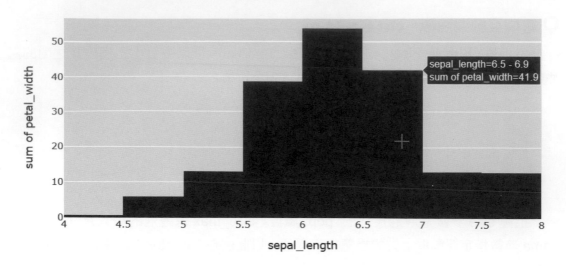

繪製互動派圖：ch14-4-2f.py

在 Python 程式載入 tips 小費資料集來繪製派圖，如下所示：

```
df = px.data.tips()

fig = px.pie(df, values="total_bill", names="day")
```

上述 pie() 方法的 values 參數是 "total_bill" 帳單金額欄位（預設加總此欄位值），name 參數是分類的 "day" 星期幾欄位，其執行結果如下圖所示：

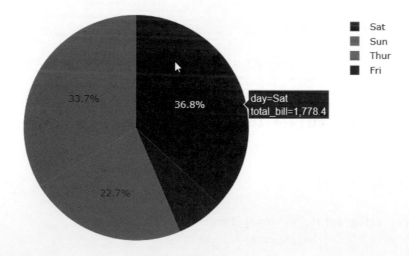

繪製互動箱型圖：ch14-4-2g.py

在 Python 程式使用 tips 小費資料集繪製分類箱型圖，可以顯示各群組資料的最小值、前 25%、中間值、前 75% 和最大值，如下所示：

```
fig = px.box(df, x="day", color="day", y="total_bill")
```

上述 box() 方法繪製箱型圖，x 和 color 參數是分類的 "day" 欄位，y 參數是群組資料的 "total_bill" 欄位，其執行結果如下圖所示：

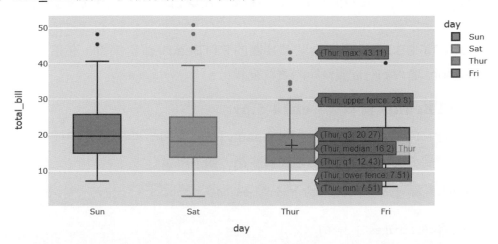

上述圖表在箱形中間是中間值，箱形上緣是 **75%**；下緣是 **25%**，最上方的橫線是最大值，最下方的橫線是最小值，透過箱形圖可以清楚顯示 4 種星期日期的帳單金額分佈。

◘ 繪製互動提琴圖：ch14-4-2h.py

Plotly 也支援繪製分類的提琴圖，這是一種結合箱型圖和核密度估計圖 KDE 的圖表，如下所示：

```
fig = px.violin(df, x="day", color="day", y="total_bill")
```

上述程式碼是使用 tips 小費資料集和 violin() 方法，參數 x 和 color 的值 "day" 欄位是分類資料，其執行結果如下圖所示：

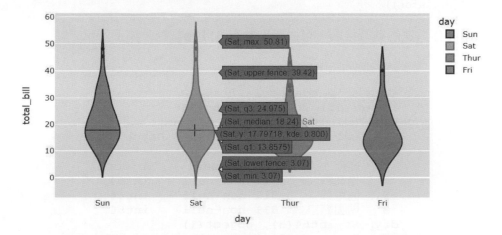

上述圖表顯示每日（day、星期幾）的帳單金額（total_bill），提琴外形是核密度估計圖，在中間是箱型圖的最小值、前 **25%**、中間值、前 **75%** 和最大值。

14-5 實作案例：PTT BBS 推文的資料視覺化

當收集 PTT BBS 推文數和張貼圖片數的 PTTBeauty 資料集後，在這一節我們準備使用 Seaborn 套件執行此資料集的資料視覺化。

◉ 探索 PTTBeauty 資料集：ch14-5.py

因為原始 PTTBeauty 資料集的 "pttbeauty.json" 檔有一些不需要的欄位和記錄，Python 程式需要先使用 Pandas 處理此資料集，如下所示：

```python
df = pd.read_json("pttbeauty.json", encoding="utf-8")

df = df[df["images"] != 0]
df = df[df["author"] != "GeminiMan (GM)"]
df = df.drop(["file_urls","url","score","date","title"], axis=1)

df.columns = ["作者", "推文數", "回應數", "貼圖數"]
df.to_csv("pttbeauty2.csv", index=False, encoding="utf8")
```

上述程式碼讀取 "pttbeauty.json" 檔案後，刪除圖檔數是 0 和管理者公告的發文，接著刪除不需要的欄位後，重新命名成中文欄位名稱：作者（author）、推文數（pushes）、回應數（comments）和貼圖數（images），最後呼叫 to_csv() 方法匯出成 "pttbeauty2.csv" 檔案。

當成功建立 "pttbeauty2.csv" 資料集後，我們準備先探索一下資料，看看手上的資料是什麼，如下所示：

```python
print(df.info())
```

上述 info() 方法的執行結果，可以看到共有 811 筆記錄，如下所示：

```
>>> %Run ch14-5.py

<class 'pandas.core.frame.DataFrame'>
Index: 811 entries, 3 to 966
Data columns (total 4 columns):
 #   Column  Non-Null Count   Dtype
---  ------  --------------   -----
 0   作者      811 non-null     object
 1   推文數     811 non-null     int64
 2   回應數     811 non-null     int64
 3   貼圖數     811 non-null     int64
dtypes: int64(3), object(1)
memory usage: 31.7+ KB
None
```

上述資訊顯示共有 4 個欄位,因為各欄位的記錄數都是 811,所以沒有遺漏值。然後,顯示前 5 筆記錄來實際檢視資料內容,如下所示:

```
print(df.head())
```

上述程式碼呼叫 head() 方法顯示前 5 筆記錄,每一筆記錄是一篇貼文,如下圖所示:

	作者	推文數	回應數	貼圖數
3	ffwind (培)	347	681	4
5	haohao1201 (豪神)	1	3	16
6	Black3831372 (男哥是我)	5	7	37
7	meokay (我可以)	5	8	3
9	maxxxxxx (馬克思)	106	115	15

◗ PTT 推文數的直方圖:ch14-5a.py

在初步探索資料集後,Python 程式可以繪出直方圖來顯示推文數的資料分佈,如下所示:

```
sns.histplot(df["推文數"], kde=False)
plt.xlabel("推文數")
plt.ylabel("貼文數")
plt.title("推文數資料分佈的直方圖")
plt.show()
```

上述程式碼使用 histplot() 方法繪出 " 推文數 " 欄位的直方圖,可以看出推文數大多是在 0~100 之間,如下圖所示:

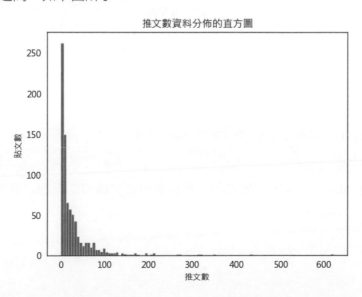

PTT 貼圖數的直方圖：ch14-5b.py

同理，我們可以使用直方圖顯示貼圖數的資料分佈，如下所示：

```
sns.histplot(df["貼圖數"], kde=False)
plt.xlabel("貼圖數")
plt.ylabel("貼文數")
plt.title("貼圖數資料分佈的直方圖")
plt.show()
```

上述 histplot() 方法繪出 " 貼圖數 " 欄位的直方圖，可以看出各貼文的貼圖數大多是在 0~40 張之間，如下圖所示：

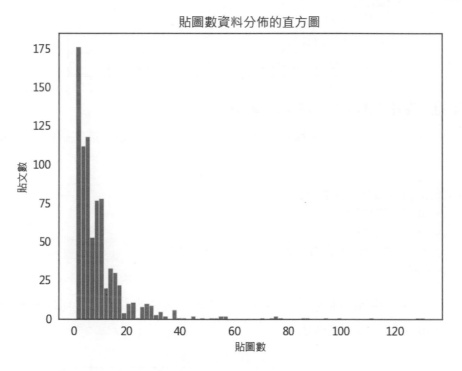

PTT 推文數和貼圖數的散佈圖：ch14-5c.py

現在，我們可以找看看各欄位之間的關係，首先繪出推文數和貼圖數的散佈圖，如下所示：

```
sns.relplot(x="貼圖數", y="推文數", data=df)
plt.show()
```

從上述 relplot() 方法繪出的散佈圖，可以看出推文數和貼圖數之間看不出來有明顯的線性關係，如下圖所示：

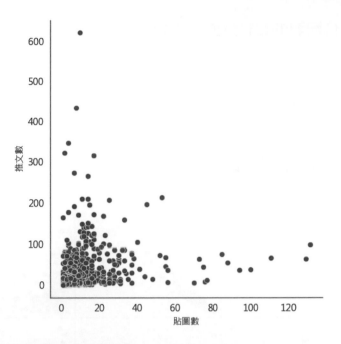

📍 PTT 推文數和回應數的散佈圖：ch14-5d.py

同理，我們可以繪出推义數和回應數的散佈圖，如下所示：

```
sns.relplot(x="回應數", y="推文數", data=df)
plt.show()
```

從上述 relplot() 方法繪出的散佈圖，可以看出推文數和回應數之間有明顯的線性關係，如下圖所示：

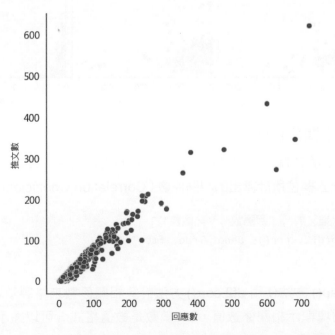

📍 資料集各欄位配對的資料分佈：**ch14-5e.py**

因為 PTTBeauty 資料集有多個數值資料欄位，我們可以針對各欄位資料的配對來了解各種不同組合的資料分佈，如下所示：

```
sns.pairplot(df, kind="scatter", diag_kind="hist")
plt.show()
```

上述 pairplot() 方法建立各欄位配對的散佈圖，在對角線是直方圖，如下圖所示：

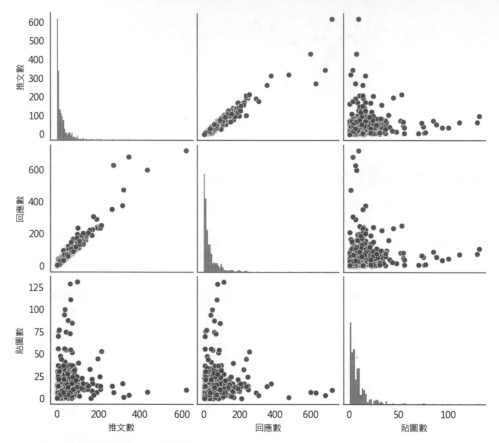

📍 視覺化欄位之間關係的強度：**ch14-5f.py**

為了進一步了解各欄位之間關係的強度，我們可以使用 Seaborn 的熱地圖（Heat Map）顯示 3 個配對欄位所計算出的相關係數（Correlation Coefficient），如下所示：

```
df2 = df[["推文數", "回應數", "貼圖數"]]
sns.heatmap(df2.corr(), annot=True, fmt=".2f")
plt.show()
```

上述 heatmap() 方法使用 df2.corr() 方法計算相關係數來繪製熱地圖，annot 參數值 True 表示在圖塊顯示相關係數值，fmt 參數是數值格式，可以顯示到小數點下 2 位的浮點數，如下圖所示：

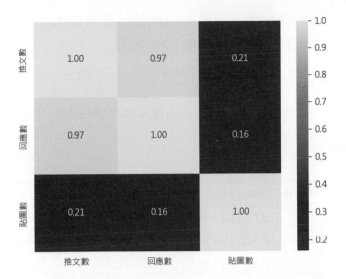

14-6 實作案例：台積電股價的互動資料視覺化

在「ch14\stocks」目錄下是多檔蘋果概念科技股的股票歷史資料，這些資料是從美國 Yahoo 財經網站下載的股票歷史資料，例如：CSV 檔案 "2330.TW.csv" 就是台積電股價。

🔍 探索 2330.TW 資料集：ch14-6.py

Python 程式在使用 Pandas 讀取 2330.TW 資料集，即「stocks」目錄下的 CSV 檔案 "2330.TW.csv" 後，就可以先來探索一下資料，看一看手上的資料是什麼，如下所示：

```
df = pd.read_csv("stocks\\2330.TW.csv", encoding="utf8")
print(df.info())
```

上述 info() 方法的執行結果，可以看到有 245 筆記錄，如下所示：

```
>>> %Run ch14-6.py
<class 'pandas.core.frame.DataFrame'>
RangeIndex: 245 entries, 0 to 244
Data columns (total 7 columns):
 #   Column     Non-Null Count  Dtype
---  ------     --------------  -----
 0   Date       245 non-null    object
 1   Open       243 non-null    float64
 2   High       243 non-null    float64
 3   Low        243 non-null    float64
 4   Close      243 non-null    float64
 5   Adj Close  243 non-null    float64
 6   Volume     243 non-null    float64
dtypes: float64(6), object(1)
memory usage: 13.5+ KB
None
```

上述資訊顯示共有 7 個欄位，其中 6 個欄位的記錄數是 243，表示有遺漏值，所以呼叫 dropna() 方法刪除掉這些遺漏值記錄，如下所示：

```
df = df.dropna()
```

接著呼叫 head() 方法顯示前 5 筆記錄來實際檢視資料內容，如下所示：

```
print(df.head())
```

	Date	Open	High	Low	Close	Adj Close	Volume
0	2017-01-03	181.5	183.5	181.0	183.0	183.0	22630000.0
1	2017-01-04	183.0	184.0	181.5	183.0	183.0	24369000.0
2	2017-01-05	182.0	183.5	181.5	183.5	183.5	20979000.0
3	2017-01-06	184.0	184.5	183.5	184.0	184.0	22443000.0
4	2017-01-09	184.0	185.0	183.0	184.0	184.0	18569000.0

上述每一筆記錄是台積電每一天的股價，依序是日期（Date）、開盤（Open）、最高（High）、最低（Low）、收盤價（Close）、調整後的收盤價（Adj Close）和成交量（Volume）。

台積電的收盤價與成交量的散佈圖：ch14-6a.py

在初步探索資料集後，我們準備使用 Plotly 繪出散佈圖來看一看收盤價與成交量的資料分佈。Python 程式首先匯入相關模組，如下所示：

```
import plotly.express as px
from plotly.offline import plot
import pandas as pd

df = pd.read_csv("stocks\\2330.TW.csv", encoding="utf8")
df = df.dropna()
fig = px.scatter(df, x="Close", y="Volume",
                 title="台積電2017年的每日收盤價")
plot(fig)
```

上述程式碼匯入 CSV 檔案且刪除遺漏值記錄後，呼叫 scatter() 方法繪出 2 個欄位資料分佈的散佈圖，如下圖所示：

台積電2017年的每日收盤價

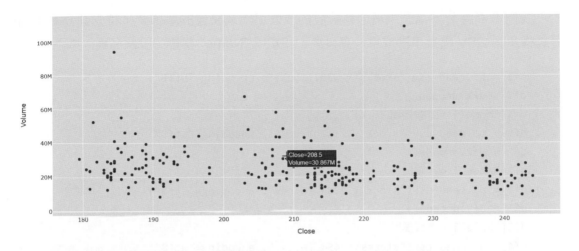

📍 台積電的股價走勢：**ch14-6b.py**

接著，我們使用 Python 程式繪出折線圖來檢視台積電 2017 年的股價走勢，如下所示：

```python
df = pd.read_csv("stocks\\2330.TW.csv", encoding="utf8")
df = df.dropna()
df["Date"] = pd.to_datetime(df["Date"])
fig = px.line(df, x="Date", y="Close",
              title="台積電2017年的每日收盤價",
              labels = {"Date": "2017年",
                        "Close": "收盤價" })
plot(fig)
```

上述程式碼匯入 CSV 檔案且刪除遺漏值記錄後，將 "Date" 欄位轉換成 datetime 物件，即可呼叫 line() 方法繪出折線圖，如下圖所示：

台積電2017年的每日收盤價

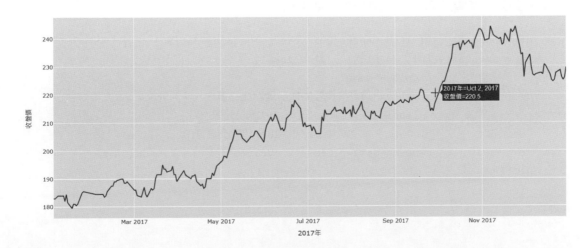

串聯多個 CSV 檔案的資料集：ch14-6c.py

我們準備繪製多檔蘋果概念科技股的收盤價與成交量的散佈圖，首先建立 Python 程式將多個 CSV 檔案串聯成單一資料集，和新增 "Name" 欄位的股票名稱，如下所示：

```
df1 = pd.read_csv("stocks\\2330.TW.csv", encoding="utf8")
df1 = df1.dropna()
df1["Name"] = "台積電"
df2 = pd.read_csv("stocks\\2317.TW.csv", encoding="utf8")
df2 = df2.dropna()
df2["Name"] = "鴻海"
df3 = pd.read_csv("stocks\\2382.TW.csv", encoding="utf8")
df3 = df3.dropna()
df3["Name"] = "廣達"
df4 = pd.read_csv("stocks\\2454.TW.csv", encoding="utf8")
df4 = df4.dropna()
df4["Name"] = "聯發科"
df5 = pd.read_csv("stocks\\4938.TW.csv", encoding="utf8")
df5 = df5.dropna()
df5["Name"] = "和碩"
data = pd.concat([df1, df2, df3, df4, df5])
print(data.info())
data.to_csv("tech_stocks_2017.csv", index=False, encoding="utf8")
print("已經儲存成tech_stocks_2017.csv")
```

上述程式碼讀取 5 檔股票資料和新增 "Name" 欄位，只需指定成名稱字串即可建立整欄同名的 "Name" 欄位，最後呼叫 concat() 方法串聯成一個 DataFrame 物件，即可匯出成 "tech_stocks_2017.csv" 檔案。

蘋果概念科技股收盤價與成交量的散佈圖：ch14-6d.py

Python 程式是使用 CSV 檔案 "tech_stocks_2017.csv" 的資料集，可以繪出蘋果概念科技股收盤價與成交量的散佈圖，如下所示：

```
df = pd.read_csv("tech_stocks_2017.csv", encoding="utf8")
fig = px.scatter(df, x='Close', y='Volume',
                 color="Name",
                 title="蘋概科技股的收盤價與成交量",
                 labels = {"Close": "2017年收盤價",
                           "Volume": "2017年成交量" },
                 hover_data=['Close', 'Volume'])
plot(fig)
```

上述程式碼匯入 CSV 檔案後，呼叫 scatter() 方法繪製散佈圖，color 參數是 "Name" 欄位的多種股票名稱，可以使用多種色彩來標示不同股票的股價，hover_data 參數指定當移至資料點上時，使用浮動框顯示的欄位資訊清單，其參數值是欄位名稱串列。

Python 程式的執行結果可以看到 5 種色彩的資料點，分別代表不同的股票，當游標移至資料點，可以顯示股票名稱、收盤價和成交量的浮動框，如下圖所示：

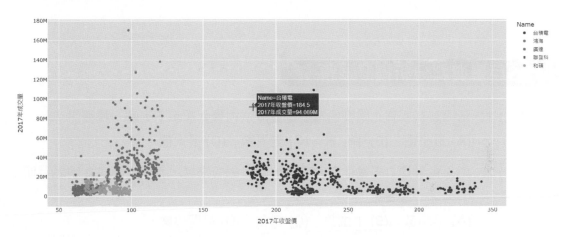

學習評量

1. 請說明什麼是 Seaborn 套件？Seaborn 圖表方法分為哪兩種？

2. 請簡單說明什麼是泡泡圖、提琴圖？何謂迴歸線？

3. 請簡單說明 Plotly 套件的功能和用途？我們是使用 _____ 模組來繪製互動圖表。

4. 請建立 Python 程式使用 Seaborn 內建 iris 鳶尾花資料集，繪出 "petal_length" 欄位的直方圖。

5. 請建立 Python 程式使用 Seaborn 內建 tips 資料集，參考第 14-2-2 節繪出資料集的分類散佈圖，x 參數是 "day" 欄位；y 參數是 "total_bill" 欄位；hue 參數是 "sex" 欄位。

6. 請建立 Python 程式使用 Seaborn 內建 iris 資料集，參考第 14-2-7 節繪出三種分類 "sepal_length" 和 "sepal_width" 欄位的線性迴歸線 (指定 hue 參數)。

7. 請建立 Python 程式使用 Seaborn 內建 tips 資料集，參考第 14-3-1 節繪出資料集各欄位配對的圖表，並且指定 hue 參數值是 "sex" 欄位；palette 參數是 "coolwarm"。

8. 請將第 14-2-5 節 Seaborn 繪製的箱型圖和提琴圖，都改用 Plotly 套用來繪製相同功能的互動圖表。

9. 請參考第 14-5~14-6 節，使用 "NBA_players_salary_stats_2018.csv" 的 NBA 球員統計資料，使用 Seaborn 和 Plotly 來進行資料視覺化。

10. 請參考第 14-6 節使用「ch14\stocks」目錄下的多檔股票資料，使用 Plotly 進行美國科技股 Apple、Amazon、Google、Facebook 和 Microsoft 的資料視覺化。

iPAS巨量資料分析模擬試題

( ) 1. 請問資料視覺化圖表的箱型圖並無法視覺化顯示下列哪一種資訊？
(A) 最小值　(B) 中位數　(C) 變異數　(D) 最大值。

( ) 2. 如果需要建立視覺化圖表的熱地圖，一般來説，我們主要是在圖表上顯示下列哪一種資訊？
(A) 平均數　(B) 中位數　(C) 總和　(D) 相關係數。

CHAPTER 15

SciPy科學運算與
探索式資料分析

本章內容

15-1 SciPy 套件的基礎

SciPy 是一套使用在科學和技術運算的免費和開放原始碼的 Python 套件，基本上，SciPy 是建構在 NumPy 套件之上，提供各種演算法與科學運算的套件。

在實務上，SciPy 大幅增強 Python 演算法與科學運算的能力，讓 Python 的功能足以和著名 MATLAB 等系統在數值運算上一較長短。（本章視覺化圖檔，請見範例檔的「課本圖片」）

SciPy 的子套件

SciPy 是由多種子套件（Subpackages）所組成，各子套件的簡單說明，如下表所示：

子套件	說明
scipy.cluster	向量量化編碼和 Kmeans 演算法
scipy.constants	物理與數學常數
scipy.fftpack	傅立葉轉換
scipy.integrate	積分與微分
scipy.interpolate	內插與平滑樣條（Smoothing Spline）
scipy.io	資料輸入與輸出
scipy.linalg	線性代數
scipy.ndimage	N 維影像處理
scipy.odr	正交距離迴歸（Orthogonal Distance Regression）
scipy.optimize	最佳化求解
scipy.signal	信號處理
scipy.sparse	稀疏矩陣
scipy.spatial	空間資料結構與演算法
scipy.special	特殊函數
scipy.stats	統計

上表只簡單說明 SciPy 子套件，詳細說明請參閱官方的線上文件。

安裝 SciPy 套件和匯入模組

在 Python 開發環境安裝 SciPy 套件的命令列指令（Anaconda 預設安裝），如下所示：

pip install scipy==1.12.0 Enter

Python 程式使用 SciPy 需要在匯入指定子套件後，才能呼叫相關的運算方法，例如：匯入 special 子套件，如下所示：

```
from scipy import special
```

15-2 SciPy 套件的科學運算

SciPy 關於特殊函數、積分與線性代數功能是分別是 special、integrate 和 linalg 子套件，可以提供指數、三角、微積分和線性代數等相關函數。最佳化與內插分別是 optimize 和 integrate 子套件，可以找出函數的最小值和補值出符合函數的曲線。

統計與訊號處理分別是 stats 和 signal 子套件，可以執行資料的統計運算、繪出波形，和執行深度學習的卷積運算。

15-2-1　指數、三角函數與積分

在 special 子套件提供多種函數，例如：指數和三角函數，然後，使用 Matplotlib 繪出指數函數圖形和使用積分來計算面積。

◎ 指數與三角函數：ch15-2-1.py

在 scipy.special 子套件提供指數和三角函數等多種方法，指數部分分成 2 和 10 為底，sindg() 和 cosdg() 三角函數的參數是度數，如下所示：

```
from scipy import special

a = special.exp10(3)
print(a)
b = special.exp2(3)
print(b)
c = special.sindg(90)
print(c)
d = special.cosdg(45)
print(d)
```

```
>>> %Run ch15-2-1.py
 1000.0
 8.0
 1.0
 0.7071067811865475
```

使用積分計算面積：ch15-2-1a.py

在 SciPy 提供 integrate.quad() 方法執行積分計算，首先使用 Matplotlib 繪出 exp10() 指數函數的圖形，如下所示：

```python
import numpy as np
import matplotlib.pyplot as plt
from scipy import integrate
from scipy import special

x = np.linspace(0, 1, 100)
y = special.exp10(x)

plt.plot(x, y)
plt.show()
```

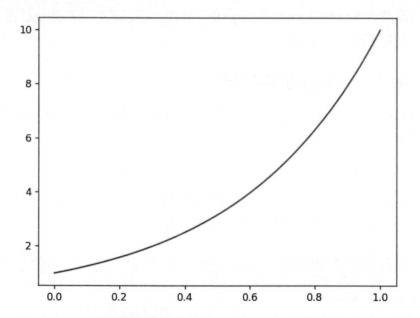

Python 可以呼叫 integrate.quad() 方法計算 exp10(x) 指數函數 x 值從 0~1 之間的面積，第 1 個參數是函數，第 2~3 參數是範圍，如下所示：

```python
def func(x):
    return special.exp10(x)

area, err = integrate.quad(func, 0, 1)
print(area)
```

同理，我們可以使用積分來計算半圓形面積，首先定義半圓曲線的 half_circle() 函數，如下所示：

```
def half_circle(x):
    return (1-x**2)**0.5

area, err = integrate.quad(half_circle, -1, 1)
print(area)
```

上述 integrate.quad() 方法計算半徑為 1 的半圓面積，依據圓面積公式 PI*r*r，圓面積是 PI，半圓是 PI/2，約 1.57，其執行結果在關閉圖表後，可以看到半圓面積的計算結果，如下所示：

```
>>> %Run ch15-2-1a.py
 3.9086503371292665
 ------------------
 1.5707963267948983
```

15-2-2　線性代數

在 SciPy 的 linalg 子套件提供線性代數的相關方法，包含：反矩陣、行列式和線性方程式求解等。

反矩陣（Inverse Matrix）：ch15-2-2.py

反矩陣是矩陣乘法的反元素，如果 2 個矩陣相乘的結果是單位矩陣，這 2 個矩陣就是互為反矩陣，如下圖所示：

$$AB = \begin{bmatrix} 2, 3 \\ 5, 7 \end{bmatrix} \begin{bmatrix} -7, 3 \\ 5, -2 \end{bmatrix} = \begin{bmatrix} 1, 0 \\ 0, 1 \end{bmatrix} = I$$

上述矩陣 A 和 B 互為反矩陣。在 SciPy 是呼叫 linalg.inv() 方法來求出反矩陣，如下所示：

```
import numpy as np
from scipy import linalg

A = np.array([[2,3], [5,7]])
B = linalg.inv(A)
print(B)
```

```
>>> %Run ch15-2-2.py
 [[-7.  3.]
  [ 5. -2.]]
```

⚲ 行列式（Determinants）：ch15-2-2a.py

SciPy 可以計算矩陣的行列式，這是方形矩陣的一個特殊計算值，如下圖所示：

$$\begin{bmatrix} 3, & 8 \\ 4, & 6 \end{bmatrix}$$

3 X 6 - 8 X 4 = -14

在 SciPy 是呼叫 linalg.det() 方法來計算行列式，如下所示：

```
A = np.array([[3,8], [4,6]])
B = linalg.det(A)
print(B)
```

```
>>> %Run ch15-2-2a.py
 -14.0
```

⚲ 線性方程式的求解：ch15-2-2b.py

SciPy 的 linalg 子套件可以求線性方程式的解，如下所示：

```
3*x+2*y+0*z = 2
1*x-1*y+0*z = 4
0*x+5*y+1*z = -1
```

Python 可以使用 linalg.sove() 方法解出上述線性方程式的 x、y 和 z，如下所示：

```
a = np.array([[3, 2, 0], [1, -1, 0], [0, 5, 1]])
b = np.array([2, 4, -1])

x = linalg.solve(a, b)
print(x)
```

上述方法參數 a 是係數的矩陣，b 是「=」等號右邊的值，可以得到解：x=2、y=-2 和 z=9，其執行結果如下所示：

```
>>> %Run ch15-2-2b.py
 [ 2. -2.  9.]
```

15-2-3　最佳化

SciPy 的 optimize.minimize() 方法可以幫助我們找出函數的最小值。

⚲ 使用 Matplotlib 繪出函數的曲線圖：ch15-2-3.py

首先定義 f(x) 函數和使用 Matplotlib 來繪出函數的曲線圖，如下所示：

```
import numpy as np
import matplotlib.pyplot as plt
from scipy import optimize

def f(x):
    return x**2 + 15*np.sin(x)

x = np.arange(-10, 10, 0.1)
plt.plot(x, f(x))
plt.show()
```

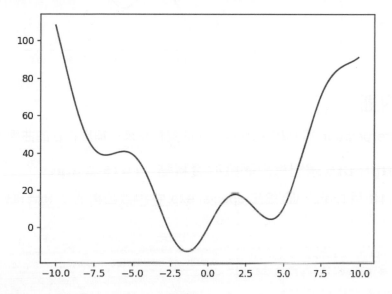

上述曲線圖在山谷形狀曲線的谷底就是最小值。

📍 找出函數的最小值：ch15-2-3a.py

SciPy 可以使用 optimize.minimize() 方法來找出函數的最小值，第 1 個參數是函數名稱；第 2 個參數是起始點，可以看到結果 result.x 找到的最小值，如下所示：

```
result = optimize.minimize(f, x0=0)
print(result.x)
```

```
>>> %Run ch15-2-3a.py
   [-1.38505604]
```

然後，我們就可以使用 Matplotlib 繪出此最小值的位置，這是使用圓點來顯示找到的最小值，如下所示：

```
plt.plot(x, f(x))
plt.plot(result.x, f(result.x), "o")
plt.show()
```

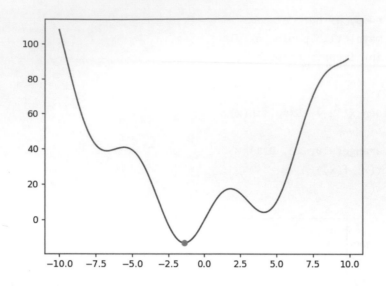

15-2-4　內插

內插（Interpolation）可以依據目前已知的資料點來插補出符合的曲線。

📍 使用 **Matplotlib 繪出指數函數的資料點**：**ch15-2-4.py**

首先我們使用 Matplotlib 繪出 special.exp2() 指數函數的十幾個資料點，如下圖所示：

```python
import numpy as np
import matplotlib.pyplot as plt
from scipy import special

x = np.arange(5, 20)
y = special.exp2(x/3.0)
plt.plot(x, y, 'o')
plt.show()
```

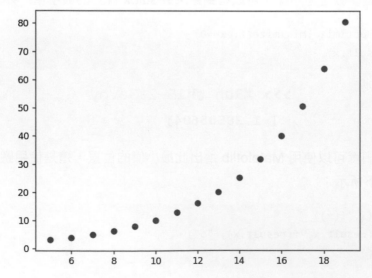

📍 使用內插計算和繪出這條符合的曲線：**ch15-2-4a.py**

SciPy 可以使用 interpolate.interp1d() 方法內插出這條符合的曲線，如下所示：

```
f = interpolate.interp1d(x, y)
x1 = np.arange(5, 20)
y1 = f(x1)
plt.plot(x, y, "o", x1, y1, "--")
plt.show()
```

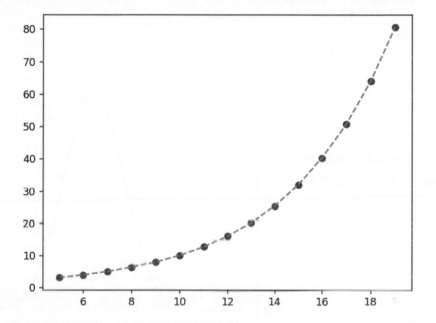

15-2-5　統計

SciPy 的 stats 子套件可以計算常態分配 PDF 的機率，和計算出敘述統計的相關數據。

📍 使用 **NumPy** 實作機率密度函數 **PDF**：**ch15-2-5.py**

常態分配的機率密度函數 PDF 的公式，如下所示：

$$常態分配 f(x) = \frac{1}{\sqrt{2\pi\sigma^2}} e^{\frac{(x-\mu)^2}{2\sigma^2}}$$

上述公式的 μ 是隨機變數的平均數（即期望值），σ 是標準差。首先使用 NumPy 實作機率密度函數 PDF，如下所示：

```
import numpy as np
import matplotlib.pyplot as plt

def normal_pdf(x, mu, sigma):
    pi = 3.1415926
    e = 2.718281
    f = (1./np.sqrt(2*pi*sigma**2))*e**(-(x-mu)**2/(2.*sigma**2))
    return f

ax = np.linspace(-5, 5, 100)
ay = [normal_pdf(x, 0, 1) for x in ax]
plt.plot(ax, ay)
plt.show()
```

上述 normal_pdf() 函數
是常態分配的機率密度函數，
當 μ=0，σ=1 時稱為「標準
常態分配」（Standard Normal
Distribution），其執行結果如
右圖所示：

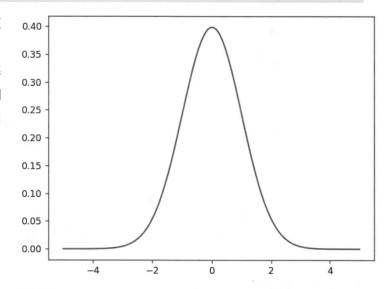

使用 SciPy 實作機率密度函數 PDF：ch15-2-5a.py

在 SciPy 的 stats 子套件可以使用 norm.pdf() 方法計算出常態分配 PDF 的機率，
如下所示：

```
import matplotlib.pyplot as plt
from scipy import stats

x = [x/10.0 for x in range(-50, 60)]
plt.plot(x, stats.norm.pdf(x, 0, 1),
      'r-',lw=1,alpha=0.6,label='mu=0,sigma=1')
plt.plot(x, stats.norm.pdf(x, 0, 2),
      'b--',lw=1,alpha=0.6,label='mu=0,sigma=2')
plt.plot(x, stats.norm.pdf(x, 2, 1),
      'g-.',lw=1,alpha=0.6,label='mu=2,sigma=1')
plt.legend()
plt.title("Various Normal PDF")
plt.show()
```

上述程式碼呼叫 3 次 stats.norm.pdf() 方法的 PDF 函數，第 1 個參數是隨機變數 X 的值，第 2 個是平均值，第 3 個是標準差，其執行結果如下圖所示：

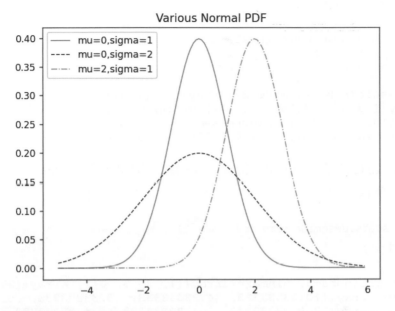

上述 3 條常態曲線的平均值 μ 和標準差 σ 依序是 0, 1、0, 2 和 2, 1，可以看到相同的平均值 1 時，不同的標準差 1 和 2 會影響鐘形常態分配曲線的高度和寬度；當標準差相同都是 1 時，不同的平均值 0 和 2，可以看到常態分配曲線的平行位移。

📍 敘述統計（**Descriptive Statistics**）：**ch15-2-5b.py**

SciPy 的 stats 子套件可以使用 describe() 方法計算出多種敘述統計數據，如下所示：

```
from scipy import stats

samples = [9, 3, 27]
desc = stats.describe(samples)
print(desc)
```

上述程式碼建立樣本串列 samples 後，呼叫 describe() 方法計算統計數據，參數值就是樣本串列，其執行結果如下所示：

```
>>> %Run ch15-2-5b.py
DescribeResult(nobs=3, minmax=(3, 27), mean=13.0, variance=156.0, skewness=0.5280049792181878, kurtosis=-1.5)
```

在 describe() 方法的樣本如果是巢狀串列時，我們需指定 axis 軸參數來計算列或欄方向的統計數據，如下所示：

```
samples2 = [[1, 3, 27],
            [3, 4, 6],
            [7, 6, 3],
            [3, 6, 8]]
desc = stats.describe(samples2, axis=0)
print(desc)
```

```
DescribeResult(nobs=4, minmax=(array([1, 3, 3]), array([ 7,  6, 27])),
mean=array([ 3.5 ,  4.75, 11.  ]), variance=array([ 6.33333333,  2.2
5    , 118.      ]), skewness=array([ 0.65202366, -0.21383343,  1.
03055786]), kurtosis=array([-0.90304709, -1.72016461, -0.75485971]))
```

上述參數 axis 的值是 0，可以計算各欄的統計數據。參數 axis 的值是 1，就是計算各列的統計數據，如下所示：

```
desc = stats.describe(samples2, axis=1)
print(desc)
```

```
DescribeResult(nobs=3, minmax=(array([1, 3, 3, 3]), array([27,  6,  7,
 8])), mean=array([10.33333333,  4.33333333,  5.33333333,  5.66666667]
), variance=array([209.33333333,  2.33333333,  4.33333333,  6.33333
333]), skewness=array([ 0.69193653,  0.38180177, -0.52800498, -0.23906
315]), kurtosis=array([-1.5, -1.5, -1.5, -1.5]))
```

15-2-6　訊號處理與卷積運算

SciPy 的 signal 子套件提供訊號處理的相關方法，可以繪出多種波形，和執行神經網路的卷積運算。

📍 繪出波形：ch15-2-6.py

SciPy 的 signal 子套件提供多種方法來產生不同波形（Waveforms）。例如：使用 signal.chirp() 方法來產生波形，如下所示：

```
import numpy as np
import matplotlib.pyplot as plt
from scipy import signal

t = np.linspace(6, 10, 500)
w = signal.chirp(t,f0=4,f1=2,t1=5,method='linear')
plt.plot(t, w)
plt.title("Linear Chirp")
plt.xlabel('time in sec)')
plt.show()
```

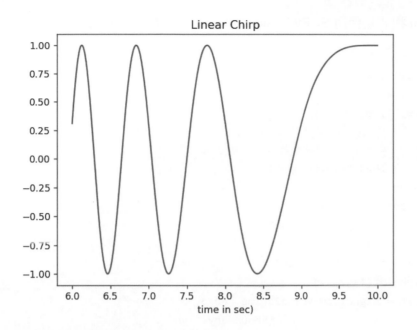

使用 NumPy 載入數字圖片：ch15-2-6a.py

在使用 SciPy 套件執行卷積運算前，我們需要先使用 NumPy 套件載入 digit8.npy 檔案，和使用 Matplotlib 顯示手寫數字圖片，如下所示：

```
img = np.load("digit8.npy")

plt.figure()
plt.imshow(img, cmap="gray")
plt.axis("off")
plt.show()
```

上述程式碼呼叫 np.load() 方法載入 NumPy 陣列檔 "digit8. npy"，可以顯示手寫數字圖片 8，其執行結果如右圖所示：

在書附範例檔的「\ch15」資料夾有 digit0~9.npy 檔，這些都是 NumPy 陣列檔案，其內容是手寫數字 0~9 的圖形。

卷積運算的邊界偵測：ch15-2-6b.py

首先我們是使用標準邊界偵測（Edge Detection）的過濾器，可以執行手寫數字圖片 8 的邊界偵測。邊界偵測過濾器的矩陣，如下所示：

$$\begin{bmatrix} 0,1,0 \\ 1,-4,1 \\ 0,1,0 \end{bmatrix}$$

Python 程式是使用 SciPy 的 signal.convolve2d() 方法來執行卷積運算，如下所示：

```
edge = [
    [0, 1, 0],
    [1,-4, 1],
    [0, 1, 0]
    ]

img = np.load("digit8.npy")
plt.figure()
plt.subplot(1, 2, 1)
plt.imshow(img, cmap="gray")
plt.axis("off")
plt.title("original image")
plt.subplot(1, 2, 2)
c_digit = signal.convolve2d(img, edge,
                            boundary="symm",
                            mode="same")
plt.imshow(c_digit, cmap="gray")
plt.axis("off")
plt.title("edge-detection image")
plt.show()
```

上述 signal.convolve2d() 方法的第 1 個
參數是圖片陣列，第 2 個是過濾器陣列，
boundary 屬性是指定如何處理邊界，mode
是輸出尺寸。我們一共繪出 2 張子圖，第 1
張子圖是原始手寫數字圖片，第 2 張子圖是
執行卷積運算後，顯示邊界偵測後的數字圖
片，其執行結果如右圖所示：

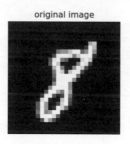
original image

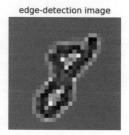
edge-detection image

📍 圖片銳化：**ch15-2-6c.py**

除了邊界偵測，還可以使用卷積運算來執行圖片銳化。標準圖片銳化（Sharpen）
過濾器的矩陣，如下所示：

$$\begin{bmatrix} 0,-1,0 \\ -1,5,-1 \\ 0,-1,0 \end{bmatrix}$$

在 Python 程式只需修改過濾器矩陣，就可以使用 SciPy 的 signal.convolve2d() 方
法執行卷積運算來進行圖片銳化，如下所示：

```
sharpen = [
    [0, -1, 0],
    [-1, 5, -1],
    [0, -1, 0]
    ]

img = np.load("digit8.npy")
plt.figure()
plt.subplot(1, 2, 1)
plt.imshow(img, cmap="gray")
plt.axis("off")
plt.title("original image")
plt.subplot(1, 2, 2)
c_digit = signal.convolve2d(img, sharpen,
                            boundary="symm",
                            mode="same")
plt.imshow(c_digit, cmap="gray")
plt.axis("off")
plt.title("sharpen image")
plt.show()
```

上述 signal.convolve2d() 方法的第 2 個參數使用不同過濾器陣列，其執行結果如下圖所示：

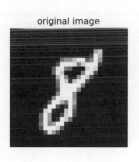
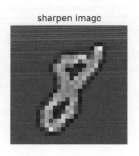

📍 卷積運算的水平和垂直邊線偵測：ch15-2-6d.py

一般來說，我們只需使用多個過濾器，就可以偵測圖片中的不同樣式，例如：使用 4 個過濾器來偵測手寫數字圖片中，圖形的上 / 下方邊線，和垂直的左 / 右邊邊線，4 個過濾器的矩陣，如下圖所示：

-1	-1	-1
1	1	1
0	0	0

-1	1	0
-1	1	0
-1	1	0

0	0	0
1	1	1
-1	-1	-1

0	1	-1
0	1	-1
0	1	-1

Python 程式首先載入手寫數字圖片 3 的 NumPy 陣列和建立過濾器矩陣的陣列，在顯示原始圖片後，使用 for 迴圈顯示 4 張卷積運算後的子圖，如下所示：

```
filters = [[
    [-1, -1, -1],
    [ 1,  1,  1],
    [ 0,  0,  0]],
   [[-1,  1,  0],
    [-1,  1,  0],
    [-1,  1,  0]],
   [[ 0,  0,  0],
    [ 1,  1,  1],
    [-1, -1, -1]],
   [[ 0,  1, -1],
    [ 0,  1, -1],
    [ 0,  1, -1]]]

img = np.load("digit3.npy")
plt.figure()
plt.subplot(1, 5, 1)
plt.imshow(img, cmap="gray")
plt.axis("off")
plt.title("original")

for i in range(2, 6):
    plt.subplot(1, 5, i)
    c = signal.convolve2d(img,filters[i-2],
                          boundary="symm",
                          mode="same")
    plt.imshow(c, cmap="gray")
    plt.axis("off")
    plt.title("filter"+str(i-1))

plt.show()
```

上述 for 迴圈呼叫 signal.convolve2d() 方法執行 4 次卷積運算，分別使用不同的過濾器矩陣來執行卷積運算，其執行結果如下圖所示：

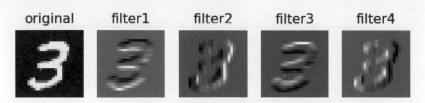

上述執行結果在數字 3 圖形的邊線可以看到白色亮線，依序是偵測下方的水平邊線、右邊的垂直邊線、上方的水平邊線和左邊的垂直邊線。

15-3 探索性資料分析的基礎

資料科學的探索階段是在整理、歸納和描述資料，其主要工作是「資料預處理」（Data Preprocessing）和探索性資料分析（Exploratory Data Analysis，EDA），如下所示：

▷ 資料預處理：源於資料採礦的技術，其主要目的是將取得的原始資料轉換成可閱讀的資料格式，因為真實世界的資料常常有不完整、錯誤和不一致的情況，資料預處理就是在處理這些問題。基本上，資料預處理的操作非常的多，常用的資料預處理操作有：處理遺漏值、處理分類資料和特徵縮放與標準化等。

▷ 探索性資料分析：探索性資料分析是一種資料分析的步驟和觀念，可以使用各種不同的技巧，大部分是使用圖表方式來深入了解資料本身、找出資料底層的結構、從資料取出重要的變數、偵測異常值（Outlier），並且找出資料趨勢的線索，和據此提出假設（Hypotheses），例如：解釋為什麼此群組客戶的業績會下滑，目標客戶不符合年齡層造成產品銷售不佳等。

在實務上，當取得一份全新的資料集後，不論是否已經熟悉這些資料，都可以使用下列問題的指引來進行資料探索，包含資料預處理的清理、轉換，和探索性資料分析，如下所示：

▷ 是否是有組織的資料？資料是否是列/欄結構的結構化資料，如果是非結構化資料或半結構化資料，需要將資料轉換成類似試算表列/欄結構的結構化資料，以 Python 來說，就是建立成 Pandas 套件的 DataFrame 物件。

▷ 資料的每一列代表什麼？在成功轉換成結構化資料的資料集後，就可以開始了解這個資料集，第一步是了解每一列資料是什麼，也就是每一筆記錄列是什麼樣的資料？

▷ 資料的每一欄代表什麼？在了解每一筆記錄列後，可以開始了解每一個欄位是什麼？欄位值是哪一種資料？

▷ 是否有遺漏值？如果資料集有遺漏值，需要了解哪些欄位有遺漏值？遺漏值資料有多少筆？和如何處理這些遺漏值？是直接刪除資料，或填入平均值、中位數或隨機值等

▷ 是否需要執行欄位資料轉換？當知道欄位是哪一種資料後，需要判斷欄位資料是否需要進行轉換，執行分類資料或資料類型的轉換，例如：分類資料是否需轉換成數值資料，當單位差異太大時，是否需要標準化資料，或正規化資料。

▷ 資料描述是什麼？資料是如何分佈？如果資料集本身已經提供資料描述，請詳細閱讀資料描述內容，如果沒有，需要自行使用敘述統計的摘要資訊，例如：最大值、最小值、平均值、標準差等來描述資料，和使用視覺化圖表顯示資料分佈（例如：直方圖、散佈圖和箱形圖），並且進一步找出資料中的異常值。

▷ 資料之間是否存在關係？可以使用第 15-4 節說明的方法，使用散佈圖和相關係數來找出資料之間的關係。

15-4 找出資料之間的關聯性

資料科學的目標是資料，探索資料的目的是在說出資料背後的故事，不只可以進一步了解資料，還可以找出資料趨勢的線索，這個線索就是資料之間的關聯性（Relationship）。

在實務上，我們有多種方法來找出資料之間的線性關係（Linear Relationship），這是指 2 個變數之間走勢是否一致的關係，也是第 16 章線性迴歸的基礎。

15-4-1 使用散佈圖

基本上，我們只需將 2 個變數的資料繪製成散佈圖，即可從圖表觀察出 x 和 y 兩軸變數的關係，例如：手機使用時數和工作效率的資料，如下表所示：

使用小時	0	0	0	1	1.3	1.5	2	2.2	2.6	3.2	4.1	4.4	4.4	5
工作效率	87	89	91	90	82	80	78	81	76	85	80	75	73	72

上表是手機使用的小時數和工作效率的分數（滿分 100 分）的 2 個變數，已經儲存在 CSV 檔案：hours_used_performance.csv。Python 程式：ch15-4-1.py 首先使用 DataFrame 物件載入 CSV 檔案，如下所示：

```
import pandas as pd
import matplotlib.pyplot as plt

df = pd.read_csv("hours_used_performance.csv")
df.plot(kind="scatter",
        x="hours_used",
        y="work_performance")
plt.show()
```

上述 DataFrame 物件呼叫 plot() 方法繪出散佈圖，kind 屬性值是 "scatter"，x 和 y 是 2 個變數的欄位名稱，其執行結果如下圖所示：

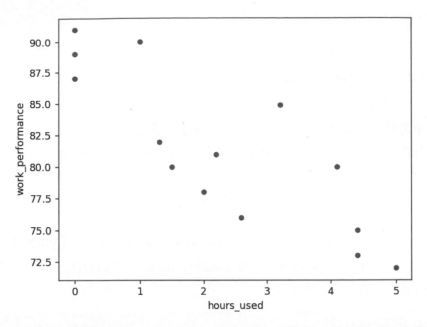

　　上述散佈圖的資料點可以找出 X 和 Y 軸資料是正相關、負相關或無相關（以此例是負相關），其說明如下所示：

▷ 正相關（Positive Relation）：圖表顯示當一軸增加；同時另一軸也增加，資料排列成一條往右斜向上的直線，例如：身高增加；體重也同時增加，如右圖所示：

▷ 負相關（Negative Relation）：圖表顯示當一軸增加；同時另一軸卻減少，資料排列成一條往右斜向下的直線，例如：打手遊的時間增加；讀書的時間就會減少，如右圖所示：

▷ 無相關（No Relation）：圖表顯示的資料點十分分散，看不出有任何直線的趨勢，例如：學生身高和期中考成績，如右圖所示：

　　看出來了嗎！只需觀察上述散佈圖的資料點來找出 2 個資料之間是否呈現出一條直線關係，這種關係就是線性關係，當 2 個資料擁有線性關係時，就可以從 1 個資料來預測另一個資料。

15-4-2　使用相關係數

「相關係數」（Correlation Coefficient）也稱為皮爾森積差相關係數（Pearson Product Moment Correlation Coefficient），可以計算 2 個變數的線性相關性有多強（其值的範圍是 -1~1 之間）。

相關係數是一種統計檢定方法，可以測量 2 個變數之間線性關係的強度和方向。相關係數的公式是 x 和 y 的共變異數除以 x 和 y 的標準差，如下所示：

$$相關係數 r_{xy} = \frac{S_{xy}}{S_x S_y}$$

上述 S_{xy} 是共變異數，S_x 和 S_y 分別是變數 x 和 y 的標準差。Python 程式：ch15-4-2.py 直接使用第 15-1-1 節的資料，以 DataFrame 物件的 corr() 方法來計算出每一個欄位之間的相關係數，如下所示：

```
print(df.corr())
```

上述程式碼呼叫 corr() 方法計算相關係數，其執行結果從左上至右下的對角線值是 1.000000，因為這是自己和自己欄位計算的相關係數，其他是欄位之間互相計算的相關係數，可以看到值是 -0.838，屬於高度負相關，如下圖所示：

	hours_used	work_performance
hours_used	1.000000	-0.838412
work_performance	-0.838412	1.000000

基本上，相關係數的判斷標準說明，如下表所示：

相關性	相關係數值
完美（Perfect）	接近 +1 或 -1，這是完美的正相關和負相關
高度（High）	在 +0.5~1 和 -0.5~-1 之間，表示有很強的相關性
中等（Moderate）	在 +0.3~0.49 和 -0.3~-0.49 之間，表示是中等相關性
低度（Low）	值低於 -0.29 和 0.29，表示是有一些相關性
無（No）	值是 0，表示無相關

15-5　資料預處理

資料預處理就是將資料轉換和清理成可閱讀的資料，以便進行接著的資料分析，常用的資料預處理操作有：處理遺漏值、處理分類資料和特徵縮放與標準化等。

15-5-1 資料標準化與最小 / 最大值縮放

在找出資料之間的線性關係後,接著需要面對的問題是單位不同,當資料單位不同時,在資料之間很難進行比較,所以,我們需要標準化比較的基準,以便在同一標準下進行比較,這就是「特徵縮放與標準化」(Feature Scaling and Normalization)。

📍 資料標準化:ch15-5-1.py

資料標準化(Standardization)可以位移資料分配的平均值是零,標準差是 1,即 Z 分數,在實務上,如果機器學習演算法是依據資料分配,就可以使用資料標準化。

Python 程式是標準化 Facebook 朋友的追蹤數和快樂程度的調查資料,如下所示:

```python
import pandas as pd

df = pd.read_csv("fb_tracking_happiness.csv")
print(df.head())
```

上述程式碼載入 CSV 檔案 fb_tracking_happiness.csv 檔案成為 DataFrame 物件後,顯示前 5 筆,可以看出 2 個變數的單位差異很大,其執行結果如右圖所示:

	fb_tracking	happiness
0	110	0.3
1	1018	0.8
2	1130	0.5
3	417	0.4
4	626	0.6

我們準備使用 NumPy 實作資料標準化,standardization() 函數就是標準化函數,其參數是 NumPy 陣列,如下所示:

```python
import numpy as np

def standardization(data):
    mu = np.mean(data, axis=0)
    sigma = np.std(data, axis=0)
    return (data - mu) / sigma

np_std = standardization(df.values)
df_std = pd.DataFrame(np_std,
                      columns=["fb_tracking_s",
                               "happiness_s"])
print(df_std.head())
```

上述程式碼回傳 NumPy 陣列 np_std 後,重新建立 DataFrame 物件和顯示前 5 筆,可以看到資料已經標準化,其執行結果如下圖所示:

	fb_tracking_s	happiness_s
0	-1.636807	-0.870370
1	0.541891	1.444444
2	0.810629	0.055556
3	-0.900176	-0.407407
4	-0.398692	0.518519

接著，我們可以繪出散佈圖，如下所示：

```
import matplotlib.pyplot as plt

df_std.plot(kind="scatter",
            x="fb_tracking_s",
            y="happiness_s")
plt.show()
```

上述程式碼繪出資料標準化後 DataFrame 物件的散佈圖，如下圖所示：

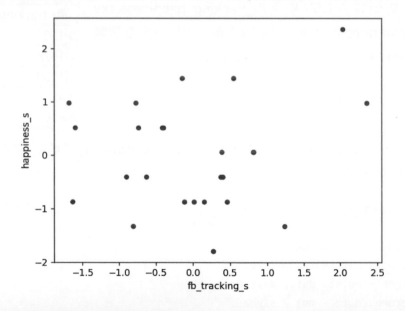

📍 最小 / 最大值縮放：ch15-5-1a.py

最小 / 最大值縮放（Min-max Scaling）是另一種常用的特徵縮放方法，也稱為正規化（Normalization），可以將數值資料轉換成 0~1 區間。資料正規化公式執行最小 / 最大值縮放，如下所示：

$$X_{norm} = \frac{X - X_{min}}{X_{max} - X_{min}}$$

上述公式的分母是最大和最小值的差，分子是與最小值的差。Python 程式是使用和第 15-5-1 節相同的資料來執行最小 / 最大值縮放，如下所示：

```python
import numpy as np

def normalization(data):
    dt_range = np.max(data) - np.min(data)
    return (data - np.min(data)) / dt_range

np_minmax = normalization(df.values)
df_minmax = pd.DataFrame(np_minmax,
                        columns=["fb_tracking_s",
                                    "happiness_s"])
print(df_minmax.head())
```

上述程式碼建立 normalization() 函數,參數是 NumPy
陣列,然後呼叫函數執行資料轉換,可以看到正規化後的
資料,其執行結果如右圖所示:

	fb_tracking_s	happiness_s
0	0.061989	0.000113
1	0.574144	0.000395
2	0.637317	0.000226
3	0.235151	0.000169
4	0.353037	0.000282

接著繪出散佈圖,如下所示:

```python
import matplotlib.pyplot as plt

df_minmax.plot(kind="scatter",
                x="fb_tracking_s",
                y="happiness_s")
plt.show()
```

上述程式碼繪出資料正規化後 DataFrame 物件的散佈圖,如下圖所示:

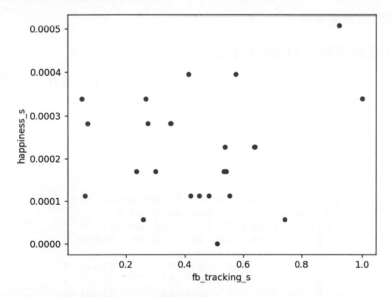

上述執行結果可以看出轉換後的資料和標準化不同,不過,繪成散佈圖後,可以看
到資料點的分佈是相同的。

15-5-2　處理遺漏值

資料預處理的主要的工作是處理遺漏值（Missing Data），因為這些資料並無法進行運算，所以，我們需要針對遺漏值來進行特別處理。基本上，有兩種方式處理遺漏值，如下所示：

▷ 刪除遺漏值：如果資料量夠大，可以直接刪除遺漏值。

▷ 補值：將遺漏值填補成固定值、平均值、中位數和亂數值等。

DataFrame 物件的欄位值如果是 NumPy 的 nan（NaN），表示此欄位是遺漏值。在本節的測試資料是 missing_data.csv 檔案，首先載入和建立 DataFrame 物件，如下所示：

```
df = pd.read_csv("missing_data.csv")
print(df)
```

	A	B	C	D
0	0.5	0.9	0.4	NaN
1	0.8	0.6	NaN	NaN
2	0.7	0.3	0.8	0.9
3	0.8	0.3	NaN	0.2
4	0.9	NaN	0.7	0.3
5	0.2	0.7	0.6	NaN

上述 DataFrame 物件可以看到很多 NaN 欄位值的遺漏值，在這一節就是使用此資料集來說明如何處理遺漏值。

顯示遺漏值的資訊：ch15-5-2.py

DataFrame 物件可以使用 info() 方法顯示每一欄位有多少個非 NaN 欄位值，如下所示：

```
print(df.info())
```

```
>>> %Run ch15-5-2.py
<class 'pandas.core.frame.DataFrame'>
RangeIndex: 6 entries, 0 to 5
Data columns (total 4 columns):
 #   Column  Non-Null Count  Dtype
---  ------  --------------  -----
 0   A       6 non-null      float64
 1   B       5 non-null      float64
 2   C       4 non-null      float64
 3   D       3 non-null      float64
dtypes: float64(4)
memory usage: 320.0 bytes
None
```

上述執行結果的每一個欄位有 6 筆記錄，少於 6 就表示有 NaN 的欄位值。

⬤ 刪除 NaN 的記錄：ch15-5-2a.py

因為 NaN 記錄並不能進行運算，最簡單方式就是呼叫 dropna() 方法全部刪除掉，如下所示：

```
df1 = df.dropna()
print(df1)
```

上述程式碼沒有參數，就是刪除全部 NaN 記錄，執行結果只剩下 1 筆，如右圖所示：

	A	B	C	D
2	0.7	0.3	0.8	0.9

如果加上參數 how，值 any 表示刪除所有 NaN 記錄（值 all 需要全部欄位都是 NaN 才會刪除），刪除結果和沒有參數相同，如下所示：

```
df2 = df.dropna(how="any")
print(df2)
```

	A	B	C	D
2	0.7	0.3	0.8	0.9

在 dropna() 方法也可以指定某些欄位有 NaN 就刪除，參數 subset 值是串列，表示刪除 B 和 C 欄有 NaN 的記錄，執行結果剩下 3 筆，如下所示：

```
df3 = df.dropna(subset=["B", "C"])
print(df3)
```

	A	B	C	D
0	0.5	0.9	0.4	NaN
2	0.7	0.3	0.8	0.9
5	0.2	0.7	0.6	NaN

⬤ 填補遺漏值：ch15-5-2b.py

如果不想刪除 NaN 的記錄，我們可以填補這些遺漏值，指定成固定值、平均值、眾數或中位數等填補值，例如：將 NaN 值使用 fillna() 方法將 NaN 改為參數 value 的值 1，即都改為固定值 1，如下所示：

```
df1 = df.fillna(value=1)
print(df1)
```

	A	B	C	D
0	0.5	0.9	0.4	1.0
1	0.8	0.6	1.0	1.0
2	0.7	0.3	0.8	0.9
3	0.8	0.3	1.0	0.2
4	0.9	1.0	0.7	0.3
5	0.2	0.7	0.6	1.0

fillna() 方法也可以將遺漏值填補成 mean() 方法的平均數（或 median() 方法的中位數），如下所示：

```
df["B"] = df["B"].fillna(df["B"].mean())
print(df)
```

上述程式碼將欄位標籤 "B" 的 NaN 值填入欄位標籤 "B" 的平均數，其執行結果可以看到欄位標籤 "B" 已經沒有 NaN 值，如右圖所示：

	A	B	C	D
0	0.5	0.90	0.4	NaN
1	0.8	0.60	NaN	NaN
2	0.7	0.30	0.8	0.9
3	0.8	0.30	NaN	0.2
4	0.9	0.56	0.7	0.3
5	0.2	0.70	0.6	NaN

15-5-3 處理重複資料

DataFrame 物件的 duplicated() 和 drop_duplicates() 方法是用來處理欄位或記錄的重複值。在本節的測試資料是 duplicated_data.csv 檔案，首先載入和建立 DataFrame 物件，如下所示：

```
import pandas as pd

df = pd.read_csv("duplicated_data.csv")
print(df)
```

	A	B	C	D
0	0.7	0.3	0.8	0.9
1	0.8	0.6	0.4	0.8
2	0.7	0.3	0.8	0.9
3	0.8	0.3	0.5	0.2
4	0.9	0.3	0.7	0.3
5	0.7	0.3	0.8	0.9

上述執行結果的第 0、2 和 5 是重複記錄，在各欄位也有多個重複值，在這一節準備使用上述資料來說明如何處理重複資料。

顯示重複記錄和欄位值：ch15-5-3.py

DataFrame 物件只需使用 duplicated() 方法即可顯示有哪些記錄是重複值，如下所示：

```
print(df.duplicated())
```

上述程式碼顯示有多少重複記錄，請注意！重複記錄並不包含第1筆，其執行結果可以看到第2和5是 True，有2筆，第1筆0是 False，如右圖所示：

```
>>> %Run ch15-5-3.py
------------------
0      False
1      False
2      True
3      False
4      False
5      True
dtype: bool
```

在 duplicated() 方法只需加上欄索引（如果有多個，請使用欄索引串列），即可顯示指定欄位的重複值，如下所示：

```
print(df.duplicated("B"))
```

上述程式碼顯示欄位標籤 "B" 有多少重複的欄位值，True 是重複，不含第1筆，如右圖所示：

```
0      False
1      False
2      True
3      True
4      True
5      True
dtype: bool
```

刪除重複記錄：ch15-5-3a.py

在 DataFrame 物件是使用 drop_duplicates() 方法刪除重複記錄（請注意！不包含第1筆記錄），如下所示：

```
df1 = df.drop_duplicates()
print(df1)
```

	A	B	C	D
0	0.7	0.3	0.8	0.9
1	0.8	0.6	0.4	0.8
3	0.8	0.3	0.5	0.2
4	0.9	0.3	0.7	0.3

刪除重複的欄位值：ch15-5-3b.py

在 drop_duplicates() 方法只需加上欄索引，就可以刪除指定欄位的重複值，例如：欄索引 "B"，預設保留第1筆（即索引0），如下所示：

```
df1 = df.drop_duplicates("B")
print(df1)
```

	A	B	C	D
0	0.7	0.3	0.8	0.9
1	0.8	0.6	0.4	0.8

如果想刪除所有重複欄位值，一筆都不想留，請指定 keep 屬性值 False，如下所示：

```
df2 = df.drop_duplicates("B", keep=False)
print(df2)
```

	A	B	C	D
1	0.8	0.6	0.4	0.8

15-5-4　處理分類資料

DataFrame 物件的欄位資料如果是尺寸的 XXL、XL、L、M、S、XS，或性別的 male、female 和 not specified 等，這些欄位值是分類的目錄資料，並非數值，在實務上，我們需要使用數值資料建立預測模型，所以，這些分類資料需要轉換成數值資料。

在本節的測試資料是 labelencoder_data.csv 檔案，首先載入和建立 DataFrame 物件，如下所示：

```
import pandas as pd

df = pd.read_csv("labelencoder_data.csv")
print(df)
```

	Gender	Size	Price
0	male	XL	800
1	female	M	400
2	not specified	XXL	300
3	male	L	500
4	female	S	700
5	female	XS	850

Python 可以使用 map() 方法來執行資料的分類轉換，首先建立轉換表的 gender_mapping 字典，如下所示：

```
gender_mapping = {"male": 0, "female": 1}
df["Gender"] = df["Gender"].map(gender_mapping)
df["Gender"] = df["Gender"].fillna(-1).astype(int)
print(df)
```

上述程式碼是在 DataFrame 欄位呼叫 map() 方法套用轉換表，因為欄位值有 NaN 值，所以接著呼叫 fillna() 方法填入 -1，同時呼叫 astype() 方法轉換成參數 int 整數（資料類型轉換），其執行結果如右圖所示：

	Gender	Size	Price
0	0	XL	800
1	1	M	400
2	-1	XXL	300
3	0	L	500
4	1	S	700
5	1	XS	850

15-6　實作案例：鐵達尼號資料集的探索性資料分析

鐵達尼號（Titanic）是 1912 年 4 月 15 日在大西洋旅程中撞上冰山沈沒的一艘著名客輪，這次意外事件造成 2224 名乘客和船員中 1502 名死亡，鐵達尼號資料集（Titanic Dataset）就是船上乘客的相關資料。

在這一節我們準備使用探索性資料分析來探索鐵達尼號資料集。

📍 載入資料集：ch15-6.py

鐵達尼號資料集是 CSV 檔案：titanic_data.csv，Python 程式是載入資料集來建立 DataFrame 物件，如下所示：

```
import pandas as pd


titanic = pd.read_csv("titanic_data.csv")
print(titanic.shape)
```

```
>>> %Run ch15-6.py
   (1313, 6)
```

上述程式碼載入 CSV 檔案 titanic_data.csv 後，使用 shape 屬性顯示資料集的形狀。鐵達尼號資料集是 1313 筆和 6 個欄位，每一列是一筆乘客，乘客數有 1313 人。

📍 描述資料：ch15-6a.py

在成功載入資料集後，首先呼叫 head() 方法顯示前 5 筆，我們先來看一看前幾筆資料，如下所示：

```
print(titanic.head())
```

	PassengerId	Name	PClass	Age	Sex	Survived
0	1	Allen, Miss Elisabeth Walton	1st	29.00	female	1
1	2	Allison, Miss Helen Loraine	1st	2.00	female	0
2	3	Allison, Mr Hudson Joshua Creighton	1st	30.00	male	0
3	4	Allison, Mrs Hudson JC (Bessie Waldo Daniels)	1st	25.00	female	0
4	5	Allison, Master Hudson Trevor	1st	0.92	male	1

上表的每一列是一位乘客的資料，各欄位的說明如下所示：

▷ PassengerId：乘客編號是乘客唯一的識別編號。

▷ Name：乘客姓名，除了姓名，還包含 Miss、Mrs 和 Mr 等資訊。

▷ PClass：乘客等級，等級 1 的欄位值是 1st；2 是 2nd；3 是 3rd。

▷ Age：乘客年齡是整數資料。

▷ Sex：乘客性別，欄位值是 male 男；female 女。

▷ Survived：欄位值是 0 或 1，代表乘客生存或死亡，值 1 是生存；0 是死亡，值只有 2 種。

接著，使用 describe() 方法顯示摘要資訊，如下所示：

```
print(titanic.describe())
```

	PassengerId	Age	Survived
count	1313.000000	756.000000	1313.000000
mean	657.000000	30.397989	0.342727
std	379.174762	14.259049	0.474802
min	1.000000	0.170000	0.000000
25%	329.000000	21.000000	0.000000
50%	657.000000	28.000000	0.000000
75%	985.000000	39.000000	1.000000
max	1313.000000	71.000000	1.000000

上述表格顯示的 3 個欄位可以看到欄位值的資料量、平均值、標準差、最小和最大等資料描述，其中 "Age" 欄位只有 756 筆，表示有遺漏值，然後，使用 info() 方法進一步檢視欄位的相關資訊，可以看出是否有遺漏值，以此例可以看出 "Age" 欄位有遺漏值，如下所示：

```
print(titanic.info())
```

```
<class 'pandas.core.frame.DataFrame'>
RangeIndex: 1313 entries, 0 to 1312
Data columns (total 6 columns):
 #   Column       Non-Null Count   Dtype
---  ------       --------------   -----
 0   PassengerId  1313 non-null    int64
 1   Name         1313 non-null    object
 2   PClass       1313 non-null    object
 3   Age          756 non-null     float64
 4   Sex          1313 non-null    object
 5   Survived     1313 non-null    int64
dtypes: float64(1), int64(2), object(3)
memory usage: 61.7+ KB
None
```

📍 資料預處理：ch15-6b.py

在檢視資料集的描述資料後，我們可以知道目前需要執行的資料預處理工作，如下所示：

▷ "PassengerId" 欄位是否是流水號，如果是，可以將此欄位改為索引欄位。

▷ "Sex" 欄位需要處理分類資料轉換成數值的 0 和 1（1 是女；0 是男）。

▷ "PClass" 欄位需要處理分類資料轉換成數值的 1、2 和 3（1 是 1st；2 是 2nd；3 是 3rd）。

▷ "Age" 欄位有很多遺漏值，準備使用 "Age" 欄位的平均值來補值。

首先，使用 NumPy 套件的 unique() 方法檢查欄位值是否是唯一，如下所示：

```
num = np.unique(titanic["PassengerId"].values).size
print(num)
```

上述 unique() 方法檢查 "PassengerId" 欄位是否是唯一，size 屬性可以知道有多少個不同值，1313 筆和資料集的列數相同，表示這是唯一的流水編號，所以，我們可以指定此欄位為列索引，如下所示：

```
titanic.set_index(["PassengerId"], inplace=True)
print(titanic.head())
```

上述程式碼指定列索引是存在的 "PassengerId" 欄位，參數 inplace 值 True 表示直接取代目前的 DataFrame 物件，其執行結果的前 5 筆記錄，如下圖所示：

PassengerId	Name	PClass	Age	Sex	Survived
1	Allen, Miss Elisabeth Walton	1st	29.00	female	1
2	Allison, Miss Helen Loraine	1st	2.00	female	0
3	Allison, Mr Hudson Joshua Creighton	1st	30.00	male	0
4	Allison, Mrs Hudson JC (Bessie Waldo Daniels)	1st	25.00	female	0
5	Allison, Master Hudson Trevor	1st	0.92	male	1

因為 "Sex" 和 "PCass" 欄位值是分類資料，接著，就可以使用第 15-5-4 節的 map() 方法轉換欄位成為數值資料，首先新增 "SexCode" 欄位，將 "Sex" 欄位改為數值 0 和 1（1 是女；0 是男），然後，將 "PClass" 欄位轉換成 3 種等級轉換成數值 1、2、3，如下所示：

```
# 0是male男, 1是female女
gender_mapping = {"male": 0, "female": 1}
titanic["SexCode"] = titanic["Sex"].map(gender_mapping)
titanic["SexCode"] = titanic["SexCode"].fillna(-1).astype(int)
# 1是1st；2是2nd；3是3rd
pclass_mapping = {"1st": 1, "2nd": 2, "3rd": 3}
titanic["PClass"] = titanic["PClass"].map(pclass_mapping)
titanic["PClass"] = titanic["PClass"].fillna(-1).astype(int)
print(titanic.head())
```

	Name	PClass	Age	Sex	Survived	SexCode
PassengerId						
1	Allen, Miss Elisabeth Walton	1	29.00	female	1	1
2	Allison, Miss Helen Loraine	1	2.00	female	0	1
3	Allison, Mr Hudson Joshua Creighton	1	30.00	male	0	0
4	Allison, Mrs Hudson JC (Bessie Waldo Daniels)	1	25.00	female	0	1
5	Allison, Master Hudson Trevor	1	0.92	male	1	0

然後，我們就可以處理 "Age" 欄位的遺漏值，首先檢查 "Age" 欄位的遺漏值到底有多少個，如下所示：

```
print(titanic.isnull().sum())
print(sum(titanic["Age"].isnull()))
```

上述程式碼使用 isnull() 方法檢查所有欄位是否有 NaN 值，sum() 方法計算總數，即可計算 "Age" 欄位的遺漏值，其執行結果如右所示：

```
Name          0
PClass        0
Age         557
Sex           0
Survived      0
SexCode       0
dtype: int64
557
```

上述執行結果顯示只有 "Age" 欄位有遺漏值，共 557 筆。現在，就可以將這些遺漏值補值成 "Age" 欄位的平均值，如下所示：

```
avg_age = titanic["Age"].mean()
titanic["Age"].fillna(avg_age, inplace=True)
print(sum(titanic["Age"].isnull()))
```

上述程式碼計算平均值後，呼叫 fillna() 方法將遺漏值取代成平均值，最後再計算一次 "Age" 欄位的遺漏值數，可以看到執行結果是 0，已經沒有遺漏值。在完成補值後，我們準備計算性別人數和男女的平均年齡，如下所示：

```
print(titanic["Sex"].groupby(titanic["Sex"]).size())
```

上述程式碼使用 groupby() 方法來群組 "Sex" 欄位後，計算各群組姓別人數，其執行結果如右所示：

```
Sex
female     462
male       851
Name: Sex, dtype: int64
```

然後使用 mean() 方法計算 "Age" 欄位的平均值，如下所示：

```
print(titanic.groupby("Sex")["Age"].mean())
```

```
Sex
female     29.773637
male       30.736945
Name: Age, dtype: float64
```

從上述執行結果可以看出女性有 462 人，平均年齡 29.77；男性有 851 人，平均年齡是 30.7。

◗ 探索性資料分析：ch15-6c.py

在完成資料前處理後，接著就可以進行探索性資料分析，首先分別使用直方圖和長條圖來探索各欄位的資料，為了方便繪製圖表，筆者新增 "Died" 欄位，欄位值和 "Survived" 相反，如下所示：

```
import numpy as np

titanic["Died"] = np.where(titanic["Survived"]==0, 1, 0)
print(titanic.head())
```

上述程式碼使用 NumPy 套件的 where() 方法取代欄位值，第 1 個參數是條件，條件成立指定成第 2 個參數值；失敗是指定成第 3 個參數值，其執行結果可以看到前 5 筆記錄資料，多了 "Died" 欄位，如下圖所示：。

PassengerId	Name	PClass	Age	Sex	Survived	SexCode	Died
1	Allen, Miss Elisabeth Walton	1	29.00	female	1	1	0
2	Allison, Miss Helen Loraine	1	2.00	female	0	1	1
3	Allison, Mr Hudson Joshua Creighton	1	30.00	male	0	0	1
4	Allison, Mrs Hudson JC (Bessie Waldo Daniels)	1	25.00	female	0	1	1
5	Allison, Master Hudson Trevor	1	0.92	male	1	0	0

從上表的欄位值可以知道，只有 "Age" 欄位可以繪出直方圖來顯示各種年齡的資料分佈，如下所示：

```python
import matplotlib.pyplot as plt

titanic["Age"].plot(kind="hist", bins=15)
df = titanic[titanic.Survived == 0]
df["Age"].plot(kind="hist", bins=15)
df = titanic[titanic.Survived == 1]
df["Age"].plot(kind="hist", bins=15)
plt.show()
```

上述程式碼繪出 3 個直方圖，第 1 個是年齡分佈（藍色），第 2 個是各年齡層的死亡人數（橙色），第 3 個是生存人數（綠色），其執行結果如下圖所示：

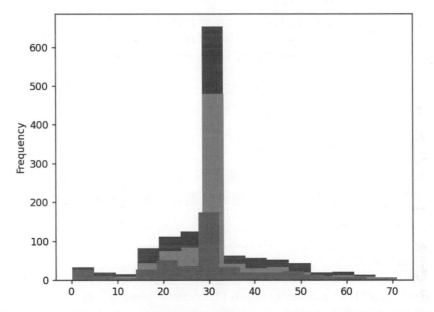

資料集的 "Sex" 和 "PClass" 欄位是分類資料，可以使用長條圖來分類顯示生存和死亡人數與比率。首先是 "Sex" 欄位的性別，如下所示：

```python
fig, axes = plt.subplots(nrows=1, ncols=2)
df = titanic[["Survived","Died"]].groupby(titanic["Sex"]).sum()
df.plot(kind="bar", ax=axes[0])
df = titanic[["Survived","Died"]].groupby(titanic["Sex"]).mean()
df.plot(kind="bar", ax=axes[1])
plt.show()
```

上述程式碼顯示水平 2 張長條圖，這是群組 "Sex" 欄位計算生存和死亡的人數和比率（即平均數），其執行結果如下圖所示：

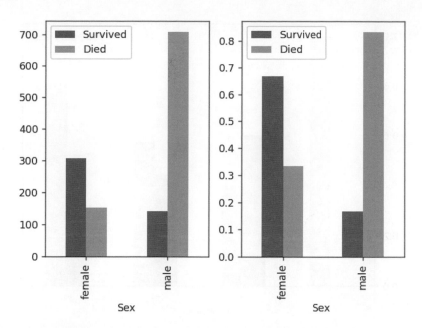

然後是 **"PClass"** 欄位的等級，首先群組 **"PClass"** 欄位來計算生存和死亡的人數（即總和），如下所示：

```
df = titanic[['Survived',"Died"]].groupby(titanic["PClass"]).sum()
df.plot(kind="bar")
plt.show()
```

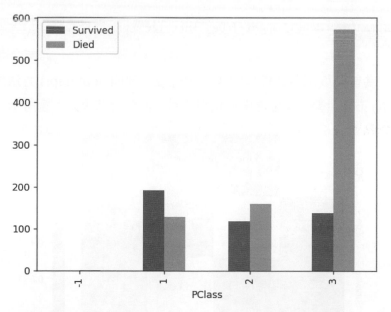

然後是群組 **"PClass"** 欄位來計算生存和死亡的比率（即平均數），如下所示：

```
df = titanic[['Survived',"Died"]].groupby(titanic["PClass"]).mean()
df.plot(kind="bar")
plt.show()
```

現在，我們可以使用 Seaborn 的熱地圖來顯示 corr() 方法計算出各欄位之間的相關係數，如下所示：

```
import seaborn as sns

df = titanic[["PClass","Age","Survived","SexCode"]]
sns.set()
sns.heatmap(df.corr(), annot=True, fmt=".2f")
plt.show()
```

上述程式碼首先取出數值資料的 4 個欄位後，呼叫 heatmap() 方法繪製熱地圖，這是使用 corr() 方法計算出欄位之間的相關係數，其執行結果如下圖所示：

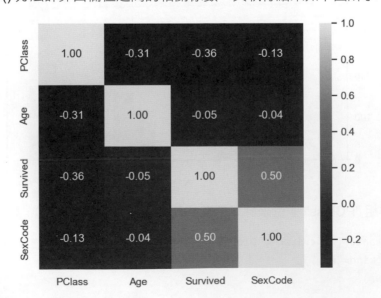

上述圖表可以看出 "SexCode" 性別欄位和 "Survived" 欄位的相關係數最高,有 0.50 左右 (高度相關),然後是 "PClass" 欄位的 -0.36 (中等相關),"Age" 欄位只有 -0.048 (低度相關)。

學習評量

1. 請説明什麼是 SciPy 套件?SciPy 子套件有哪些?

2. 請分別舉例説明 special、optimize、integrate 和 linalg 子套件的用途?

3. 請問神經網路的卷積運算可以使用 SciPy 的哪一個子套件來實作?

4. 如果準備計算常態分配 PDF 的機率,請問可以使用 SciPy 的哪一個子套件?

5. 請問資料預處理主要是在作什麼事?什麼是探索性資料分析?

6. 請問有幾種方法來找出資料之間的關聯性?

7. 請簡單説明特徵縮放與標準化是什麼?

8. 請舉例説明如何處理遺漏值、重複資料和分類資料?

9. 在書附範例有 anscombe_i.csv、anscombe_ii.csv、anscombe_iii.csv、anscombe_iv.csv 四個 CSV 檔案,請一一繪出散佈圖來檢視 x 和 y 資料之間是否有線性相關。

10. 請參考第 15-6 節的説明進行書附範例 iris.csv 資料集的探索性資料分析。

iPAS巨量資料分析模擬試題

(　) 1. 請問下列哪一個並不是探索性資料分析所關心的議題?

(A) 資料的統計摘要資訊

(B) 資料是否有異常值

(C) 資料是否有遺漏值

(D) 資料模型的準確度。

( ) 2. 在進行探索性資料分析之前，我們需要花費時間先處理遺漏值，請問下列
哪一種「不」是處理遺漏值的手段？

(A) 刪除有遺漏值的資料

(B) 用下一筆的值來填補（時間序列資料）

(C) 填補成平均值

(D) 當作沒有看到。

( ) 3. 在 DataFrame 物件填補遺漏值的資料時，請問下列哪一種「不」是合適的
填補值？

(A) 平均值　　(B) 中位數　　(C) 眾數　　(D) 最大值。

( ) 4. 在 DataFrame 物件的 " 產品分類 " 欄位是一種分類資料，擁有 " 衣服 "、
" 家電 "、" 手機 " 和 " 電腦 " 共四種類別值，請問 Python 程式可以使用下
列哪一種方法將此分類資料欄位轉換成數值資料？

(A) Pandas 的 drop_duplicates() 方法

(B) Pandas 的 astype() 方法

(C) NumPy 的 where() 方法

(D) Pandas 的 map() 方法。

CHAPTER

16

Python機器學習與深度學習

🎯 本章內容

16-1 機器學習的基礎

機器學習是一種軟體技術，可以使用現有資料來訓練預測模型，當成功訓練模型後，就可以使用模型來預測未來的行為、結果和趨勢。（本章視覺化圖檔，請見範例檔的「課本圖片」）

認識機器學習

「機器學習」（Machine Learning）就是一種人工智慧，其定義為：「從過往資料和經驗中自我學習並找出其運行的規則，以達到人工智慧的方法。」。機器學習的主要目就是在預測資料，其厲害之處在於可以自主學習，自行找出資料之間的關係和規則，如右圖所示：

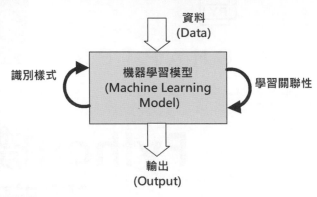

上述圖例當資料送入機器學習模型後，就可以自行找出資料之間的關聯性（Relationships）和識別樣式，其輸出結果是已經學會的預測模型。機器學習主要是透過下列方式來進行訓練，如下所示：

▷ 使用大量資料來訓練模型。

▷ 從資料中自行學習來找出關聯性，和識別出樣式（Pattern）。

▷ 根據自行學習和識別出樣式獲得的經驗，可以替未來的新資料進行分類、推測其行為、結果和趨勢。

機器學習演算法的種類

機器學習演算法是一種從資料中自主學習，完全不需要人類的干預，就可以自行從資料中取得經驗，並且從經驗提昇能力的演算法，簡單的說，機器學習使用的演算法，稱為機器學習演算法，主要可以分成幾大類，如下所示：

▷ 迴歸：預測連續的數值資料，可以預測商店的營業額、學生的身高和體重等。常用演算法有：線性迴歸、SVR 等。

▷ 分類：預測分類資料，這是一些有限集合，可以分類成男與女、成功與失敗、癌症分成第 1~4 期等。常用演算法有：Logistic 迴歸、決策樹、K 鄰近演算法、CART、樸素貝葉斯等。

▷ 關聯：找出各種現象同時出現的機率，也稱為購物籃分析（Market-basket Analysis），例如：當顧客購買米時，78% 可能會同時購買雞蛋。常用演算法有：Apriori 演算法等。

▷ 分群：將樣本分成相似群組，即資料如何組成的問題，可以分群出喜歡同一類電影的觀眾。常用演算法有：K-means 演算法等。

▷ 降維：在減少資料中變數的個數後，仍然保留主要資訊而不失真，通常是使用特徵提取和選擇方法來實作。常用演算法有：主成分分析演算法等。

16-2 機器學習實例：使用線性迴歸預測房價

在統計學的迴歸分析（Regression Analysis）是透過某些已知訊息來預測未知變數，其中最簡單的是「線性迴歸」（Linear Regression）。

16-2-1　認識線性迴歸

在說明線性迴歸之前，我們需要先認識什麼是迴歸線，基本上，當需要預測市場走向，例如：物價、股市、房市和車市等，都會使用散佈圖以圖形來呈現資料點，如右圖所示．

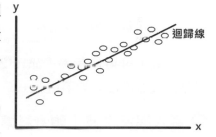

從右述圖例可以看出眾多點是分布在一條直線的周圍，這條線可以使用數學公式來表示和預測點的走向，稱為「迴歸線」（Regression Line）。因為迴歸線是一條直線，其方向會往右斜向上，或往右斜向下，其說明如下所示：

▷ 迴歸線的斜率是正值：迴歸線往右斜向上的斜率是正值，x 和 y 的關係是正相關，x 值增加；同時 y 值也會增加。

▷ 迴歸線的斜率是負值：迴歸線往右斜向下的斜率是負值，x 和 y 的關係是負相關，x 值減少；同時 y 值也會減少。

簡單線性迴歸（Simple Linear Regression）是一種最簡單的線性迴歸，只有 1 個變數，這條線可以使用數學的一次方程式來表示，也就是 2 個變數之間關係的數學公式，如下所示：

$$迴歸方程式 y = a + bX$$

上述公式的變數 y 是反應變數（Response，或稱應變數），X 是解釋變數（Explanatory，或稱自變數），a 是截距（Intercept），b 是迴歸係數，當從訓練資料找出截距 a 和迴歸係數 b 的值後，就完成此預測公式。當有新值 X 時，就可以透過此公式來預測 y 值。

複迴歸（Multiple Regression）是簡單線性迴歸的擴充，在預測模型的線性方程式不只有 1 個解釋變數 X，而是有多個解釋變數 X_1、X_2…等。

16-2-2　使用波士頓資料集預測房價

Scikit-learn 是 scikits.learn 的正式名稱，一套免費的 Python 機器學習套件，內建多種迴歸、分類和分群等機器學習演算法來幫助我們建立機器學習的預測模型，其官方網址：http://scikit-learn.org/stable/。

在這一節我們準備使用修正版波士頓資料集 boston_housing.csv 來預測房價，請先上傳 CSV 檔案至 Google 雲端硬碟的 Python 子目錄，如下圖所示：

上述 Colab 筆記本：ch16-2-2.ipynb 就是使用線性迴歸，以波士頓資料集訓練預測模型來預測房價，如下所示：

◉ 載入與探索波士頓資料集

因為原版波士頓資料集擁有一個種族議題的欄位，在本章的波士頓資料集 boston_housing.csv 已經刪除此欄位，在將 CSV 檔案成功上傳至 Google 雲端硬碟後，Colab 筆記本需要先掛載雲端硬碟，如下所示：

```
[1]  from google.colab import drive
     drive.mount("/content/drive")

     Mounted at /content/drive
```

在選取 Google 帳戶後，請勾選全部權限，即可按【繼續】鈕取得授權來掛載 Google 雲端硬碟，然後，Python 程式碼可以使用 os 模組取得「"/content/drive/My Drive/Python"」目錄下的檔案清單，如下所示：

```
[2]  import os
     os.listdir("/content/drive/My Drive/Python")

     ['iris.csv',
      'california_housing.csv',
      'boston_housing.csv',
      'ch16-2-2.ipynb',
      'ch16-3-2.ipynb',
      'ch16-5-1.ipynb',
      'ch16-5-2.ipynb',
      'ch16-6.ipynb']
```

當上述清單顯示上傳的 CSV 檔案後，就可以呼叫 read_csv() 方法載入波士頓資料集，如下所示：

```
[3]  import  pandas  as  pd

     df  =  pd.read_csv("/content/drive/My Drive/Python/boston_housing.csv")
     df.shape
```

```
(506, 13)
```

上述程式碼載入波士頓資料集後，使用 shape 屬性顯示形狀是 (506, 13)，即 13 個欄位共 506 筆資料。接著，使用 head() 方法顯示前 5 筆資料，如下所示：

```
[4]  df.head()
```

	crim	zn	indus	chas	nox	rm	age	dis	rad	tax	ptratio	lstat	medv
0	0.00632	18.0	2.31	0	0.538	6.575	65.2	4.0900	1	296	15.3	4.98	24.0
1	0.02731	0.0	7.07	0	0.469	6.421	78.9	4.9671	2	242	17.8	9.14	21.6
2	0.02729	0.0	7.07	0	0.469	7.185	61.1	4.9671	2	242	17.8	4.03	34.7
3	0.03237	0.0	2.18	0	0.458	6.998	45.8	6.0622	3	222	18.7	2.94	33.4
4	0.06905	0.0	2.18	0	0.458	7.147	54.2	6.0622	3	222	18.7	5.33	36.2

在上表的每一列是一筆波士頓的房屋資料，共有 13 個欄位，各欄位的說明如下所示：

▷ crim：人均犯罪率。

▷ zn：佔地面積超過 25000 平方英呎的住宅用地比例。

▷ indus：每個城鎮非零售業務的土地比例。

▷ chas：是否鄰近查爾斯河（1 是鄰近；0 是沒有）。

▷ nox：一氧化氮濃度（千萬分之一）。

▷ rm：住宅的平均房間數。

▷ age：1940 年以前建造的自住單位比例。

▷ dis：到 5 個波士頓就業中心的加權距離。

▷ rad：到達高速公路的方便性指數。

▷ tax：每萬元的全價值的房屋稅率。

▷ ptratio：城鎮的師生比。

▷ lstat：低收入人口的比例。

▷ medv：自住房屋的中位數價格（單位是千元美金）。

上述最後 1 個 medv 欄是標籤資料，我們需要取出前 12 個欄位來建立訓練模型所需的特徵資料，如下所示：

```
[5]  X = df.drop("medv", axis=1)
     X.head()
```

	crim	zn	indus	chas	nox	rm	age	dis	rad	tax	ptratio	lstat
0	0.00632	18.0	2.31	0	0.538	6.575	65.2	4.0900	1	296	15.3	4.98
1	0.02731	0.0	7.07	0	0.469	6.421	78.9	4.9671	2	242	17.8	9.14
2	0.02729	0.0	7.07	0	0.469	7.185	61.1	4.9671	2	242	17.8	4.03
3	0.03237	0.0	2.18	0	0.458	6.998	45.8	6.0622	3	222	18.7	2.94
4	0.06905	0.0	2.18	0	0.458	7.147	54.2	6.0622	3	222	18.7	5.33

上述程式碼呼叫 drop() 方法刪除最後 1 個欄位後，剩下的 12 個欄位就是解釋變數 X_1、X_2、…、X_{12}，共 12 個變數，這是一種複迴歸。接著建立應變數 y 的 DataFrame 物件 target，如下所示：

```
[6]  y = df["medv"]
     target = pd.DataFrame(y.values, columns=["MEDV"])
     target.head()
```

	MEDV
0	24.0
1	21.6
2	34.7
3	33.4
4	36.2

上述程式碼使用最後 1 個欄位 "medv" 的房價建立 DataFrame 物件，其欄索引是 "MEDV"，這就是標籤資料。

🔵 訓練線性複迴歸的預測模型

現在，我們可以使用波士頓資料集訓練複迴歸的預測模型，如下所示：

```
[7]  from sklearn.linear_model import LinearRegression

     lm = LinearRegression()
     y = target["MEDV"]
     lm.fit(X, y)
     print("迴歸係數:", lm.coef_)
     print("截距:", lm.intercept_ )

     迴歸係數: [-1.21388618e-01  4.69634633e-02  1.34676947e-02  2.83999338e+00
      -1.87580220e+01  3.65811904e+00  3.61071055e-03 -1.49075365e+00
       2.89404521e-01 -1.26819813e-02 -9.37532900e-01 -5.52019101e-01]
     截距: 41.61727017595453
```

　　上述程式碼在匯入 Scikit-learn 套件的線性迴歸模型後，呼叫 fit() 方法訓練模型，可以顯示訓練結果的迴歸係數和截距。因為迴歸係數有 12 個解釋變數，共有 12 個係數，所以，我們可以建立 DataFrame 物件來顯示每一個特徵的係數，如下所示：

```
[8]  coef = pd.DataFrame(X.columns, columns=["features"])
     coef["estimatedCoefficients"] = lm.coef_
     coef
```

	features	estimatedCoefficients
0	crim	-0.121389
1	zn	0.046963
2	indus	0.013468
3	chas	2.839993
4	nox	-18.758022
5	rm	3.658119
6	age	0.003611
7	dis	-1.490754
8	rad	0.289405
9	tax	-0.012682
10	ptratio	-0.937533
11	lstat	0.552019

　　上述程式碼首先使用 X.columns 欄索引建立 DataFrame 物件，在 "features" 欄位的值就是 12 個特徵名稱，然後新增 "estimatedCoefficients" 係數欄位後，其執行結果可以看出 rm 特徵的係數最大，表示 rm 與房價高度相關，我們可以繪出 rm 和房價 2 個資料的散佈圖，如下所示：

```
[9]  import matplotlib.pyplot as plt

     plt.scatter(X.rm, y)
     plt.xlabel("Average numbwer of rooms per dwelling(RM)")
     plt.ylabel("Housing Price(MEDV)")
     plt.title("Relationship between RM and Price")
     plt.show()
```

　　上述程式碼是用 X.rm 為 X 軸；y（房價）為 Y 軸來繪製散佈圖，可以看出 rm 與房價是正相關，如下圖所示：

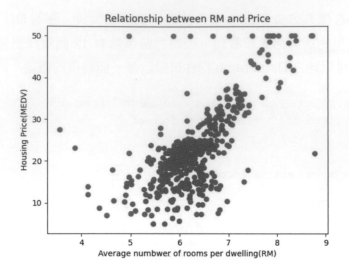

使用預測模型來預測房價

在成功訓練複迴歸的預測模型後，我們就可以使用複迴歸模型來預測房價，如下
所示：

```
[10] predicted_price = lm.predict(X)
     predicted_price[0:5]
```

    array([30.03373805, 25.05683368, 30.60818602, 28.67717948, 27.928791])

上述程式碼使用 predict() 方法預測房價，參數是訓練資料，其執行結果顯示預測
結果的前 5 筆。接著繪出散佈圖來比較原房價和預測房價，如下所示：

```
[11] plt.scatter(y, predicted_price)
     plt.xlabel("Price")
     plt.ylabel("Predicted Price")
     plt.title("Price vs Predicted Price")
     plt.show()
```

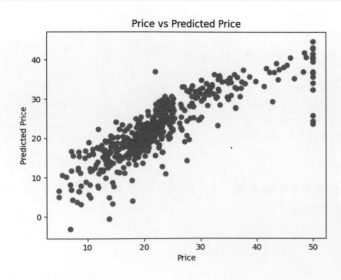

16-3　機器學習實例：使用決策樹分類鳶尾花

決策樹是一種機器學習的多元分類（Multiclass Classification）演算法，可以執行多種類別的分類，例如：多種類型電影、多種類別的花卉等。

16-3-1　認識樹狀結構和決策樹

「樹」（Trees）是一種模擬現實生活中樹幹和樹枝的資料結構，屬於階層架構的非線性資料結構，例如：家族族譜，如右圖所示：

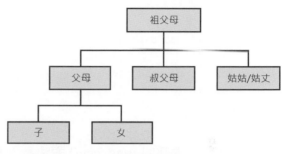

右述圖例位的最上層節點類似一棵樹的樹根，稱為「根節點」（Root），在根節點之下是樹的樹枝，擁有 0 到 n 個「子節點」（Children），稱為樹的「分支」（Branch），在每一個分支的最後 1 個節點，稱為「葉節點」（Leaf Node）。

「決策樹」（Decision Tree）就是使用樹狀結構顯示所有可能結果和其機率，幫助我們進行所需的決策，換一個角度，也就是在分類我們所觀察到的現象，事實上，決策樹就是一種特殊類型的機率樹（Probability Tree）。

決策樹基本上是由一序列是與否的條件決策所組成，每一個分支（Branches）代表一個可能的決策、事件或反應，這是一個互斥選項，擁有不同的機率和分類來決定下一步，決策樹可以顯示如何和為什麼一個選擇可以導致下一步的選擇。

例如：電子郵件管理的決策樹，當信箱收到新郵件後，導致 2 個分支，我們需要決策是否需要立即回應郵件，如果是，就馬上回應郵件；如果不是，將導致另一個分支，是否在 2 分鐘內回應郵件，如果是，就在 2 分鐘內回應郵件；不是，就標記回應郵件的時間，如右圖所示：

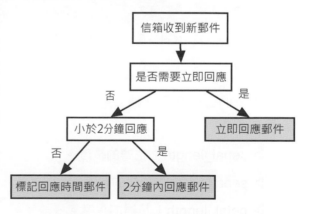

上述決策樹將信箱的郵件分成三類：立即回應郵件、2 分鐘內回應郵件和標記回應時間郵件（即樹的葉節點），這是一種多元分類問題。

16-3-2　使用決策樹分類鳶尾花

鳶尾花資料集是三種鳶尾花的花瓣和花萼資料，鳶尾花資料集是一個 CSV 檔案 iris.csv，可以讓我們訓練模型使用花瓣和花萼來分類鳶尾花，首先請上傳 CSV 檔案至 Google 雲端硬碟，然後就可以開啟 Colab 筆記本：ch16-3-2.ipynb，如下所示：

📍 載入與探索鳶尾花資料集

鳶尾花資料集是一個 CSV 檔案，在成功掛載雲端硬碟後，就可以建立 DataFrame 物件 df 來載入資料集，如下所示：

```
[2]  import  pandas  as  pd

     df  =  pd.read_csv("/content/drive/My  Drive/Python/iris.csv")
     df.shape
```

```
(150, 5)
```

上述程式碼呼叫 read_csv() 方法載入 CSV 檔案 iris.csv 後，使用 shape 屬性顯示資料集的形狀是 (150, 5)，即 5 個欄位共 150 筆資料。然後，使用 head() 方法顯示前 5 筆資料，如下所示：

```
[3]  df.head()
```

	sepal_length	sepal_width	petal_length	petal_width	target
0	5.1	3.5	1.4	0.2	setosa
1	4.9	3.0	1.4	0.2	setosa
2	4.7	3.2	1.3	0.2	setosa
3	4.6	3.1	1.5	0.2	setosa
4	5.0	3.6	1.4	0.2	setosa

上表的每一列是一種鳶尾花的花瓣和花萼資料，共有 5 個欄位，各欄位的說明如下所示：

▷ sepal_length：花萼的長度。

▷ sepal_width：花萼的寬度。

▷ petal_length：花瓣的長度。

▷ petal_width：花瓣的寬度。

▷ target：鳶尾花種類，其值是 setosa、versicolor 或 virginica。

接著，使用 describe() 方法顯示資料集描述的統計摘要資訊，如下所示：

[4]　df.describe()

	sepal_length	sepal_width	petal_length	petal_width
count	150.000000	150.000000	150.000000	150.000000
mean	5.843333	3.054000	3.758667	1.198667
std	0.828066	0.433594	1.764420	0.763161
min	4.300000	2.000000	1.000000	0.100000
25%	5.100000	2.800000	1.600000	0.300000
50%	5.800000	3.000000	4.350000	1.300000
75%	6.400000	3.300000	5.100000	1.800000
max	7.900000	4.400000	6.900000	2.500000

上述表格顯示 4 個數值欄位的統計摘要資訊，可以看到欄位值的資料量、平均值、標準差、最小和最大等資料描述。

然後使用 Matplotlib 視覺化顯示花瓣和花萼長寬的散佈圖，這是套用色彩的 2 個子圖，為了套用色彩，我們需要將 DataFrame 物件的 target 欄位轉換成 0~2 的整數，colmap 是色彩對照表，如下所示：

```
[5]  import matplotlib.pyplot as plt
     import numpy as np

     target_mapping = {"setosa": 0,
                       "versicolor": 1,
                       "virginica": 2}
     Y = df["target"].map(target_mapping)
     colmap = np.array(["r", "g", "y"])
     plt.figure(figsize=(10,5))
     plt.subplot(1, 2, 1)
     plt.subplots_adjust(hspace = .5)
     plt.scatter(df["sepal_length"], df["sepal_width"], color=colmap[Y])
     plt.xlabel("Sepal Length")
     plt.ylabel("Sepal Width")
     plt.subplot(1, 2, 2)
     plt.scatter(df["petal_length"], df["petal_width"], color=colmap[Y])
     plt.xlabel("Petal Length")
     plt.ylabel("Petal Width")
     plt.show()
```

上述程式碼呼叫 subplots_adjust() 方法調整間距，和使用 scatter() 方法繪出散佈圖，參數 color 是對應 target 欄位值來顯示不同色彩，可以分別繪出花萼（Sepal）和花瓣（Petal）的長和寬為座標 (x, y) 的散佈圖，其執行結果如下圖所示：

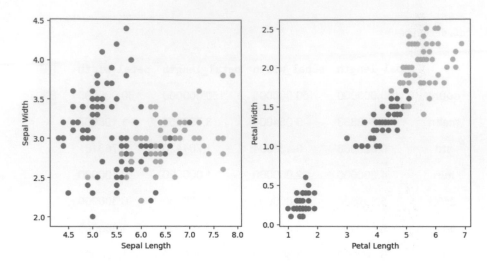

上述散佈圖的紅色點是 setosa、綠色點是 versicolor 和黃色點是 virginica，這是三種類別的鳶尾花。在了解資料集後，我們就可以取出前 4 個欄位來建立訓練所需的特徵資料，如下所示：

```
[6]  X = df.drop("target", axis=1)
     X.head()
```

	sepal_length	sepal_width	petal_length	petal_width
0	5.1	3.5	1.4	0.2
1	4.9	3.0	1.4	0.2
2	4.7	3.2	1.3	0.2
3	4.6	3.1	1.5	0.2
4	5.0	3.6	1.4	0.2

上述程式碼呼叫 drop() 方法刪除最後 1 個欄位後，剩下的 4 個欄位就是特徵資料。接著建立標籤資料的 DataFrame 物件，如下所示：

```
[7]  target = pd.DataFrame(df["target"].values, columns=["target"])
     target.head()
```

	target
0	setosa
1	setosa
2	setosa
3	setosa
4	setosa

上述程式碼使用 "target" 欄位的種類來建立 DataFrame 物件，欄索引是 "target"，這就是資料集的最後 1 個欄位。

◘ 訓練決策樹的預測模型

現在，我們可以使用決策樹來訓練鳶尾花資料集的分類模型，在匯入相關套件模組後，首先呼叫 train_test_split() 方法切割資料集，test_size 參數值 0.33 是分割成 67% 的訓練資料集和 33% 的測試資料集，random_state 參數是隨機種子，如下所示：

```
[8]  from  sklearn  import  tree
     from  sklearn.model_selection  import  train_test_split

     y = target["target"]
     XTrain, XTest, yTrain, yTest = train_test_split(X, y, test_size=0.33,
                                                     random_state=1)

     dtree = tree.DecisionTreeClassifier(max_depth = 8)
     dtree.fit(XTrain, yTrain)
     print("準確率:", dtree.score(XTest, yTest))
```

準確率: 0.96

上述程式碼建立 DecisionTreeClassifier 物件，參數 max_depth 是決策樹的最大深度後，呼叫 fit() 方法使用訓練資料集來訓練模型，在完成後，即可使用測試資料集來檢查準確度，這是使用 score() 方法來計算預測模型的準確度，其執行結果是 0.96（即 96%）。

◘ 使用預測模型分類鳶尾花

然後，我們可以顯示測試資料集的原始值和預測值，第 1 行是測試資料集的預測分類，第 2 行是原始分類，如下所示：

```
[9]  print(dtree.predict(XTest))
     print("--------------------------")
     print(yTest.values)
```

```
['setosa' 'versicolor' 'versicolor' 'setosa' 'virginica' 'versicolor'
 'virginica' 'setosa' 'setosa' 'virginica' 'versicolor' 'setosa'
 'virginica' 'versicolor' 'versicolor' 'setosa' 'versicolor' 'versicolor'
 'setosa' 'setosa' 'versicolor' 'versicolor' 'virginica' 'setosa'
 'virginica' 'versicolor' 'setosa' 'setosa' 'versicolor' 'virginica'
 'versicolor' 'virginica' 'versicolor' 'virginica' 'virginica' 'setosa'
 'versicolor' 'setosa' 'versicolor' 'virginica' 'virginica' 'setosa'
 'versicolor' 'versicolor' 'versicolor' 'virginica' 'setosa' 'setosa'
 'setosa' 'versicolor']
--------------------------
['setosa' 'versicolor' 'versicolor' 'setosa' 'virginica' 'versicolor'
 'virginica' 'setosa' 'setosa' 'virginica' 'versicolor' 'setosa'
 'virginica' 'versicolor' 'versicolor' 'setosa' 'versicolor' 'versicolor'
 'setosa' 'setosa' 'versicolor' 'versicolor' 'versicolor' 'setosa'
 'virginica' 'versicolor' 'setosa' 'setosa' 'versicolor' 'virginica'
 'versicolor' 'virginica' 'versicolor' 'virginica' 'virginica' 'setosa'
 'versicolor' 'setosa' 'versicolor' 'virginica' 'virginica' 'setosa'
 'virginica' 'virginica' 'versicolor' 'virginica' 'setosa' 'setosa'
 'setosa' 'versicolor']
```

上述 2 個串列值就是三種類別，在仔細檢查後，就可以找出預測分類和原始分類的差異。

16-4 認識深度學習

深度學習是機器學習的重要分支，使用的演算法是模仿人類大腦功能的「類神經網路」（Artificial Neural Networks，ANNs），或稱為人工神經網路。

認識深度學習

「深度學習」（Deep Learning）的定義很簡單：「一種實現機器學習的技術。」，深度學習就是一種機器學習。請注意！深度學習是在訓練機器直覺的直覺訓練，並非知識學習，例如：訓練深度學習辨識一張貓的圖片，這是訓練機器知道這張圖片是貓，並不是訓練機器學習到貓有 4 隻腳、會叫或是一種哺乳類動物等關於貓的相關知識。

以人臉辨識的深度學習為例，為了進行深度學習，需要使用大量現成的人臉資料，想想看當送入機器訓練的資料比你一輩子看過的人臉還多很多時，深度學習訓練出來的機器當然經驗豐富，在人臉辨識的準確度上，就會比你還強。

深度學習就是一種神經網路

深度學習是模仿人類大腦神經元（Neuron）傳輸的一種神經網路架構（Neural Network Architectures），如右圖所示：

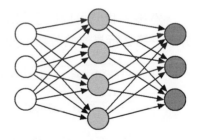

輸入層　　　隱藏層　　　輸出層

右述圖例是多層神經網路，每一個圓形的頂點是一個神經元，整個神經網路包含「輸入層」（Input Layer）、中間的「隱藏層」（Hidden Layers）和最後的「輸出層」（Output Layer）共 3 層。

深度學習使用的神經網路稱為「深度神經網路」（Deep Neural Networks，DNNs），其中間的隱藏層有很多層，意味著整個神經網路十分的深（Deep），可能高達 150 層隱藏層。基本上，神經網路只需擁有 2 層隱藏層，加上輸入層和輸出層共四層之上，就可以稱為深度神經網路，即所謂的深度學習，如右圖所示：

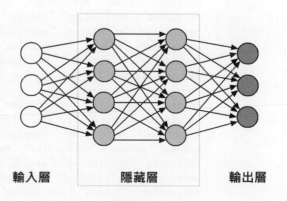

輸入層　　　　隱藏層　　　　輸出層

━━● 說明 ●━━

深度學習的深度神經網路是一種神經網路，早在 1950 年就已經出現，只是受限早期電腦的硬體效能和技術不純熟，傳統多層神經網路並沒有成功，為了擺脫之前失敗的經驗，所以重新包裝成一個新名稱：「深度學習」。

 16-5 深度學習實例：加州房價預測的迴歸分析

加州房價資料集（Callfornia Housing Price Dataset）是 1990 年美國人口普查所衍生出的資料集，在資料集的每一列代表一個人口普查區塊群組。區塊群組是美國人口普查局樣本資料的最小地理單位（一個區塊群組的人口約有 600 到 3,000 人）。

16-5-1　認識與探索加州房價資料集

加州房價資料集是一個 CSV 檔案 california_housing.csv，請先上傳 CSV 檔案至 Google 雲端硬碟後，就可以開啟 Colab 筆記本：ch16-5-1.ipynb。

在成功掛載雲端硬碟後，使用 read_csv() 方法載入加州房價資料集建立 DataFrame 物件 df，然後使用 shape 屬性顯示資料集形狀，如下所示：

```
[2]  import pandas as pd

     df = pd.read_csv("/content/drive/My Drive/Python/california_housing.csv")
     df.shape

     (20640, 9)
```

上述加州房價資料集有 9 個欄位共 20640 筆資料。在成功載入資料集後，即可呼叫 head() 方法顯示前 5 筆資料，如下所示：

```
[3]  df.head()
```

	MedInc	HouseAge	AveRooms	AveBedrms	Population	AveOccup	Latitude	Longitude	MedHouseVal
0	8.3252	41	6.984127	1.023810	322	2.555556	37.88	-122.23	4.526
1	8.3014	21	6.238137	0.971880	2401	2.109842	37.86	-122.22	3.585
2	7.2574	52	8.288136	1.073446	496	2.802260	37.85	-122.24	3.521
3	5.6431	52	5.817352	1.073059	558	2.547945	37.85	-122.25	3.413
4	3.8462	52	6.281853	1.081081	565	2.181467	37.85	-122.25	3.422

上表的每一列是一個人口普查區塊群組的資料，共有 9 個欄位，各欄位的說明如下所示：

▷ MedInc：收入的中位數。

▷ HouseAge：屋齡的中位數。

▷ AveRooms：每一戶的平均房間數。

▷ AveBedrms：每一戶的平均臥室數。

▷ Population：人口普查區塊群組的人口數。

▷ AveOccup：每一戶的平均人口數。

▷ Latitude：人口普查區塊群組的緯度。

▷ Longitude：人口普查區塊群組的經度。

▷ MedHouseVal：加州地區中位數的房屋價值，單位是 100,000 美元。

接著，我們使用 info() 方法顯示資料集的資訊，如下所示：

```
[4]  df.info()

     <class 'pandas.core.frame.DataFrame'>
     RangeIndex: 20640 entries, 0 to 20639
     Data columns (total 9 columns):
      #   Column       Non-Null Count   Dtype
     ---  ------       --------------   -----
      0   MedInc       20640 non-null   float64
      1   HouseAge     20640 non-null   int64
      2   AveRooms     20640 non-null   float64
      3   AveBedrms    20640 non-null   float64
      4   Population   20640 non-null   int64
      5   AveOccup     20640 non-null   float64
      6   Latitude     20640 non-null   float64
      7   Longitude    20640 non-null   float64
      8   MedHouseVal  20640 non-null   float64
     dtypes: float64(7), int64(2)
     memory usage: 1.4 MB
```

上述執行結果顯示每一個欄位的資料型態，因為記錄數都是 20640，表示資料集沒有遺漏值。我們準備進一步使用視覺化圖表來探索資料集，首先使用直方圖探索資料集的資料分佈情況，如下所示：

```
[5]  df.hist(bins=50,  figsize=(10,10))
```

上述程式碼使用 DataFrame 物件的 hist() 方法來繪製直方圖 bin 參數值是 50（bin 參數可用不同大小，但不宜過大或過小），figsize 參數是圖表尺寸，可以顯示多個直方圖的圖表表格，其每一個欄位對應一個直方圖，如下圖所示：

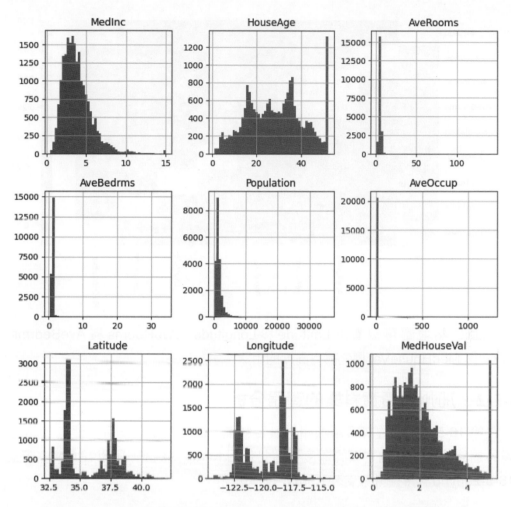

　　從上述圖表可以看出各特徵都有不同尺度，所以資料需要執行特徵標準化，而且在資料集中有發現一些異常值。然後，我們可以使用熱地圖來顯示資料集的相關係數，如下所示：

```
[6]  import  matplotlib.pyplot  as  plt
     import  seaborn  as  sns

     plt.figure(figsize=(10,  5))
     sns.heatmap(df.corr(),  annot=True)
```

　　上述程式碼使用 Seaborn 的 heatmap() 方法繪製熱地圖，在第 1 個參數呼叫 df.corr() 方法計算出各欄位之間的相關係數，annot 參數值 True 會在色塊中顯示相關係數值，如下圖所示：

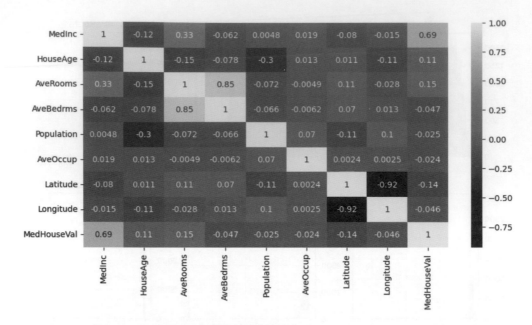

　　從上述熱地圖可以看出 Latitude 與 Longitude、AveRooms 與 AveBedrms，和 MedInc 與 MedHouseVal 欄位都有高度的相關性。

16-5-2　加州房價資料集的迴歸分析

　　在第 16-5-1 節已經探索過加州房價資料集，這一節我們就可以建立加州房價資料集的迴歸分析，因為本章的深度學習是使用 Keras 3.x 版，所以在 Colab 筆記本：ch16-5-2.ipynb 需要先升級安裝 Keras，如下所示：

```
[1]  !pip install --upgrade keras
```

　　然後，顯示安裝的 Keras 版本，以此例是 3.1.1 版，如下所示：

```
[2]  import keras

     print(keras.__version__)
```

　　3.1.1

　　在成功掛載雲端硬碟後，就可以匯入所需的模組與套件，如下所示：

```
[4]  import pandas as pd
     import numpy as np
     from keras import Sequential
     from keras.layers import Input, Dense
     from sklearn.model_selection import train_test_split
     from sklearn.preprocessing import StandardScaler

     np.random.seed(7)
```

　　上述程式碼匯入 NumPy 和 Pandas 套件，Keras 有 Sequential 模型、Input 輸入層和 Dense 全連接層，train_test_split 和 StandardScaler 屬於 Sklearn 機器學習套件，可以用來分割資料集和執行特徵標準化，然後指定亂數種子是 7。接著，呼叫 read_csv() 方法載入資料集和顯示前 5 筆資料，如下所示：

```
[5]  df = pd.read_csv("/content/drive/My Drive/Python/california_housing.csv")
     df.head()
```

	MedInc	HouseAge	AveRooms	AveBedrms	Population	AveOccup	Latitude	Longitude	MedHouseVal
0	8.3252	41	6.984127	1.023810	322	2.555556	37.88	-122.23	4.526
1	8.3014	21	6.238137	0.971880	2401	2.109842	37.86	-122.22	3.585
2	7.2574	52	8.288136	1.073446	496	2.802260	37.85	-122.24	3.521
3	5.6431	52	5.817352	1.073059	558	2.547945	37.85	-122.25	3.413
4	3.8462	52	6.281853	1.081081	565	2.181467	37.85	-122.25	3.422

⚲ 步驟一：資料預處理

　　在載入加州房價資料集後，我們需要執行的資料預處理，如下所示：

▷ 分割成特徵與標籤資料。

▷ 分割成訓練和測試資料集。

▷ 執行特徵標準化。

　　在資料預處理的第一步是分割資料集成為特徵資料和標籤資料，如下所示：

```
[6]  dataset = df.values
     np.random.shuffle(dataset)
     X = dataset[:, 0:8]
     y = dataset[:, 8]
     print(X.shape, y.shape)

     (20640, 8) (20640,)
```

　　上述程式碼使用 values 屬性轉換成 NumPy 陣列後，使用亂數來打亂資料，即可使用切割運算子分割成前 8 個欄位的特徵資料，和第 9 個欄位的標籤資料，然後分別顯示其形狀。

　　在第二步的預處理是將資料集分割成訓練和測試資料集，使用的是 Sklearn 機器學習套件的 train_test_split() 方法，如下所示：

```
[7]  X_train, X_test, y_train, y_test = train_test_split(X, y, test_size=0.2,
                                                          random_state=42)
     print(X_train.shape, y_train.shape)
     print(X_test.shape, y_test.shape)

     (16512, 8) (16512,)
     (4128, 8) (4128,)
```

上述程式碼呼叫 train_test_split() 方法來分割資料，test_size 參數值 0.2 是分割成 80% 的訓練資料集和 20% 的測試資料集，random_state 參數是隨機種子，其執行結果的分割筆數分別是 16512 筆和 4128 筆。

最後一步的預處理是執行特徵標準化（Standardization），首先建立 StandardScaler 物件 sc，如下所示：

```
[8]  sc = StandardScaler()
     X_train = sc.fit_transform(X_train.astype("float"))
     X_test = sc.transform(X_test.astype("float"))
```

上述程式碼呼叫 fit_transform() 方法執行訓練資料的特徵標準化後，就可以使用 transform() 方法執行測試資料的特徵標準化，之所以沒有再使用 fit_transform() 方法，因為訓練資料集已經擬合過，我們只需將相同轉換直接套用到測試資料集即可。

📍 步驟二：定義模型

接著定義神經網路模型，規劃的神經網路有五層，這是一個深度神經網路，如右圖所示：

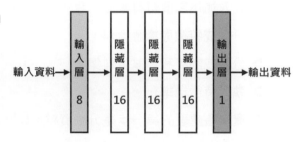

上述輸入層有 8 個特徵，3 個隱藏層都是 16 個神經元，因為是迴歸分析，輸出層是 1 個神經元。在 Python 程式定義 Keras 神經網路模型就是建立 Sequential 物件，如下所示：

```
[9]  model1 = Sequential()
     model1.add(Input(shape=(X_train.shape[1],)))
     model1.add(Dense(16, activation="relu"))
     model1.add(Dense(16, activation="relu"))
     model1.add(Dense(16, activation="relu"))
     model1.add(Dense(1))
     model1.summary()
```

上述程式碼呼叫 5 次 add() 方法新增 1 層 Input 層和 4 層 Dense 層，其說明如下所示：

▷ 輸入層：使用 shape 參數指定輸入層的資料是 8 個特徵。

▷ 第 1~3 層隱藏層：16 個神經元，啟動函數是 ReLU 函數。

▷ 輸出層：1 個神經元，因為是迴歸分析，所以沒有啟動函數。

然後呼叫 summary() 方法顯示模型的摘要資訊，其執行結果如下所示：

```
Model: "sequential"
```

Layer (type)	Output Shape	Param #
dense (Dense)	(None, 16)	144
dense_1 (Dense)	(None, 16)	272
dense_2 (Dense)	(None, 16)	272
dense_3 (Dense)	(None, 1)	17

```
Total params: 705 (2.75 KB)
Trainable params: 705 (2.75 KB)
Non-trainable params: 0 (0.00 B)
```

上述圖例顯示每一層神經層的參數個數，和整個神經網路的參數總數。

📍 步驟三：編譯與訓練模型

在定義好模型後，我們需要編譯模型來轉換成低階計算圖和訓練模型，如下所示：

```
[10] model.compile(optimizer='adam', loss='mse',
                    metrics=["root_mean_squared_error"])
     history = model.fit(X_train, y_train, batch_size=128,
                         validation_split=0.2, epochs=100, verbose=2)
```

上述 compile() 方法是編譯模型，損失函數是 mse，優化器是 adam，評估標準是 root_mean_squared_error（rmse 就是 mse 的平方根），然後呼叫 fit() 方法訓練模型，第 1 個參數是訓練資料集 X_train，第 2 個參數是標籤資料集 y_train，validation_split 參數值 0.2 是再分割出 20% 的驗證資料集，訓練週期是 100 次，批次尺寸是 128，其執行結果只顯示最後幾次訓練週期，如下所示：

```
Epoch 95/100
104/104 - 0s - 3ms/step - loss: 0.2660 - root_mean_squared_error: 0.5159 - val_loss: 0.2994 - val_root_mean_squared_error: 0.5468
Epoch 96/100
104/104 - 0s - 3ms/step - loss: 0.2651 - root_mean_squared_error: 0.5161 - val_loss: 0.3050 - val_root_mean_squared_error: 0.5518
Epoch 97/100
104/104 - 0s - 3ms/step - loss: 0.2648 - root_mean_squared_error: 0.5138 - val_loss: 0.2983 - val_root_mean_squared_error: 0.5457
Epoch 98/100
104/104 - 0s - 2ms/step - loss: 0.2635 - root_mean_squared_error: 0.5137 - val_loss: 0.2969 - val_root_mean_squared_error: 0.5444
Epoch 99/100
104/104 - 0s - 3ms/step - loss: 0.2648 - root_mean_squared_error: 0.5141 - val_loss: 0.2996 - val_root_mean_squared_error: 0.5469
Epoch 100/100
104/104 - 0s - 2ms/step - loss: 0.2640 - root_mean_squared_error: 0.5143 - val_loss: 0.2949 - val_root_mean_squared_error: 0.5426
```

📍 步驟四：評估模型

當使用訓練資料集完成模型訓練後，我們就可以使用測試資料集來評估模型效能，如下所示：

```
[11] loss, rmse = model.evaluate(X_test, y_test, verbose=0)
     print("測試資料集的RMSE = {:.2f}".format(rmse))

     測試資料集的RMSE = 0.52
```

上述程式碼呼叫 evaluate() 方法來評估模型，參數是 X_test 和 y_test 資料集，其執行結果的 RMSE 是 0.52。

因為加州房價資料集在訓練神經網路時，有分割出驗證資料集，所以我們可以繪出訓練和驗證損失的趨勢圖表，幫助我們分析模型的效能。首先是訓練和驗證損失的趨勢圖表，如下所示：

```
[12]  import matplotlib.pyplot as plt

      loss = history.history["loss"]
      epochs = range(1, len(loss)+1)
      val_loss = history.history["val_loss"]
      plt.plot(epochs, loss, "bo", label="Training Loss")
      plt.plot(epochs, val_loss, "r", label="Validation Loss")
      plt.title("Training and Validation Loss")
      plt.xlabel("Epochs")
      plt.ylabel("Loss")
      plt.legend()
      plt.show()
```

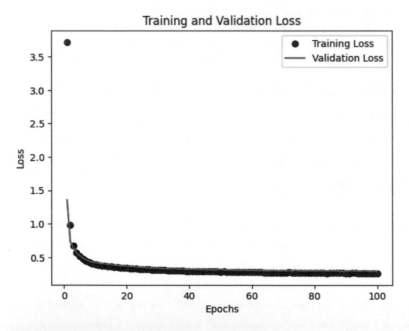

然後是訓練和驗證 RMSE 的趨勢圖表，如下所示：

```
[13]  rmse = history.history["root_mean_squared_error"]
      epochs = range(1, len(rmse)+1)
      val_rmse = history.history["val_root_mean_squared_error"]
      plt.plot(epochs, rmse, "b-", label="Training RMSE")
      plt.plot(epochs, val_rmse, "r--", label="Validation RMSE")
      plt.title("Training and Validation RMSE")
      plt.xlabel("Epochs")
      plt.ylabel("RMSE")
      plt.legend()
      plt.show()
```

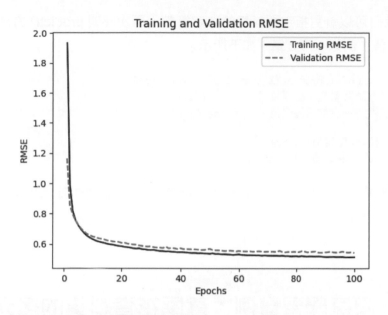

步驟五：預測加州地區的房屋價值

現在，我們可以預測 X_test 測試資料集的房屋價值和繪出這條迴歸線，這是呼叫 predict() 方法來預測房屋價值，如下所示：

```
[14] y_pred = model.predict(X_test, verbose=0)

import matplotlib.pyplot as plt

fig = plt.figure(figsize=(10, 5))
plt.scatter(y_test, y_pred)
plt.plot(y_test, y_test, 'r')
plt.show()
```

上述程式碼呼叫 predict() 方法預測 X_test 測試資料集後，使用 Matplotlib 散佈圖來繪出測試值 y_test 和預測值 y_pred，最後繪出紅色的這一條迴歸線，如下圖所示：

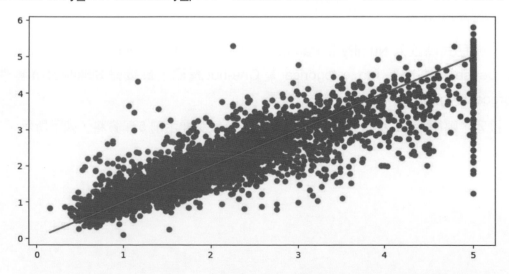

然後，我們可以針對指定資料集的特定筆數，再次呼叫 predict() 方法來預測測試資料的房屋價值，例如：第 2 筆，如下所示：

```
[15]  price = model.predict(X_test[1:2], verbose=0)
      print("測試資料的房屋價值:", y_test[1])
      print("模型預測的房屋價值:", price[0][0])

      測試資料的房屋價值: 4.521
      模型預測的房屋價值: 4.0863733
```

上述 X_test[1:2] 是第 2 筆（X_test[0:1] 是第 1 筆），y_test[1] 是第 2 筆標籤值的房屋價值；price[0][0] 是預測的房屋價值，房屋價值的單位是 10 萬美元，標籤值是 45 萬 2 千 1 百美元；預測值是約 40 萬美元。

16-6　深度學習實例：鳶尾花資料集的多元分類

鳶尾花資料集是三種鳶尾花的花瓣和花萼資料，除了使用第 16-3 節的決策樹，我們也可以使用神經網路模型來分類鳶尾花，因為有三種所以是一種多元分類。

因為第 16-3-2 節已經探索過鳶尾花資料集，所以請開啟 Colab 筆記本：ch16-6.ipynb 來執行鳶尾花資料集的多元分類，在成功安裝 Keras 3.x 版和掛載雲端硬碟後，匯入所需的模組與套件，如下所示：

```
[4]  import numpy as np
     import pandas as pd
     from keras.models import Sequential
     from keras.layers import Input, Dense
     from keras.utils import to_categorical
     from sklearn import preprocessing

     np.random.seed(7)
```

上述程式碼匯入 NumPy 和 Pandas 套件，Keras 有 Sequential 模型、Input 輸入層和 Dense 全連接層，to_categorical 是 One-hot 編碼，最後是 Scikit-learn 套件的 preprocessing 模組，然後指定亂數種子是 7。

接著，呼叫 read_csv() 方法載入鳶尾花資料集和顯示前 5 筆資料，如下所示：

```
[5]  df = pd.read_csv("/content/drive/My Drive/Python/iris.csv")
     df.head()
```

	sepal_length	sepal_width	petal_length	petal_width	target
0	5.1	3.5	1.4	0.2	setosa
1	4.9	3.0	1.4	0.2	setosa
2	4.7	3.2	1.3	0.2	setosa
3	4.6	3.1	1.5	0.2	setosa
4	5.0	3.6	1.4	0.2	setosa

📍 步驟一：資料預處理

在載入鳶尾花資料集後，我們需要進行的資料預處理，如下所示：

▷ 將 "target" 欄位的三種分類轉換成整數的 0~2。

▷ 分割成特徵資料和標籤資料，並且進行標籤資料的 One-hot 編碼。

▷ 執行特徵標準化。

▷ 將資料集分割成訓練和測試資料集。

資料預處理的第一步，就是使用 Scikit-learn 套件 preprocessing 預處理的 LabelEncoder 物件來進行分類轉換，如下所示：

```
[6]  label_encoder = preprocessing.LabelEncoder()
     df["target"] = label_encoder.fit_transform(df["target"])
```

上述程式碼呼叫 fit_transform() 方法將分類欄位 "target" 轉換成 0~2 的整數值後，使用 values 屬性取出 NumPy 陣列，即可呼叫 np.random.shuffle() 方法來打亂資料。然後執行第二步的預處理，如下所示：

```
[7]  dataset = df.values
     np.random.shuffle(dataset)
     X = dataset[:,0:4].astype(float)
     y = to_categorical(dataset[:,4])
     X.shape
```

```
(150, 4)
```

上述程式碼使用分割運算子分割前 4 個欄位的特徵資料 X 後，轉換成 float 型態，第 5 個欄位是標籤資料 y，我們需要使用 to_categorical() 方法執行 One-hot 編碼，可以看到特徵資料的形狀是 (150, 4)。

第三步的預處理是執行標準化（Standardization），使用的是 StandardScaler 物件，在呼叫 fit_transform() 方法執行特徵資料 X 的正規化後，就可以執行最後一步的預處理，如下所示：

```
[8]  scaler = preprocessing.StandardScaler()
     X = scaler.fit_transform(X)
     X_train, y_train = X[:120], y[:120]
     X_test, y_test = X[120:], y[120:]
     print(X_train.shape, y_train.shape)
     print(X_test.shape, y_test.shape)

     (120, 4) (120, 3)
     (30, 4) (30, 3)
```

上述程式碼將鳶尾花資料集的 150 筆資料，使用分割運算子切割成前 120 筆的訓練資料集，後 30 筆就是測試資料集。

步驟二：定義模型

接著定義神經網路模型，規劃的神經網路有四層，這是一個深度神經網路，如右圖所示：

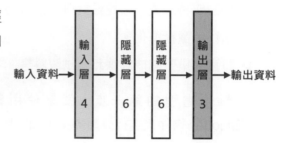

上述輸入層有 4 個特徵，2 個隱藏層都是 6 個神經元，因為鳶尾花資料集是預測三種分類的鳶尾花，屬於多元分類問題，所以輸出層是 3 類共 3 個神經元。在 Python 程式定義 Keras 神經網路模型就是建立 Sequential 物件，如下所示：

```
[9]  model1 = Sequential()
     model1.add(Input(shape=(4,)))
     model1.add(Dense(6, activation="relu"))
     model1.add(Dense(6, activation="relu"))
     model1.add(Dense(3, activation="softmax"))
     model1.summary()
```

上述程式碼呼叫 4 次 add() 方法新增 Input 輸入層和 3 層 Dense 層，其說明如下所示：

▷ 輸入層：使用 shape 參數指定輸入層的資料是 4 個特徵。

▷ 第 1~2 層隱藏層：6 個神經元，啟動函數是 ReLU 函數。

▷ 輸出層：3 個神經元，啟動函數是 Softmax 函數。

然後呼叫 summary() 方法顯示模型的摘要資訊，如下所示：

```
Model: "sequential"
```

Layer (type)	Output Shape	Param #
dense (Dense)	(None, 6)	30
dense_1 (Dense)	(None, 6)	42
dense_2 (Dense)	(None, 3)	21

```
Total params: 93 (372.00 B)
Trainable params: 93 (372.00 B)
Non-trainable params: 0 (0.00 B)
```

上述圖例顯示每　層神經層的參數個數，和整個神經網路的參數總數。

◉ 步驟三：編譯與訓練模型

在定義好模型後，我們需要編譯模型來轉換成低階計算圖和訓練模型，如下所示：

```
[10] model.compile(loss="categorical_crossentropy", optimizer="adam",
                    metrics=["accuracy"])
     model.fit(X_train, y_train, epochs=100, batch_size=5)
```

上述 compile() 方法是編譯模型，這是使用 categorical_crossentropy 損失函數，優化器是 adam，評估標準是 accuracy 準確度，然後呼叫 fit() 方法來訓練模型，第 1 個參數是訓練資料集 X_train，第 2 個參數是標籤資料集 y_train，訓練週期是 100 次，批次尺寸是 5，其執行結果只顯示最後幾次訓練週期，如下所示：

```
Epoch 95/100
24/24 ──────────────────────────────── 0s 3ms/step - accuracy: 0.9655 - loss: 0.0905
Epoch 96/100
24/24 ──────────────────────────────── 0s 3ms/step - accuracy: 0.9694 - loss: 0.0897
Epoch 97/100
24/24 ──────────────────────────────── 0s 3ms/step - accuracy: 0.9876 - loss: 0.0792
Epoch 98/100
24/24 ──────────────────────────────── 0s 3ms/step - accuracy: 0.9561 - loss: 0.1097
Epoch 99/100
24/24 ──────────────────────────────── 0s 2ms/step - accuracy: 0.9716 - loss: 0.0927
Epoch 100/100
24/24 ──────────────────────────────── 0s 2ms/step - accuracy: 0.9806 - loss: 0.0733
<keras.src.callbacks.history.History at 0x7e4f6b8fd480>
```

◉ 步驟四：評估模型

當使用訓練資料集完成模型訓練後，我們就可以使用測試資料集來評估模型效能，如下所示：

```
[11] loss, accuracy = model.evaluate(X_test, y_test)
     print("Accuracy = {:.2f}".format(accuracy))

     1/1 ──────────────────────────────── 1s 505ms/step - accuracy: 0.9667 - loss: 0.1516
     Accuracy = 0.97
```

上述程式碼呼叫 evaluate() 方法評估模型，參數是 X_test 和 y_test 資料集，其執行結果的準確度是 0.97（即 97%）。

步驟五：預測鳶尾花的種類

現在，我們可以預測 X_test 測試資料集的鳶尾花種類，因為是預測分類資料，需要使用 predict() 方法配合 np.argmax() 方法來轉換成分類資料，首先預測 X_test 測試資料集的鳶尾花種類後，因為 y_test 資料集有執行 One-hot 編碼，所以改從 dataset 陣列再次分割標籤資料且轉換成整數，即可比較預測值和標籤資料，如下所示：

```
[12]  y_pred = model.predict(X_test)
      y_pred = np.argmax(y_pred, axis=1)
      print(y_pred)
      y_target = dataset[:,4][120:].astype(int)
      print(y_target)
```

```
1/1 ────────────────────────────  0s 173ms/step
[0 1 1 2 2 1 1 0 1 1 0 0 0 1 1 0 2 2 1 2 0 2 1 1 0 2 1 2 1 0]
[0 1 1 2 2 1 2 0 1 1 0 0 0 1 1 0 2 2 1 2 0 2 1 1 0 2 1 2 1 0]
```

上述執行結果的上方是預測值，下方是標籤值，2 個陣列只有 1 個錯誤（第 7 個），當預測資料量大時，我們很難一個一個來比對其值，為了方便分析評估結果，我們可以使用混淆矩陣來進行分析。

混淆矩陣（Confusion Matrix）是一個二維陣列的矩陣，可以用來評估分類結果的分析表，每一列是真實標籤值；每一欄是預測值。我們可以使用 Pandas 的 crosstab() 方法來建立混淆矩陣，如下所示：

```
[13]  tb = pd.crosstab(y_target, y_pred, rownames=["label"],
                                          colnames=["predict"])
      tb
```

上述方法的第 1 個參數是真實標籤值，第 2 個參數是預測值，rownames 參數是列名稱；colnames 是欄名稱，其執行結果如下表所示：

predict	0	1	2
label			
0	9	0	0
1	0	12	0
2	0	1	8

上述表格從左上至右下的對角線是預測正確的數量，其他是預測錯誤的數量，可以看出第 3 列的第 2 欄有 1 個預測錯誤，標籤值是 2；預測值是 1。

學習評量 ✏

1. 請説明什麼是機器學習？機器學習演算法的種類？

2. 請問什麼是 Scikit-learn？

3. 請繪圖説明什麼是迴歸線？何謂簡單線性迴歸和複迴歸？

4. 請問什麼是樹狀結構？什麼是決策樹？

5. 請簡單説明深度學習？何謂神經網路？

6. 請使用 anscombe_i.csv 檔案的資料集建立線性迴歸的預測模型，可以使用 x 座標來預測 y 座標。

7. 請問什麼是加州房價資料集？使用 Keras 打造神經網路迴歸分析的基本步驟為何？

8. 請問什麼是鳶尾花資料集？使用 Keras 打造神經網路多元分類的基本步驟為何？什麼是混淆矩陣？

iPAS巨量資料分析模擬試題 ✏

(　) 1. 請問下列關於機器學習的敘述，哪一個是錯誤的？
(A) 使用現有資料來訓練預測模型
(B) 機器學習是實現人工智慧的一種方式
(C) 訓練模型仍然需要人類干預
(D) 從資料中學習找出關聯性和識別樣式。

(　) 2. 請問下列關於深度學習的敘述，哪一個是錯誤的？
(A) 深度學習與機器學習並沒有關係
(B) 深度學習是實現人工智慧的一種方式
(C) 深度學習就是一種神經網路
(D) 神經網路包含輸入層、隱藏層和輸出層。

(　　) 3. 一般來説，我們會使用散佈圖來建立簡單線性迴歸模型，請問下列四張散佈圖，哪一張最適合使用簡單線性迴歸模型？

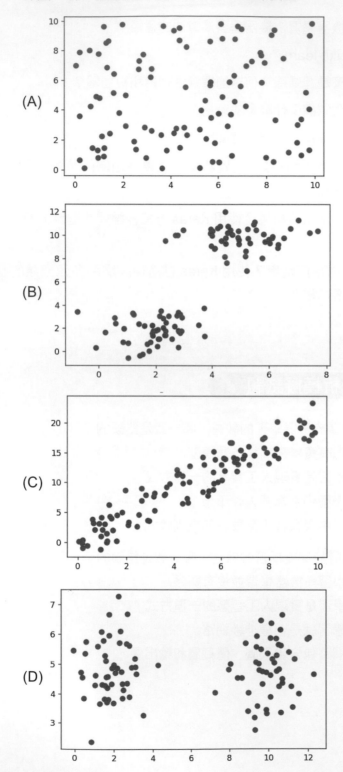

歡迎加入 全華會員

● 會員獨享

會員享購書折扣、紅利積點、生日禮金、不定期優惠活動…等。

● 如何加入會員

掃 QRcode 或填妥讀者回函卡直接傳真 (02) 2262-0900 或寄回，將由專人協助登入會員資料，待收到 E-MAIL 通知後即可成為會員。

如何購買

1. 網路購書

全華網路書店「http://www.opentech.com.tw」，加入會員購書更便利，並享有紅利積點回饋等各式優惠。

2. 實體門市

歡迎至全華門市（新北市土城區忠義路21號）或各大書局選購。

3. 來電訂購

(1) 訂購專線：(02) 2262-5666 轉 321-324
(2) 傳真專線：(02) 6637-3696
(3) 郵局劃撥（帳號：0100836-1　戶名：全華圖書股份有限公司）
※ 購書未滿 990 元者，酌收運費 80 元。

OpenTech.com.tw 全華網路書店

全華網路書店 www.opentech.com.tw
E-mail: service@chwa.com.tw

※ 本會員制如有變更則以最新修訂制度為準，造成不便請見諒。

2020.09 修訂

讀者回函卡

掃 QRcode 線上填寫 ▶▶▶

姓名：　　　　　　生日：西元　　　　年　　　月　　　日　性別：□男 □女

電話：（　　　）　　　　　　　手機：

e-mail：（必填）

通訊處：□□□□□

學歷：□高中・職　□專科　□大學　□碩士　□博士

職業：□工程師　□教師　□學生　□軍・公　□其他

學校/公司：　　　　　　　　　　　科系/部門：

· 需求書類：

□A. 電子　□B. 電機　□C. 資訊　□D. 機械　□E. 汽車　□F. 工管　□G. 土木　□H. 化工　□I. 設計
□J. 商管　□K. 日文　□L. 美容　□M. 休閒　□N. 餐飲　□O. 其他

· 本次購買圖書為：　　　　　　　　　　　書號：

· 您對本書的評價：

封面設計：□非常滿意　□滿意　□尚可　□需改善，請說明

內容表達：□非常滿意　□滿意　□尚可　□需改善，請說明

版面編排：□非常滿意　□滿意　□尚可　□需改善，請說明

印刷品質：□非常滿意　□滿意　□尚可　□需改善，請說明

書籍定價：□非常滿意　□滿意　□尚可　□需改善，請說明

整體評價：請說明

· 您在何處購買本書？

□書局　□網路書店　□書展　□團購　□其他

· 您購買本書的原因？（可複選）

□個人需要　□公司採購　□親友推薦　□老師指定用書　□其他

· 您希望全華以何種方式提供出版訊息及特惠活動？

□電子報　□DM　□廣告（媒體名稱　　　　　　　　　）

· 您是否上過全華網路書店？（www.opentech.com.tw）

□是　□否　您的建議

· 您希望全華出版哪方面書籍？

· 您希望全華加強哪些服務？

感謝您提供寶貴意見，全華將秉持服務的熱忱，出版更多好書，以饗讀者。

填寫日期：　　　/　　　/

註：數字零，請用 Φ 表示，數字 1 與英文 L 請另註明並書寫端正，謝謝。

親愛的讀者：

感謝您對全華圖書的支持與愛護，雖然我們很慎重的處理每一本書，但恐仍有疏漏之處，若您發現本書有任何錯誤，請填寫於勘誤表內寄回，我們將於再版時修正，您的批評與指教是我們進步的原動力，謝謝！

全華圖書 敬上

勘　誤　表

書　號		書　名	作　者
頁　數	行　數	錯誤或不當之詞句	建議修改之詞句

我有話要說：（其它之批評與建議，如封面、編排、內容、印刷品質等・・・）